综合集成模型方法与技术

熊才权 著

科 学 出 版 社

北 京

内 容 简 介

本书较为系统地介绍作者近年来从事综合集成法、辩论模型和综合集成研讨环境设计与实现等研究的主要成果。首先介绍面向复杂问题求解的综合集成法、综合集成研讨厅、综合集成研讨环境的基本概念，在分析综合集成法和群体思维特性的基础上，提出群体研讨过程框架；其次重点介绍不同研讨模式的研讨模型与算法，包括群体智慧涌现模型、劝说研讨模型、协商研讨模型、决策研讨模型和群体一致性分析等；最后讨论综合集成研讨环境设计与实现中的关键技术问题及解决方案。

本书可供思维科学、计算机科学与技术、系统科学、智能信息处理等专业的高年级本科生、研究生和科技人员阅读参考。

图书在版编目（CIP）数据

综合集成模型方法与技术/熊才权著. —北京：科学出版社，2019.8
ISBN 978-7-03-062033-0

Ⅰ.①综⋯　Ⅱ.①熊⋯　Ⅲ.①系统科学　Ⅳ.①N94

中国版本图书馆 CIP 数据核字（2019）第 167558 号

责任编辑：任　静 / 责任校对：王　瑞
责任印制：吴兆东 / 封面设计：迷底书装

科学出版社 出版
北京东黄城根北街 16 号
邮政编码：100717
http://www.sciencep.com

北京虎彩文化传播有限公司 印刷
科学出版社发行　各地新华书店经销

*

2019 年 8 月第 一 版　　开本：720×1000　1/16
2020 年 5 月第二次印刷　　印张：13 3/4
字数：260 000

定价：119.00 元
（如有印装质量问题，我社负责调换）

序

熊才权的专著《综合集成模型方法与技术》即将顺利出版之际我很开心。这部专著是在钱学森院士学术思想指导下，经过十多年的艰苦探索，结合实际系统研发写成的。高兴之余，我觉得要较好地理解这部专著的成果，很有必要了解它的来龙去脉，因为历史是一部最好的教科书。

20世纪70年代末，我的恩师——我国杰出贡献科学家钱学森从我国"两弹一星"事业的第一线领导岗位上退下来。从那时起，他又一次展开了对国家民族的利益影响更加深远的波澜壮阔的科学探索。现将其中一个方面的过程简述如下。

1. 现代科学技术体系的理论

20世纪70年代末80年代初，钱学森提出现代科学技术体系的理论。这是继恩格斯在19世纪中后叶对人类科学技术体系分类后，第二次进行了分类。钱学森将2500多门学科分为十几个大部门（如社会科学、自然科学、数学科学、系统科学、人体科学、思维科学、行为科学、地理科学、环境科学、建筑科学、军事科学、文学艺术等）。这十几个大部门几乎覆盖了人类社会的所有方面和所有层次，每一个大部门从顶至下又分为哲学层、桥梁层、基础科学、技术科学、工程技术和前科学六个层次。各大部门哲学层是人类各类科学知识的最高概括和总结，是最正确的哲学思想——马克思主义哲学。桥梁层将马克思主义哲学同各大部门主体联系起来，实际上是部门哲学思想的总结。例如，大部门同马克思主义哲学的桥梁有自然科学-自然辩证法、社会科学-历史唯物主义、数学科学-数学哲学、系统科学-系统哲学、思维科学-认识论等。而前科学是亿万人民从事各领域实践工作积累的经验、体会、心得、资料等尚未纳入科学体系的丰富多彩的知识。钱学森指出我们要充分运用这个马克思主义哲学指导的现代科学技术体系，来认识世界、改造世界、建设社会主义、实现共产主义。

2. 倡导建立系统科学、人体科学、思维科学并组建学会

20世纪70年代末80年代初，钱学森倡导建立我国系统科学、人体科学、思维科学等学科大部门，组织起一批崭新的科学技术方面军，开展了新的探索。这些学科为我国国民经济和国防建设做出了重大贡献，培养出了一大批人才。

3. 开放复杂巨系统的科学概念

20 世纪 80 年代中后期，钱学森站在世界科学技术发展的潮头和高峰之上，深邃地观察、研究人类社会发展的现状和未来，透彻地认识到复杂系统问题的重要性。实际上，人类的政治、经济、军事、外交、文化、科技与社会发展、社会管理等问题都是典型的复杂系统问题。钱学森等比西方学者更科学地提出"开放的复杂巨系统"这一科学概念。

4. "从定性到定量的综合集成方法"这一根本方法论

到 20 世纪 90 年代初，全世界并没有明确的方法来处理开放的复杂巨系统问题。没有能获得问题解析解的可用的统一的数学方法。钱学森、于景元、戴汝为等于 80 年代末 90 年代初提出"从定性到定量的综合集成方法"这一根本方法论。钱学森斩钉截铁地指出："这是当今唯一可行的根本途径"。时任中国科学院院长周光召认为"从定性到定量的综合集成方法不仅是研究开放的复杂巨系统的方法论，实际上是所有科学技术发展的方法论"。

5. 人机结合，人网结合，以人为主的综合集成研讨厅

20 世纪 90 年代初，钱学森、于景元、戴汝为等又继续前进，在总结几十年科学研究工作经验，"两弹一星"研发管理经验，国外 C^3I、C^4ISR 军事指挥控制系统，特别是以毛泽东同志为核心的党的第一代中央领导集体实行民主集中制，实行"从群众中来，到群众中去"的群众路线，"集大成，得智慧"，在延安窑洞和西柏坡简陋的指挥所里领导中国革命取得成功的宝贵精神财富之后，认为要解决开放的复杂巨系统的问题，要想更好地采用"从定性到定量的综合集成方法"，应该充分利用当代计算机科学技术、通信技术、网络技术、人工智能、计算机仿真模拟技术、数据库、知识库、专家系统等一整套的信息科学技术，构造"人机结合，人网结合，以人为主的综合集成研讨厅"。这种综合集成研讨厅的实质是将现代科学技术体系中的"知识体系""专家体系"和"计算机网络软硬件体系"，简称为"机器体系"，三者有机地结合起来；在信息系统支持下，在各种计算资源的协助下实现从定性到定量的认识转化，逐步完成系统建模；在这种条件下使人的大脑得到最大限度的激发，通过群体研讨，产生创造性地解决问题的方案；又运用计算机仿真模拟系统对解决办法、方案进行仿真模拟的"预实践"；方案经"预实践"验证可行，就投入实施；若仿真发现有问题，就再修改方案，直到通过。研发并采用"人机结合，人网结合，以人为主的综合集成研讨厅"就有可能使我们的决策和研究更科学、更符合实际。

6. 大成智慧工程与大成智慧学

钱学森于 1992~1993 年又进一步发展了前述的科学探索，将我国传统文化中的"集大成，得智慧"的思想结合综合集成研讨厅的学说，提出大成智慧工程和大成智慧学。他指出："大成智慧工程（meta-synthetic engineering）的特点和实质就是通过从定性到定量的综合集成研讨厅体系（hall for workshop of meta-synthetic engineering），把各方面有关专家的思维成果和智慧、理论、知识、经验、判断以及古今中外有关的信息、情报、数据等与计算机、多媒体技术、灵境技术、信息网络设备等有机地结合起来，构成人机结合的智能系统，同步快速地对各种类型的复杂性事物（开放复杂巨系统）进行从定性到定量，从感性到理性再到实践，循环往复，逐步深入与提高的分析和综合。在此过程中，不断以学术讨论班（seminar）的方式启迪参与者的心智，激发群体智慧，发展现代科学技术体系知识共享的整体优势，集古今中外智慧之大成，使人获得新的知识、新的观念，丰富人的智慧，提高人的智能，特别是创造性思维的能力，从而找出从总体上观察和解决问题的最佳方案"[①]。

这样的大成智慧工程，实际上是把计算机通过信息网络的信息处理，与集体人脑思维的信息处理两者紧密地结合起来，形成一个人为的开放复杂巨系统。在这个知识系统中，通过各种信息和生动的形象以及模拟的预想现象等，可以拓宽人们的视野，使人接触到广泛的世界，"感受到从前不能感受到的东西，大至宇宙，小至分子、原子，人都能审视感触"，从而能打开思路，更准确地把握各种复杂巨系统的微观与宏观、现象与本质、相对稳定与持续发展的内在规律等。做到"在定方针时居高远望，统揽全局，抓住关键；在制定行动计划时又注意到一切因素，重视细节"。使决策系统既具有战略意义又符合实际，切实可行，有所前进，有所创新。

钱学森在 2001 年 3 月 20 日接受文汇报记者采访时深情地说："结合现代信息技术和网络技术，我们将能集人类有史以来的一切知识、经验之大成，大大推动我国社会物质文明和精神文明建设的发展，实现古人所说'集大成，得智慧'的梦想。智慧是比知识更高一个层次的东西了，如果我们在 21 世纪真的把人的智慧都激发出来，那我们的决策就相当高明了"，"我相信，我们中国科学家从系统工程、系统科学出发，进而开创的大成智慧学在 21 世纪一定会成功"。

7. 社会主义事业总体设计部

1995 年，钱学森向中央政治局常委全体同志提出关于建立社会主义现代化事

---

① 戴汝为. 现代科学技术体系与大成智慧. 中国科学工程，2008，10（10）：4-8.

业总体设计部的建议。他多次提出要从整体上把握社会主义事业的全局，要有长远大战略。他又提出"社会系统工程""社会工程"等理论框架，创立了组织管理社会主义现代化建设的科学方法。他给我们党和国家的科学发展出了一个金点子，具有重大的现实意义和深远的历史意义。

钱学森等的理论框架一经提出，便引起国内外学者的广泛关注。信息科学领域的工作者很自然地将工作的重点放到人机结合、人网结合、从定性到定量的综合集成研讨厅的研究上来了。戴汝为、于景元率先进行实践，分别在国家自然科学基金和原航空航天工业部的支持下研制出两个应用系统。

我们这个研究团队从 2004 年开始，在军队科研单位的支持下，开展综合集成研讨厅的研发，组成了一个长期、稳定、跨单位的"综合集成联合科学实验室"，十几年来开展了一系列工作，取得了重要进展。熊才权是这个实验室最早的成员和当前的主要负责人之一。

在艰苦的研究实践中，我们从工程实现的角度观察，认识到解决开放的复杂巨系统问题的综合集成研讨厅可以具体化为五个要素：综合集成研讨环境、多元信息支撑环境、计算资源支持环境、计算机仿真系统和计算机网络软硬件系统。而综合集成研讨环境是这类研讨厅系统的核心部分，它是人类专家同研讨厅其他要素结合的枢纽。它是各类信息、计算资源及计算结果、仿真结果和过程的汇集地。它是激发专家群体创造性的所在，它是研讨结果涌现之处。而综合集成的思维模型（即社会集体思维的重要组成部分）是这一要素的核心机理。

早在熊才权攻读博士学位时，我就将综合集成研讨环境的研究定为他的主攻方向，并就综合集成研讨环境的定义、要素、构成、关键问题进行了共同的研究和探索，完成了军用综合集成研讨厅、综合集成研讨环境的研究与开发工作。博士毕业后，熊才权继续参加"综合集成联合科学实验室"的科研工作，参与完成了"群决策作业平台""研讨式教学系统""军事战略综合集成研讨厅""战略论坛支持系统"等一批研讨厅项目。熊才权一直主持这些项目中的综合集成研讨环境方面的工作，做出了重要贡献。

熊才权在深入系统地研究国内外类似综合集成研讨厅研究成果的基础上锲而不舍，富有创造性地进行研究工作，形成了这部专著。这部专著以思维科学和综合集成法为基础，以综合集成模型与算法为核心，以综合集成研讨环境设计与实现为目标，全面阐述综合集成研讨环境的理论、方法和技术。首先根据综合集成法和群体思维特性，提出一种能满足复杂问题求解和决策的群体研讨过程框架。其次，以辩论模型为理论基础，提出针对不同研讨模式的研讨模型与算法，包括协商研讨模式中的群体共识涌现模型和基于 IBIS 的协商对话模型，劝说研讨模式中的扩展辩论模型和基于可信度的不确定性辩论模型，决策研讨模式中的多偏好信息集结和群体一致性分析方法，表决研讨模式中的多方式投票模型等。最后对综合集成研讨环境设计与实现中的关键技术问题进行研究,并给出解决方案。

据我所知这部专著是国内第一部专门论述综合集成研讨模型和实现技术的著作,对于从事这个领域研究的工作者在理论和实践两个方面均有参考价值。

这部专著结构合理、逻辑严密、论述深入,适合从事思维科学、计算机科学与技术、系统科学、智能信息处理等研究的高年级本科生、研究生和科技人员阅读参考。

我们清醒地认识到今天所做的一系列研究工作离钱学森指出的宏伟目标还有很大的距离。此时此刻毛泽东同志的诗句是我们心情的写照:

雄关漫道真如铁,而今迈步从头越!

华中科技大学 人工智能研究所所长 李德华

2019 年 1 月

前　言

为了解决开放的复杂巨系统问题,我国科学家钱学森提出了"从定性到定量的综合集成法",以及这一方法的实现技术——综合集成研讨厅体系。综合集成研讨厅的目标是为专家群体提供一个处理开放的复杂巨系统的可操作平台,通过这个平台可以搜集专家经验、智慧,并利用平台提供的工具对专家意见进行建模、仿真、验证,最后通过综合集成得到最终的决策意见或问题求解方案。综合集成研讨厅从逻辑上看可以分为专家体系、知识体系和机器体系三个部分,而从物理实现上看可以分为综合集成研讨环境、多元信息支持系统和模型与工具支持系统等三个子系统,其中综合集成研讨环境是综合集成研讨厅的核心部件。

综合集成研讨环境是人机交互的接口,是人机结合的关键部件,它一方面将专家的知识、经验和智慧收集到机器系统中,提升机器的"性智";另一方面,机器系统对收集到的专家经验和智慧进行智能处理,并将处理结果呈现给专家,进一步激活专家的思路,提升专家的"量智",真正实现人帮机、机帮人的效果。综合集成研讨环境的设计与实现需要解决许多理论、方法与技术问题,一是群体研讨过程框架,包括研讨模式与研讨流程编辑、研讨过程控制等;二是不同研讨模式的模型与算法,能对专家输入的信息进行建模和计算,自动得出专家意见共识值;三是人机交互设计,一方面要便于专家输入意见信息,另一方面要实时可视化展示计算结果;四是研讨信息存储与查询,研讨信息智能处理等。

本书较为系统地介绍作者近年来从事综合集成法、辩论模型和综合集成研讨环境设计与开发等研究的主要成果。全书共 11 章,大致可分为三个部分。第一部分(第 1 章和第 2 章)介绍复杂系统与复杂性科学、面向复杂问题求解的综合集成法、综合集成研讨厅、综合集成研讨环境的基本概念。在分析综合集成法和群体思维特性的基础上,提出群体研讨过程框架,该框架包括协商研讨、劝说研讨、决策研讨和表决研讨等四种研讨模式,将这四种研讨模式进行组合和编辑可形成多种研讨流程,分别用于解决不同的复杂决策问题,其中"协商研讨(劝说研讨)→决策研讨→表决研讨"是全研讨过程框架,能支持从定性到定量的综合集成。第二部分(第 3~10 章)介绍辩论模型基本概念和各研讨模式的研讨模型与算法,包括面向协商研讨模式的群体智慧涌现模型和基于 IBIS 的协商研讨模型,面向劝说研讨模式的扩展辩论模型和基于可信度的不确定性辩论模型,面向决策研讨模式的多偏好信息集结和群体一致性分析方法等,以及协商研讨和劝说研讨中的研讨文本分析方法，并用实验验证这些模型与算法的有效性；第三部分（第 11 章）介绍综合集成研讨环境的设计与实现技术，首先对综合集成研讨环境进行功能需求分析，确定系统软件体系结构，然后对研讨过程控制、研讨信息可视化、资料信息智能推送、协同编辑和人机界面设计等关键技术问题进行深入研究，给出解决方案。

本书工作得到了国家重点研发计划项目（项目编号：2017YFC1405403）、国家自然科学基金面上项目（项目编号：61075059）、湖北工业大学绿色工业科技引领计划项目（产品研发类）（项目编号：CPYF2017008）、湖北省自然科学基金项目（项目编号：2007ABA025）、湖北省教育厅科技计划重点项目（项目编号：D20101402）的资助，在此表示衷心的感谢。

在本书课题研究和撰写过程中，作者的导师华中科技大学李德华教授给予了悉心指导，提出了许多建设性意见，并欣然为本书作序。综合集成联合科学实验室的研究人员陈世鸿、丁义明、赵彤洲、阮军、黄雪娟、王改华、陈磊、刘侃，合作单位的专家韩韧、孙党恩、苏喜生、林松，以及作者的同事刘春、邓娜、阎大海、梅清等给予了大力支持和帮助。作者指导的学生张玉、朱建军、李元、李煊、吕可、郭攀峰、陈诗雨、董奕、王昊、尉远方等参与了部分研究或程序编写工作。在此，一并表示衷心的感谢。此外，本书参考了国内外相关研究文献，谨向相关作者表示衷心的感谢。

由于作者水平有限，书中不足之处在所难免，敬请专家和读者批评指正。

作　者

2019 年 1 月于武汉

目　录

序
前言
第1章　绪论 ·· 1
  1.1　复杂系统与复杂性科学 ·· 1
  1.2　综合集成方法论 ·· 4
  1.3　综合集成研讨厅 ·· 5
  1.4　综合集成研讨环境 ·· 8
      1.4.1　综合集成研讨环境的基本概念 ··· 8
      1.4.2　综合集成研讨环境的工作目标 ··· 12
      1.4.3　综合集成研讨环境的实现途径 ··· 13
  1.5　本书研究目标、技术路线及主要内容 ··· 15
  1.6　本章小结 ·· 19
  参考文献 ··· 19
第2章　群体研讨过程框架 ··· 23
  2.1　概述 ··· 23
  2.2　群体思维特性 ··· 24
  2.3　群体共识 ·· 26
      2.3.1　共识的基本概念 ··· 26
      2.3.2　综合集成研讨厅中的共识 ··· 28
  2.4　研讨过程框架 ··· 29
      2.4.1　研讨模式 ··· 29
      2.4.2　研讨流程编辑 ·· 36
      2.4.3　同步研讨与异步研讨 ·· 38
  2.5　本章小结 ·· 39
  参考文献 ··· 40
第3章　辩论模型基本理论 ··· 42
  3.1　概述 ··· 42
  3.2　对日常辩论建模 ··· 43
  3.3　基于辩论的形式化系统建模 ·· 47

3.4	抽象辩论框架	49
	3.4.1 抽象辩论框架的基本概念	49
	3.4.2 抽象辩论框架的语义扩充	51
	3.4.3 基于语义扩充的争议评价	61
3.5	辩论模型的应用	62
3.6	本章小结	63
参考文献		64

第4章 群体智慧涌现模型 ... 67
- 4.1 概述 ... 67
- 4.2 群体智慧涌现 ... 67
  - 4.2.1 知识的产生 ... 67
  - 4.2.2 群体智慧涌现技术 ... 69
- 4.3 研讨信息组织模型 ... 72
  - 4.3.1 研讨信息结构 ... 72
  - 4.3.2 共识涌现图 ... 73
  - 4.3.3 共识值计算 ... 74
- 4.4 实例分析 ... 75
- 4.5 本章小结 ... 77
- 参考文献 ... 78

第5章 扩展辩论模型 ... 80
- 5.1 概述 ... 80
- 5.2 扩展辩论模型的形式化描述 ... 80
- 5.3 争议评价算法 ... 83
- 5.4 实例分析 ... 87
- 5.5 本章小结 ... 90
- 参考文献 ... 90

第6章 基于可信度的辩论模型及争议评价算法 ... 91
- 6.1 概述 ... 91
- 6.2 可信度方法 ... 92
- 6.3 基于可信度的辩论模型 ... 93
  - 6.3.1 基本辩论框架 ... 93
  - 6.3.2 争议可信度表示 ... 94
- 6.4 基于可信度的争议评价算法 ... 96
  - 6.4.1 争议结论可信度计算 ... 96
  - 6.4.2 可信度合成 ... 98

6.4.3	可信度传递	99
6.4.4	一致性与可行性分析	101

- 6.5 实例分析 · 102
- 6.6 相关工作比较 · 104
- 6.7 本章小结 · 106
- 参考文献 · 107

第 7 章　基于 IBIS 的协商研讨模型 · 108

- 7.1 概述 · 108
- 7.2 协商研讨框架 · 109
- 7.3 协商研讨模糊 Petri 网 · 112
  - 7.3.1 辩论推理与模糊 Petri 网 · 112
  - 7.3.2 将协商研讨框架映射为模糊 Petri 网 · 113
- 7.4 基于模糊 Petri 网的争议评价算法 · 115
  - 7.4.1 托肯值合成计算 · 115
  - 7.4.2 托肯值更新算法 · 116
  - 7.4.3 算法讨论 · 118
- 7.5 实例分析 · 118
- 7.6 相关工作比较 · 122
- 7.7 本章小结 · 125
- 参考文献 · 125

第 8 章　研讨文本分析方法 · 128

- 8.1 概述 · 128
- 8.2 文本预处理 · 129
- 8.3 文本聚类分析 · 131
- 8.4 文本摘要算法 · 132
  - 8.4.1 基于 TextRank 的文本摘要算法 · 132
  - 8.4.2 TextRank 算法改进 · 134
- 8.5 应用效果分析 · 135
  - 8.5.1 实验设计 · 135
  - 8.5.2 实验过程 · 136
  - 8.5.3 效果评估 · 139
- 8.6 本章小结 · 141
- 参考文献 · 141

第 9 章　决策研讨模型 · 144

- 9.1 概述 · 144

9.2 偏好信息表达 146
    9.2.1 问题描述 146
    9.2.2 常见偏好信息表达形式 147
    9.2.3 偏好信息规范化 149
9.3 群体一致性分析 153
    9.3.1 偏好矢量相似度 153
    9.3.2 群体一致性定义 154
9.4 决策共识达成过程 154
9.5 实例分析 155
9.6 本章小结 159
参考文献 159

第10章 基于保护少数人意见的群体一致性分析 162
10.1 概述 162
10.2 少数人成员特性及少数人意见的重要性 162
10.3 专家意见聚类分析 163
    10.3.1 问题描述 163
    10.3.2 现有聚类算法 164
    10.3.3 启发式聚类算法 166
10.4 基于聚类的专家意见一致性分析 167
    10.4.1 群体一致性分析指标 167
    10.4.2 基于聚类分析的研讨反馈机制 169
10.5 基于平行坐标法的聚类结果可视化 170
    10.5.1 平行坐标法 171
    10.5.2 专家聚类可视化 171
10.6 算例分析 172
    10.6.1 决策共识达成实验 172
    10.6.2 聚类效果分析 174
10.7 本章小结 176
参考文献 177

第11章 综合集成研讨环境实现技术 178
11.1 概述 178
11.2 系统功能分析 179
    11.2.1 研讨工作流 179
    11.2.2 系统功能结构 179
    11.2.3 系统体系结构设计 182

- 11.3 研讨过程控制 ··· 185
  - 11.3.1 研讨过程控制中的问题 ··· 185
  - 11.3.2 WebSocket 技术 ·· 186
  - 11.3.3 基于 WebSocket 的研讨过程控制 ·· 187
- 11.4 研讨信息可视化 ··· 189
  - 11.4.1 研讨信息可视化的必要性 ·· 189
  - 11.4.2 D3 技术 ·· 189
  - 11.4.3 基于 D3 的研讨信息可视化组件设计 ·· 190
- 11.5 在线协同编辑 ·· 193
  - 11.5.1 协同编辑涉及的主要问题 ·· 194
  - 11.5.2 协同编辑实现方法 ··· 194
- 11.6 资料信息智能推送 ·· 196
  - 11.6.1 获取推荐数据 ··· 197
  - 11.6.2 推荐算法 ··· 197
- 11.7 研讨环境设计 ·· 199
  - 11.7.1 协商研讨环境 ··· 199
  - 11.7.2 决策研讨环境 ··· 200
  - 11.7.3 表决研讨环境 ··· 200
- 11.8 本章小结 ·· 202
- 参考文献 ··· 203

第1章 绪　　论

1.1 复杂系统与复杂性科学

随着科学技术的飞速发展和进步，越来越多的复杂事物和现象进入人们的视野，如宏观经济运行问题、军事战略问题、生态环境问题、生命系统与人工生命、免疫系统以及人类社会活动等，迫切需要一种新的理论来指导与这些复杂问题相关的研究和实践。

复杂性是复杂系统的基本特性[1]。从狭义的角度可以定义复杂性为"系统由于内在元素非线性交互作用而产生的行为无序性的外在表象"。复杂性的最明显表现是人们不容易通过局部来认识整体。复杂性有以下三种形态。①动态复杂性，又称作行为复杂性，是指系统行为随时间而变化的特性。系统是不断发展变化的，系统与环境关系密切，与环境之间存在物质、能量和信息的交换，并能自我调节适应环境变化，系统本身对未来的发展变化有一定的预测能力。现有复杂性科学的研究大多针对动态复杂性，主要目标是解释系统的自调整行为的特点，探索系统的历史演化规律。如耗散结构理论以熵理论为基础研究系统的自组织行为，协同学从子系统间有规律的协同作用解释系统由无序向有序状态的演化，混沌理论研究确定性系统中的内在随机性，突变论研究连续过程引起的不连续结果，超循环理论研究生命领域中的非平衡系统的自组织问题等。②结构复杂性，是指系统在某一时刻点上的构成状态，是从系统构成的角度定义系统的复杂性。系统具有多层次、多元素的结构，各层次、各元素在多维度上存在相互关系，每一层次均成为其上一层次的组成单元，同时助力系统某一功能的实现。系统与元素之间存在着不可分解性和不可还原性，不能通过组成单元的性质来预测系统的整体性质。系统的构成状况是自演化的结果，且随时间变化。因此，结构复杂性与动态复杂性密切相关。③静态复杂性，是指研究主体对研究对象做出主观判断的复杂性，是当人们由于对所研究问题缺乏足够了解而受挫时，在人脑中所产生的一种感觉。静态复杂性取决于人的思维能力，但静态复杂性从根本上来自于动态复杂性和结构复杂性，是动态复杂性和结构复杂性的主观表现。动态复杂性和结构复杂性属于本体论范畴，可称作客观复杂性；静态复杂性属于认识论范畴，可称作主观复杂性。

具有复杂性特点的系统称为复杂系统。常见的复杂系统有以下几种。①生物系统，如神经网络及思维过程、动物种群的消长过程、受精卵胚胎的形成过程、生命起源、脱氧核糖核酸（deoxyribonucleic acid，DNA）的形成、物种的进化、免疫系统等。②经济系统，如金融系统、股市等。经济系统有不同层次，某个层次的系统一定受其他层次的系统影响。③环境系统与生态系统，如风暴的形成、河流断流、土地沙化、水土流失、厄尔尼诺现象等。④社会系统，如不同层次的管理系统，管理也是一个演化的过程。⑤工程系统，如因特网与用户组成的系统，以及其他系统，如宇宙系统、微观粒子系统等。

复杂系统的特点有：①非线性（不可叠加性）与动态性。系统的各组成部分之间存在复杂的非线性关系，组成部分（如分子）彼此相互作用后整体会"突现"（emerge）一种新的特性，系统的整体大于各组成部分之和，每个层次局部不能说明整体，低层次的规律不能说明高层次的规律；系统处于不断变化发展之中，不可能达到稳定状态。②非周期性与开放性。系统的演变不具有明显的规律，系统在运动过程中不会重复原来的轨迹。系统在开放环境中表现出自组织能力，能通过反馈进行自我控制和调节，适应外界环境的变化。③积累效应（或称初值敏感性）。很小的初值可能导致巨大的变化。这种敏感性使人们不可能对系统做出精确的长期预测。④奇异吸引性。吸引子是一个系统在不受外界干扰的情况下最终趋向的一种稳定行为模式。稳定吸引子使系统的运行轨道趋向于单点集（点吸引子）或者极限环；不稳定吸引子使系统趋向于随机的行为模式。奇异吸引子是一种既稳定又不稳定的吸引子，处在稳定与不稳定区域之间的边界。由于具有初值敏感性，复杂系统虽然同属于一个吸引子却可能发生背离。⑤结构的自相似性（分形性）。系统的局部以某种方式与整体相似。⑥智能性。系统各组成成分具有某种程度的智能，即具有了解其所处的环境，预测其变化，并按预定目标采取行动的能力，这种智能性推动了系统的演化，如生物进化、技术革新、经济发展及社会进步等。

复杂性科学是研究复杂系统产生复杂性的机理及其演化规律的科学，其起源可以追溯到 20 世纪上叶。早期的研究主要有 von Bertalanffy 的一般系统论、Wiener 的控制论及 McCulloch 和 Pitts 的神经网络应用控制论等[1, 2]。一般系统论来源于生物学中的有机体论，强调必须把有机体当作一个整体或系统来研究，才能发现不同层次上的组织原理。控制论主要研究在动物和机器中控制与通信的理论问题，属于科学的范围。神经网络应用控制论中的反馈机制，利用人造装置去模拟人或动物的思维过程和智能活动。这些理论主要研究复杂系统的存在，并用数学方法描述系统，其研究目标是使系统达到一种整体性的优化指标。von Bertalanffy 的一般系统论的创立标志着复杂性科学的诞生。20 世纪 50～80 年代，Prigogine 提出耗散结构理论，运用非线性微分方程以及随机过程等数学工具，对系统的宏观性质进行研究，指出复杂性是自组织的产物，在远离平衡态、非线性关系、不可逆的条件下，自发形成耗散结构。耗散结构理论连接了生命系统与非生命系统之间的内在联系。Haken 提出协同学，强调打通从微观到宏观的通路，使系统在宏观上表现出来的运动规律能和微观上的运动规律联系起来。他指出一个系统从无序转化为有序的关键在于组成系统的各子系统之间的非线性作用，通过互相协同和合作自发产生稳定的有序结构。此期间还产生了超循环、突变、混沌、分形等理论等。这些理论主要从离散时间的角度，研究复杂系统的演化规律。到了 20 世纪 80 年代，美国的诺贝尔物理学奖获得者 Gell-Mann、Anderson 和诺贝尔经济学奖获得者 Arrow 等成立了 Santa Fe 研究所，深入研究在凝聚态物理学、微生物学、古生物学、考古学、经济学等学科中普遍出现的如自学习、自适应、共生演进等现象，提出了复杂自适应系统理论。他们把系统中的成员称为自适应主体（adaptive agent），这些主体能够与环境和其他主体相互作用，具有"学习"或"积累经验"的能力，并且根据学到的经验改变自身的结构和行为方式，从而使系统生成宏观的复杂性现象。其建模方法是采用"自下而上"的技术路线，通过局部细节模型与全局模型的循环反馈和校正，来研究局部细节变化如何突现全局行为。复杂自适应系统理论主要研究复杂系统的综合，它把自然界的非生命复杂系统与生命系统和社会系统统一起来，打破从自然系统到生命系统和社会系统的界限，试图用处理自然系统的方法处理生命系统和社会系统，因而在社会管理中有广泛应用。

复杂性科学研究都关注一个问题，那就是一个系统在整体上会突现出哪些性质。传统的还原论采用自上而下的方法，将系统分解为若干子系统，再试图用简洁的数学公式来描述子系统的规律，而系统全局的性质则由子系统的性质线性叠加获取，这种方法对于简单系统奏效，但对于复杂系统则不可行。复杂性科学主要有以下特点[3]：①其研究对象是复杂系统。②其研究方法是定性与定量相结合、微观分析与宏观综合相结合、还原论与整体论相结合、科学推理与哲学思辨相结合。③其所用的工具包括数学、计算机模拟、形式逻辑、后现代主义分析、语义学、符号学等。④其研究深度不限于对客观事物的描述，而是更着重于揭示客观事物构成的原因及其演化的历程，并力图尽可能准确地预测未来的发展。

从 20 世纪 80 年代开始，以钱学森院士为首的我国科学家独立地进行着复杂系统与复杂性科学研究工作。钱学森在系统科学研究的基础上，通过对宏观经济的探索，提炼出"开放的复杂巨系统"[1, 4, 5]的概念，把人脑系统、人体系统、社会经济系统和人文地理系统、生态环境系统等概括为开放的复杂巨系统的范畴之内，并提出了处理这类系统的方法，即"从定性到定量的综合集成法（meta-synthesis）"，1992 年他又提出了综合集成法的实现技术——综合集成研讨厅体系。钱学森指出，一切以定量研究为主要方法的科学称为"精密科学"，而以思辨方法和定性描述为主的科学则被称为"描述科学"。自然科学多采用"精密科学"方法,而社会科学则多采用"描述科学"方法。但是对于开放的复杂巨系统问题,单使用"精密科学"或单使用"描述科学"方法都不行,而应该采用定性定量结合的方法。钱学森提出开放复杂巨系统及综合集成方法论在复杂性科学领域独树一帜,自成体系,为复杂性科学研究提供了一种新的理论和方法。

1.2 综合集成方法论

方法论问题是复杂性科学面临的首要问题。传统方法,如还原论在处理复杂问题中遇到了巨大困难,因为复杂系统是不断演化和发展的,与外界存在复杂联系,不可能用几条简明定律推演出系统整体特性。国外的复杂性研究,如远离平衡态理论侧重于通过建模和仿真等定量方法对复杂系统展开研究,但仍只能解决简单复杂系统问题。美国的 Santa Fe 研究所关于复杂性的研究,在方法上有创新,但在方法论上没有突破还原论方法的束缚,所以也陷入了困惑境地。综合集成法是我国科学家钱学森等提出的处理开放的复杂巨系统问题的方法论,该方法论吸收了还原论与整体论的长处,同时弥补了各自的局限性,实现了还原论与整体论的辩证统一。综合集成法是方法论上的创新,它是处理开放复杂巨系统的科学方法论。

综合集成法起源于国内在管理方面具有重要创新意义的主题——系统工程。1978 年,钱学森等发表了《组织管理的技术——系统工程》[6],倡导首先在航天领域开展基于系统工程的组织管理。钱学森将这一思想进一步推广,提出了社会系统工程和军事系统工程的概念,以及总体设计部的构思[7, 8]。20 世纪 80 年代初,钱学森又提出了将科学理论、经验和专家判断相结合的半理论半经验方法。80 年代中期,钱学森亲自参加并指导系统学讨论班,号召与会专家学者在学术观点上做到百家争鸣,各抒己见。在系统学讨论班的讨论成果的基础上,1990 年钱学森又提出了开放的复杂巨系统概念,以及处理开放复杂巨系统的方法论——综合集成法[4]。

综合集成法从技术层面来看,是把专家体系、数据和信息体系以及计算机体系有机结合起来,构成一个高度智能化的人机结合、人网结合的体系。从应用层面来看,它又是一项综合集成工程,能把人的思维、思维的成果、人的经验知识智慧以及各种情报资料信息集成起来,从多方面的定性认识上升到定量认识。支撑这个方法论的理论基础是思维科学,方法基础是系统科学与数学科学,技术基础是以计算机为主的现代信息技术,哲学基础是马克思主义实践论和认识论[9]。

综合集成法的核心思想是人机结合、人网结合和从定性到定量的综合集成。首先，综合集成法必须依赖于计算机及计算机网络。计算机及计算机网络可以汇集和存储人的经验、知识、智慧，延伸人的思维计算能力，并为人的交流协作提供通信支持。其次，综合集成法必须建立在人机结合、人网结合的基础上。人的优势体现在"性智"上，机器的优势体现在"量智"上，将人的经验、知识和智慧汇集于机器可以使机器变得更"聪明"，借助计算机的快速计算能力，可以拓展人的思维空间和能力。最后，综合集成法的关键是从定性到定量的综合集成。对于一个给定的复杂问题，先由人给出经验性的判断，进行定性分析；然后使用计算机对这些经验性的判断进行建模仿真和评价，通过定量计算上升为理性知识。从定性到定量的转化，实际上是将非结构化知识转化为结构化的知识。这个过程是非常复杂的，可能需要多次反馈，如图 1.1 所示。

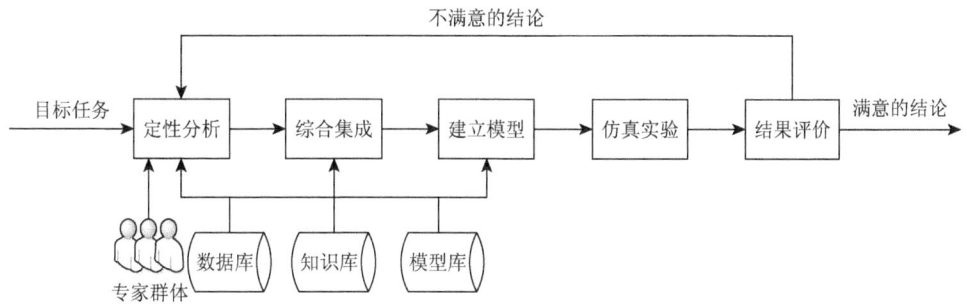

图 1.1 从定性到定量的综合集成法

综合集成法求解问题的过程如下。

第 1 步：针对目标任务，召集有关专家对问题进行定性分析，提出备选方案。

第 2 步：系统集成所有专家的意见。

第 3 步：根据复杂问题结构的特点，利用系统提供的模型工具对专家意见进行建模，并将新建的模型充实到系统的模型库，供下次研讨时再利用。

第 4 步：利用系统提供的实验仿真工具对所建立的模型进行仿真实验，验证模型的正确性，并形成初步结论。

第 5 步：专家对初步结论进行评价，如果满意则结束，如果不满意则重复以上过程直到得到满意的解决方案。

1.3 综合集成研讨厅

综合集成研讨厅是综合集成法的实现技术，是基于计算机网络的综合集成法可操作平台。其基本思路是把人集成于系统之中，形成人机结合、人网结合的综合系统[5]。综合集成研讨厅是钱学森在总结下列成功经验和科学技术成果的基础上提出的：①世界上科研集体进行学术讨论的 Semniar 经验；②从定性到定量的综合集成法；③C³I（communication，command，control and information system）及作战模拟；④情报信息技术；⑤人工智能、灵境（virtual reality）技术；⑥人机结合的智能系统；⑦系统学（systematology）；⑧信息革命（information revolution）中各项信息技术。

综合集成研讨厅是一种高度智能化的人机结合系统。从逻辑上看，综合集成研讨厅由知识体系、专家体系、机器体系等三部分构成，如图 1.2 所示。其中，专家体系是核心，机器体系是物质基础并提供技术支持，知识体系是灵魂。专家体系和机器体系都是知识的载体。

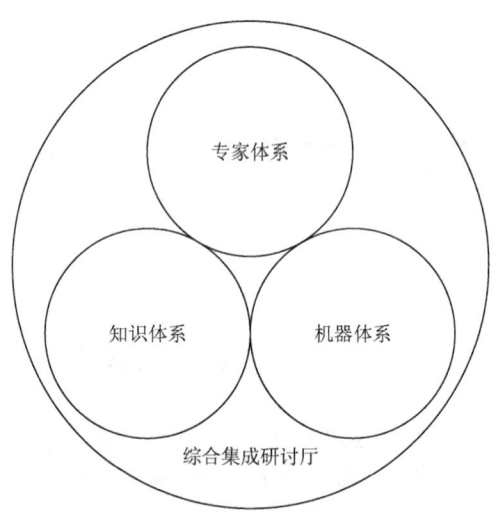

图 1.2　综合集成研讨厅的逻辑结构

专家体系由来自不同学科领域的专家组成，它是综合集成研讨厅的思维主体，是复杂问题求解的主要承担者。这些专家在科学研究或工作实践中积累了大量经验，但这些经验尚未条理化、系统化，还未形成科学的理论体系，不能作为复杂问题求解的理论依据。但这些经验在认识世界的过程中却是极其宝贵的知识财富，对获得问题近似解能起重要作用。专家体系的作用主要体现在各个专家"性智"的运用上，它是计算机所不具备的，但却是问题求解的关键所在。因此专家体系是综合集成研讨厅的核心。

机器体系由计算机网络和相关软硬件组成。机器体系的作用主要体现在高性能的计算能力上，它在定量分析阶段发挥重要作用。机器体系同时是综合集成研讨厅体系中存储数据、知识、模型的主要载体。互联网是机器体系的延伸,通过互联网,人们可以获取更加广泛的古今中外知识,实现知识共享和利用。综合集成研讨厅的一个重要作用就是将专家的经验和假设转化为可存储于计算机中的知识,并利用计算机对这些知识进行处理。机器体系与专家体系结合可以实现知识的持续增长。

知识体系则由各种形式的数据、情报和知识组成,是复杂问题求解的基础。综合集成研讨厅不仅具有对现有知识的采集、存储、传递、查询、分析和综合等功能,还具有新知识的功能,是知识的系统[10]。

综合集成研讨厅把这三个体系整合起来,形成一个统一的人机结合的巨型智能系统。综合集成研讨厅的目标就是要发挥这三个体系的整体优势、综合优势和智能优势。因此,要完成综合集成研讨厅的建设,必须先完成专家体系、机器体系和知识体系的建设。

(1) 专家体系建设内容有专家库建设、专家行为规范等。专家库内容包括专家基本信息、研究领域、学术成果、社会评价、个人行为特点等。专家行为规范包括专家角色划分、不良群思维方式的预防及纠正、专家个体之间的有效交互方式、研讨组织与研讨过程控制等内容。专家是综合集成研讨厅系统的用户,同时也是综合集成研讨厅的组成部分,是人机结合的主体。

(2) 机器体系建设内容有系统平台建设、综合集成研讨厅专用硬件设备及支撑软件系统建设等。系统平台建设包括计算机及网络等硬件系统搭建,以及操作系统、数据库管理系统等系统软件安装与部署。综合集成研讨厅专用硬件设备包括支持专家在线研讨的通信及视频设备、支持现场会议研讨的研讨白板、手写笔、麦克风、投票器、录音录像机等。综合集成研讨厅支撑软件系统包括综合集成研讨环境、资料信息查询与智能推送引擎、模型工具调用接口等。

(3) 知识体系建设包括综合集成研讨环境专用数据库建设、多元信息支持系统建设、模型与工具支持系统建设等。综合集成研讨环境专用数据库主要用于管理专家在研讨过程中产生的发言信息、决策信息和表决信息,以及研讨信息分析处理结果和研讨结果报告等,这些信息可以为下次的研讨提供参考。多元信息支持系统包括领域业务管理数据库、领域知识库,以及地理信息、互联网信息管理数据库等。模型与工具支持系统包括面向领域问题求解的模型库、方法库等。其中定性知识和非结构化知识的抽取与表达、知识存储与管理、知识查询与共享、知识获取与推荐等是知识体系建设的重点。

从物理实现上来看,综合集成研讨厅主要包括以下三大子系统:综合集成研讨环境、多元信息支持系统、模型与工具支持系统,如图 1.3 所示。其中综合集成研讨环境是综合集成研讨厅的核心,是专家互动交流和人机结合的主要场所。多元信息支持系统和模型与工具支持系统为专家信息查询、计算、推演、实验、仿真提供支持。一个面向实际应用的综合集成研讨厅的研究与开发通常是一个庞大的系统工程，往往需要多人经过长期建设才能满足实际应用要求。

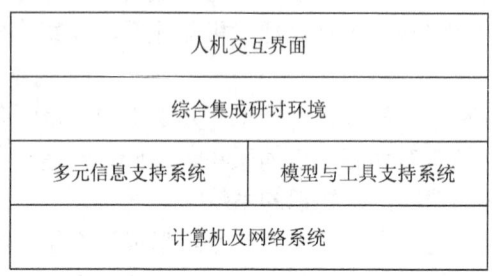

图 1.3　综合集成研讨厅的组成结构

1.4　综合集成研讨环境

1.4.1　综合集成研讨环境的基本概念

综合集成研讨环境是综合集成研讨厅的重要部件，是人机交互、共识达成的通用平台。但对综合集成研讨环境的研究与应用并不仅限于综合集成研讨厅。早在综合集成研讨厅提出之前，国内外就开始了群决策的理论与方法的研究，并开发了一些有实用价值的群决策支持系统。与群决策支持系统同期发展的还有网络会议系统、计算机协同工作系统等。传统的群决策支持系统一般建立在"三库"（数据库、模型库和方法库）基础上，以效用理论为基础，用定量计算方法求解定性问题。网络会议系统为群体研讨提供一种远距离的非面对面的研讨模式，并能对会议信息进行管理，但一般不具备发言信息分析处理与共识达成的功能。综合集成研讨环境与这些系统有本质区别，其理论基础是综合集成方法论，其求解对象是开放的复杂巨系统问题，其不仅能支持群体研讨，还能实现意见分析与综合，其研究内容包括研讨模型与算法、研讨信息分析处理、研讨信息可视化、研讨过程控制等多个方面。研讨模型是定性向定量转换的关键因素，是综合集成研讨环境的基础理论问题，其研究目标是如何收集、整理、组织、管理专家个人意见信息，并将专家个人意见集结为集体意见（意见综合）；研讨信息分析处理研究目标是借助数据挖掘工具对专家意见信息进行分析处理，包括发言文本分析（包括文本分词、文本词频统计、文本聚类分类、文本摘要等）、共识达成趋势分析、专家观点关联规则挖掘、专家行为分析、决策数据统计、群体一致性分析等；研讨信息可视化是采用可视化技术展现专家意见，提高系统的可用性和研讨效率；研讨过程控制是将研讨分为若干环节，控制研讨环节切换，规范专家研讨行为，保证研讨有序进行。

国内在综合集成研讨厅框架内对综合集成研讨环境进行了一些研究，取得了一些研究成果。张兴学等[11]以综合集成法为指导，对研讨信息组织模型和研讨信息可视化进行深入研究，设计并实现了一个称为电子公共大脑视听室（electronic common brain audiovisual room，ECBAR）的群体研讨支持平台。他们认为专家的发言是研讨信息组织的核心，一个发言要么是某个专家针对研讨任务所提出的方案或主张，要么是某个专家对其他专家的发言所做的评论，从而形成以研讨任务为根，以发言为节点的研讨信息树状结构[12]。发言节点的基本属性有发言人、发言时间、发言主题、发言内容、发言备注等。发言节点之间用有向弧连接。发言节点之间的关系有支持、质疑、反对、补充等四种类型。它们采用可视化技术，使研讨人员在研讨环境中可以清楚地看到发言节点之间的关系、发言节点的详细信息、专家对某发言信息的态度（支持、反对、质疑等）、发言节点受关注的状态等，从而引导群体思维，促进群体思维收敛和研讨结果生成。电子公共大脑将群体研讨过程中的"人-人"沟通转化成"人-电子公共大脑-人"之间的沟通，避免了信息过载和知识断层，对专家思维收敛有一定的促进作用。

唐锡晋等[13]研究开发了群体研讨环境（group argumentation environment，GAE）。GAE采用对偶刻度法[14]和可视化技术将发言关键词的关联关系映射到二维平面上，使专家易于理解研讨演化过程。GAE还提供了对研讨过程与研讨结果的关系进行分析的功能，帮助专家了解不同阶段或小群体的研讨与全局的关系；同时可以根据发言关键词构造专家意见一致性或差异性矩阵，通过计算矩阵特征向量，对专家发言重要性进行排序，从不同角度评价专家对研讨的贡献。GAE与ECBAR的共同之处在于将专家发言进行分析处理并将结果进行可视化展示。

李耀东[15]在综合集成研讨厅支撑环境的实现方面做了一些研究工作，提出以多媒体远程会议系统作为研讨环境。他们认为综合集成研讨环境应该具有以下特点：①以Internet为载体，便于专家远程研讨；②提供多种人机交互方式，专家可以选择视频、音频、手写板、键盘作为输入手段，降低系统使用的门槛，提高系统的易用性；③具有信息共享功能，专家能够利用音频/视频、文字交流区域以及电子白板共享信息，实现彼此间的实时数据共享；④专家动态交互关系的可视化，使专家随时直观了解研讨状况。张家才[16]则提出将电子会议系统Sametime作为构建研讨厅的支撑环境，并利用Sametime提供的开发工具包，拓展研讨环境的功能。

综合以上研究，国内关于综合集成研讨环境的研究具有以下特点：①多数系统并没有提供同时支持发散型群思维和收敛型群思维两种群思维模式的工具与环境，也没有考虑两种思维之间的过渡与衔接；②有些系统虽然对研讨信息进行存储和可视化显示,但对专家发言信息没有进行结构化处理,也没有提出从大量的发言信息中提取群体共识的方法;③过于强调通信、人机交互和可视化,使某些系统退化为一般网络会议系统;④没有提供保护特殊意见或少数人意见的措施。在复杂问题求解过程中,尤其是在针对战略决策这类问题的研究中,少数人意见是十分重要的。

目前国外还没有综合集成研讨厅的研究报道,但与综合集成研讨环境相关的研究工作有很多,如计算机协同工作(computer supported cooperative work,CSCW)系统、群决策支持系统(group decision support system,GDSS)、群支持系统(group support system,GSS)、计算机斡旋沟通(computer mediated communication,CMC)系统、辩论支持系统(argumentation support system,ASS)和共识达成支持系统(consensus building support system,CBSS)等。

CSCW 支持地域分散的群体借助计算机及网络技术,共同协作来完成任务。它的主要研究内容有群体工作方式、群体支持技术与工具、协同工作平台开发等。综合集成研讨环境是 CSCW 中的一种,它的作用是支持群体通过研讨来解决复杂问题。综合集成研讨环境具有 CSCW 的基本特性,如基于网络的通信、群体之间的交互与协作等,但它更强调群体成员之间语言上的交流。

GDSS 的作用是将个体偏好集结为群体偏好[17]。专家提交自己的偏好信息,系统对各专家提交的偏好信息进行规范处理及统计,得出群体偏好。GDSS 一般没有支持群体成员交互的功能。如果群决策的目的是复杂问题求解,如在若干备选方案中选择最佳方案,则需要进行群体一致性分析。国外在这方面做了一些研究,提出了共识达成(consensus building)的概念,并开发了 CBSS[18]。共识达成支持系统研究的关键问题有两个方面:一是共识达成度量;二是共识达成过程控制。在共识达成度量方面,Fedrizzi[19]提出了基于模糊偏好关系的共识"软"度量方法;Herrera 等[20, 21]提出了基于语言偏好信息的共识度量方法,并提出了相应的共识达成方法;Bryson[22]提出了基于矢量空间的群体和个体一致性的指标体系;Tastle 等[23]对共识达成程度进行了研究,提出了用刻度(强一致、一致、不确定、不一致、强不一致)描述群体共识达成状态。在共识达成过程控制方面,Herrera-Viedma 等[24]将面向问题求解的群决策过程分为共识过程(the consensus process)和选择过程(the selection process)两个阶段,即先达成相应的共识,然后进行方案选择。类似的研究还有 Ngwenyama 等[25]提出的协调员(facilitator)的概念。协调员是一种决策反馈机制,它可以取代主持人,自动引导群体研讨,促进共识达成。

群体支持系统是群体决策支持系统的高级发展形式,它更加强调群体工作中沟通协作与信息共享,这也是早期一些知识管理系统的基本功能。目前已出现了多种 Web-Enabled 的群体支持系统,国内甚至提出了群体创造力支持系统[26]。这些系统在政治决策、科学研究和电子商务上得到了广泛应用。

辩论支持系统是一种支持群体通过辩论进行逻辑推理并得出结论的计算机辅助工具,其理论基础是基于非单调逻辑的辩论模型。目前人们已提出了多种辩论模型,并针对辩论模型开发了辩论支持系统或辩论支持可视化工具。比较有影响的辩论模型有 Toulmin[27]提出的 Toulmin 模型、Rittel 等[28]提出的 IBIS (issue-based information system)模型、Dung[29]提出的抽象辩论框架,Gordon 等[30]提出的 Carneades 模型等。根据 Toulmin 模型开发的辩论支持系统有很多。Lowe[31]设计了一个称为 Synview 的辩论支持系统,这个系统用改进的 Toulmin 模型描述论证过程,其独特之处是允许用户对事实和论证的正确性进行投票判断,并得出最终的正确结论。Janssen[32]用 Toulmin 模型设计了一个政策制定决策支持系统,这个系统能将争议进行结构化分解,并构建方案(主张)层次结构,使各种方案(主张)能够被回溯和评价。Janssen 等[33]开发了一个农作物病虫害防治决策支持系统,该系统用 Toulmin 模型描述事实的逻辑结构,病虫害防治管理专家可利用该系统识别或评价不同的防治办法。基于 IBIS 的系统也有很多,如 Conklin 等[34]开发的 gIBIS 模型可以用来进行政治决策。Karacapilidis 等[35]开发的 HERMES 是基于 IBIS 模型的最具影响力的系统,它可以支持用户在可视化环境中针对主题提出自己的方案(主张),也可以对其他方案(主张)进行评价。Nieves 等[36]用 Dung 的抽象辩论理论构建了一个器官移植决策支持系统,这个系统先构建一个辩论树,通过计算争议的可接受性决定器官是否可以移植。更多的辩论支持系统是将这些模型综合起来应用,如 Tweed[37]的 PLINTH (platform for intelligent hypertext)系统和 CrossDoc 系统[38]都是建立在 Toulmin 和 IBIS 混合模型基础上的。除了上面提到的辩论支持系统,比较有特色的系统还有用于辩论分析的 Araucaria 系统[39]和用于犯罪核查的 AVER 系统[40]。Araucaria 是一个用来分析辩论过程的软件工具,它采用图形界面展示辩论过程,允许用户定制一套计划来分析争议,并将分析结果保存在一个称为 AML 格式的文件里。AVER 采用可视化界面表示争议之间的关系,可以帮助警察用事实进行推理,并做出正确判决。国外辩论支持系统除了用作公共政策的制定,还有一个典型应用就是用于辩论教学[41],目的是训练人们的逻辑推理和辩论能力,比较有影响的系统有 ArguMed[42]、Araucaria[39]、ATHENA[43]、Convince Me[44]、Belvedere[45]、Reason!Able[46]和 Questmap[47]等。其中 Belvedere 和 Reason!Able 的主要目的是帮助用户一步一步地构造争议并对争议进行分析,Belvedere 支持多人辩论,主要用于科学研究中的推理能力训练。Reason!Able 主要用于个人辩论能力训练。Convince Me 是建立在 Thagard 的"解释一致性理论"基础上,主要用于科学研究中推理能力训练,其工作过程是先生成因果关系网,再用因果关系网表示争议之间的关系。Questmap 主要用于法律推理教学。

综合国外辩论支持系统，主要有以下几个特点：①一般都有相应的理论支持，如辩论模型。②可视化是辩论支持系统采用的主要技术，一般用矩形盒或圆圈表示前提或结论，用箭头表示争议之间的关系，如支持或反对等。有的还可以表示争议的内部结构，其图形更加复杂。③一般是面向具体的应用，如法律推理、公共政策制定或辩论推理技巧训练等。④多数系统只是一般的工具性软件，不能构成一个完整的复杂问题求解系统。⑤从研讨角度看，辩论支持系统只支持劝说研讨，而不支持协商研讨，即只能对某一具体的方案（主张）做出判断，而不能对一个未知问题提出可能的求解方案。因此，辩论支持系统只是综合集成研讨环境的一个组成部分，它可以为综合集成研讨环境所用，但不能解决综合集成研讨厅的所有问题。

目前，国外与综合集成研讨环境相类似的商用软件也有一些，如 SPSS、SWARM、Mediator、Brainstorming Toolbox、PathMaker、ThinkTank 等[48, 49]。PathMaker 用于项目管理，可以帮助项目经理及项目组成员思考、计划、决策和执行一个项目。ThinkTank 是由 GroupSystems 开发的一组群体支持工具，其主要功能模块有头脑风暴（brainstorming）、决策支持（decision-supporting）、共识达成（consensus-building）和协同工作（collaboration）等。其工作过程是：产生新思想（generate new ideas）→过滤思想（distill ideas to the best few）→澄清并组织思想（clarify and organize ideas）→评价思想（evaluate ideas）→共识达成（consensus building）→提交结果（create deliverables）。这个过程支持从发散到收敛的群思维过程，但它没有提供面向复杂问题求解的多元信息支持和模型工具支持接口，因而离综合集成研讨环境的要求还有差距。

1.4.2 综合集成研讨环境的工作目标

综合集成研讨环境的工作目标是采用计算机网络、人工智能等技术构建虚拟研讨环境，克服日常面对面研讨的弊端，提高群体研讨的效率，促进共识达成。

日常面对面研讨存在以下问题：①不良研讨行为[50]。如极权效应，拥有极权的个人在研讨过程中处于主导地位，抑制了其他人的发言；随众心理，不敢大胆说出自己的想法，抑制了新思想的产生；强迫性表决，对备选项的排序实行口头投票或举手表决，压迫了部分人的意志。②群记忆能力差，即研讨过程不能保持和复现，研讨信息不能及时保存和处理。其直接后果一是研讨目标漂移，即专家在研讨过程中很容易偏离研讨主题；二是新思想过早地消失，即一个专家提出一个新思想后，如果没有得到群体响应就会很快被群体遗忘。③知识断层。由于研讨信息的保存与处理工作不充分，决策者很难理解专家真实意图，尤其是当两个专家给出不同结论时，决策者很难确定哪个意见更可靠。④研讨过程控制不规范。

没有规范的研讨流程控制,即使制定了规范的研讨流程,也会由于主持人的个人意志或时间安排失当而随意改动。

综合集成研讨环境致力于解决以上问题。其工作目标有以下几个方面:①有效的通信机制。系统建立在计算机网络基础上,保证分布于不同地点的专家可以在线或离线研讨,提高研讨的效率。②专家研讨行为的有效规范。通过匿名发言、发言屏蔽与凸显、导向性信息反馈(如保护少数人意见)、设置专家权重、即时消息提醒等多种机制,阻止不良研讨行为发生,保证研讨规范进行。③完善的研讨信息处理功能。将专家发言信息进行结构化处理并保存在计算机中,并设计算法对研讨信息进行分析处理,挖掘出隐藏其中的更多的有用信息;提供各个研讨阶段中的不同研讨模式的共识达成模型与算法,实现研讨结果自动生成。④科学的研讨流程控制。规定针对不同类型问题的研讨步骤,各步骤的目标和任务、研讨环节切换方法、研讨结束条件等。研讨流程可以由系统自动控制,也可以由协调员(主持人)人工控制,保证研讨顺利进行。⑤完善的研讨文档。自动生成各类文档,如研讨报告、会议纪要等,便于专家和决策者查询,为上层决策提供支持。

综合集成研讨环境的应用条件有:①至少有两个以上的专家,每个专家都有独立思维能力和表达自己意见的权利;②专家面对的是开放复杂巨系统问题,如宏观经济决策、军事战略、城市规划等,这类问题需要集中集体的智慧才能创造性地加以解决;③专家试图达成群体共识,这些共识能反映专家群体的共同意志,或符合客观规律。

1.4.3 综合集成研讨环境的实现途径

综合集成研讨环境设计与实现需要解决的关键问题如下。

1)群体研讨过程框架的制定

群体研讨过程框架是综合集成研讨环境设计与实现的基础和前提。所谓群体研讨过程框架是指通过群体研讨进行复杂问题求解或决策的过程与步骤,以及不同阶段的目标任务和完成目标任务的方法的完整描述。群体研讨过程框架决定了综合集成研讨环境的体系结构,以及综合集成研讨环境的运行方式和使用方法。综合集成研讨环境是面向复杂问题求解或决策的,复杂问题求解或决策的最大特点是没有现成的备选方案,这些备选方案是在专家相互激活、相互启发式的群体研讨产生的,只有先产生创意,确定了备选方案,然后才能做决策。这个过程与一般的群决策有本质区别,它必须体现从发散型群思维到收敛型群思维的过渡和从定性到定量的综合集成。群体研讨过程框架的复杂性决定了综合集成研讨环境的复杂性。

2）争议评价及意见综合

意见综合是综合集成研讨环境需要解决的一个重要问题。如果综合集成研讨环境只提供一般研讨信息传递和展现功能，则它就退化为一般的视频或网络会议系统。很多研究者在研讨信息可视化、对话交流和音视频录制等方面做了大量工作，但对意见综合还没有提出很好的方法。意见综合也称为共识达成，就是如何达成一致性意见。目前国际上已有许多组织从社会科学、决策科学[51]、数学[52]、系统科学[53]等不同角度对共识达成进行研究，并已经形成多种共识达成的理论、方法和工具。群体研讨是共识达成的主要手段。意见综合的前提是有若干不同的意见，这些意见有来自于专家经验上的判断，也有来自于群体研讨过程中产生的灵感，因此意见综合之前需要通过研讨激活专家思维，产生创意，并收集专家意见。对于不同问题，其处理方法和最终要求的共识达成程度是不一样的，如有些问题在专家对话式的研讨中即可形成一致性意见，而有些问题则需要进行投票表决，因此在综合集成研讨环境中需要提供多种共识达成的方法和手段。对于复杂问题求解，共识达成需要经过若干个不同阶段，不同阶段采用不同的研讨模式，不同研讨模式会产生不同类型的共识。如在研讨初期一般采用对话交流方式形成备选方案，在研讨后期则采用群决策方法做出最终决策意见。意见综合的主要研究内容是研讨模型与争议评价算法及其在综合集成研讨环境中的应用。

3）研讨方法与工具的选择与应用

复杂问题求解一般要分解为若干个阶段，不同阶段采用不同的研讨模式，不同的研讨模式采用不同的研讨方法与工具。例如，①在研讨之初，专家对复杂问题的理解还不是很深刻，思路也不开阔，这时可以采用基于交互式对话的协商研讨模式，互相启发思维，产生创意，而综合集成研讨环境则应该提供有利于产生创意的发散型群思维工具，如头脑风暴、研讨白板、思维导图等；②在研讨中期，专家对复杂问题有了一定的认识，并能做出自己的初步判断，这时应该对专家的发言进行归纳和总结，形成若干有价值的备选方案，这时综合集成研讨环境应该提供有利于个人偏好形成的异步思维工具，如查询与计算、推理与证明、建模与仿真等；③而在研讨后期，专家对复杂问题已经有了自己的确定见解，成员之间的意见冲突开始凸现，这时应该对专家意见进行集结并进行群体一致性分析，通过多轮反馈使专家意见趋于一致，并形成最终的决策意见，这时综合集成研讨环境应该提供有利于最终决策意见生成的收敛型群思维工具，如偏好信息集结、群体一致性分析、电子表决器等。

4）研讨信息管理与处理

在群体研讨过程中会产生大量的信息，综合集成研讨环境应该对这些信息进行有效管理，并能从研讨信息中提取有用信息，如专家意见关联规则挖掘、群体共识趋势分析等。这些研讨信息包括协商研讨和劝说研讨过程中产生的专家发言与音视频信息，在决策研讨阶段中产生的专家偏好信息，以及在表决研讨阶段的专家投票信息等。另外还有系统基础信息管理，如主题管理、专家管理、会议管理、佐证资料管理等。

5）面向人机结合的界面设计

综合集成法的前提是人机结合，因此综合集成研讨环境的人机交互界面设计是一个重要工作。人机结合首先要有利于人表达自己的主张和想法，同时有利于人从机器中获得信息和知识，因而人机界面和人机对话模式的设计成为系统设计的关键。使用系统的专家群体十分广泛，计算机操作熟练程度不一，因此人机界面设计应该把可用性放在首位，并遵循以下三条原则[54]。①置用户于控制之下：保证用户能识别和跟进当前研讨任务，既能同步于当前研讨环节，又有自己的异步思维空间。②减少用户的操作负担：提供用户操作任务提醒功能，如提醒用户参与讨论、提交意见信息、上传佐证资料等，提供多种输入方法，如手写笔、语音、唇读、人体姿势、表情识别等，提供多种输出（信息展现）方法，如协商研讨环境中的专家发言信息可以采用结构化文本、思维导图、时间序列文本等三种展示方式，便于用户阅读和理解。③保持界面的一致性：不同研讨模式的操作界面基本一致，界面区域划分合理且功能明确。

1.5 本书研究目标、技术路线及主要内容

本书的研究目标是解决综合集成研讨环境的理论与技术问题，为综合集成研讨环境设计与实现提供一个完整的解决方案。综合集成研讨环境的理论与技术问题主要有两个方面，一是群体研讨过程框架，包括研讨模式、基于研讨模式的研讨流程编辑和研讨过程控制等。群体研讨过程框架是综合集成研讨环境设计的基础，它决定了综合集成研讨环境的功能结构和软件体系结构。二是针对不同研讨模式的研讨模型与算法，包括协商研讨模式中的群体共识涌现模型、基于IBIS的协商研讨模型，劝说研讨模式中的扩展辩论模型和基于可信度的不确定性辩论模型，决策研讨模式中的多偏好信息集结、群体一致性分析及研讨反馈机制，表决研讨模式中的投票模型及投票规则等。全书的技术路线是以钱学森的综合集成方法论为理论基础，以群体研讨过程框架为线索，以研讨模型与算法为核心，以综合集成研讨环境设计与实现为目标，提出通用综合集成研讨环境设计与开发的解决方案。以后各章的内容如下。

第2章介绍群体研讨过程框架。群体研讨过程框架是对复杂问题求解过程的刻画，包括研讨模式、研讨流程编辑和研讨过程控制等三个方面内容，它决

定了综合集成研讨厅的体系结构和使用方式，是综合集成研讨厅的基础理论问题。首先阐述群思维特性和共识达成的基本概念。从群思维的目标来看，可将群思维分为发散型群思维和收敛型群思维两种类型，发散型群思维的目标是达成提案共识，收敛型群思维的目标是达成决策共识。从群思维的组织形式来看，可将群思维分为同步思维和异步思维两种形态。同步思维是指群体成员聚焦于研讨主题，关注研讨进程并发表自己的观点或对他人观点进行评价；异步思维是指群体成员借助研讨环境提供的资料信息和模型工具，通过信息查询、计算、推演、仿真和实验，对已有观点（包括自己的观点和其他成员的观点）进行求证。两种思维形态都有相应的方法和工具支持。然后对研讨模式和研讨流程进行分析，提出协商研讨、劝说研讨、决策研讨和表决研讨等四种研讨模式，将四种研讨模式进行组合和编辑可形成八种研讨流程，其中"协商研讨（劝说研讨）→决策研讨→表决研讨"是全研讨过程框架，能支持从定性到定量的综合集成。

第3章介绍辩论模型基本理论，它是协商研讨和劝说研讨的理论基础。首先将辩论模型分为对日常辩论建模和用辩论对形式系统建模两类。对日常辩论建模的典型代表有 Wigmore 模型[55]、Toulmin 模型[27]和 IBIS 模型[28]，它们的主要特点是用图形化工具描述日常辩论结构，揭示日常辩论的基本规律，如争议结构化分解以及争议之间的响应关系；用辩论对形式系统建模的典型代表有 Dung 的抽象辩论框架及其扩展模型，其研究目标是用日常辩论模式对非单调推理形式系统建模，拓展人工智能逻辑研究。然后重点介绍 Dung 的抽象辩论框架的基本理论，包括抽象辩论框架的形式化定义、无冲突争议集、可容许争议集、扩充语义等基本概念。最后介绍辩论模型的应用与研究展望。

第4章介绍研究群体智慧涌现模型。综合集成研讨环境与群决策支持系统的最大区别是没有现成的备选方案，备选方案是通过专家之间的相互激活、相互启发的讨论逐步产生的。能为大多数专家接受的备选方案称为提案共识。提案共识形成于研讨的初级阶段，主要手段是采用头脑风暴法，最大限度地激活专家思维，鼓励专家提出思路、建议或方案。该章提出一种称为群体共识涌现图（consensus building graph，CBG）的提案共识达成模型，该模型可以对各专家提出的主张的支持值、关注值和共识值进行计算，并按计算结果对主张进行排序，得出提案共识。该章最后用实例说明该方法的有效性和应用过程。

第5章在 Toulmin 模型、Dung 的抽象辩论框架的基础上提出一种扩展辩论模型，该模型与 Carneades 辩论框架相似，但有以下几点改进：一是对争议结构的分解仍然遵循 Toulmin 模型的逻辑表示，用矩形框表示争议的内部部件，用圆圈框表示争议，圆圈框内嵌矩形框，使争议的逻辑结构不被破坏；二是忽略争议的内部结构，将争议抽象为一个节点，并对支援节点进行约简，使辩论图退化为对话图，这个对话图与Dung的抽象辩论框架一致，填补了Toulmin模型与Dung的抽象辩论框架的断层，从而可以借助Dung的语义扩充求解争议的可防卫性；三是提出一种基于基础扩充语义的争议评价算法，通过计算争议的可防卫性和陈述的可接受性得出最终的辩论结果。该章最后用该模型对已有文献中的实例重新建模，结果表明该模型能准确计算陈述的可接受性并得出辩论结果。

第6章提出一种基于可信度的辩论（certainty-factor based argumentation，CFA）模型，该模型将争议表示为由若干前提和一个结论组成的可废止规则，并用对话树描述辩论过程。为了表示不确定性推理，引入可信度模型，将争议前提的不确定性和争议之间的攻击强度统一用可信度因子表示。在此基础上提出计算陈述可信度的争议评价算法，并通过设定可信度阈值确定陈述的可接受性，得出最终辩论结果。最后用一个实例说明该方法的有效性。该模型是对第5章扩展辩论模型的量化处理，可以有效处理不确定信息条件下辩论推理过程。其争议评价算法建立在数值计算基础之上，所得出的可接受陈述集在给定可信度阈值条件下是唯一的，可以弥补Dung的抽象辩论框架中的扩充语义的不足。

第7章提出一种基于IBIS的协商研讨模型（deliberation framework，DF）。首先对IBIS模型进行简化处理，不考虑IBIS模型中的对问题的特化、泛化等衍生处理，其次对IBIS模型进行拓展处理，增加对争议节点的多层论证结构，最后对IBIS模型进行量化处理，用可信度因子表示争议前提的不确定性和争议论证强度。为了计算方案共识值，提出一种基于模糊Petri网的共识评价方法，先用模糊Petri网对DF进行重构，将模糊争议映射为变迁，将争议前提和结论映射为库所，用托肯值表示陈述的可信度值，通过矩阵迭代运算求解各库所的托肯值，得出最终的协商研讨结果。最后用一个实例验证该方法的有效性和合理性。

第8章介绍研讨环境中的研讨文本分析方法。首先将研讨文本分析分为文本预处理、特征词提取、特征词加权及文本向量生成、文本聚类和文本摘要等五个阶段。其次重点介绍文本聚类算法和文本摘要算法。文本聚类采用启发式聚类算法，通过计算文本相似度，依次将每个文本分配到最相近的文本簇中。调整文本相似度阈值，可以得到不同的聚类结果。文本摘要采用改进的TextRank算法计算句子的权值，再根据权值大小抽取句子组成文本摘要。最后，用一个研讨环境中的案例验证该章提出的研讨文本分析方法的有效性。

第9章介绍决策研讨模型。决策研讨的目标是对协商研讨阶段达成的提案共识设置准则并进行群体决策，对备选方案进行分类和排序，得出最终的决策方案。考虑到综合集成研讨厅的多用户特性，该章提出多选、序关系值、效用值、互补判断矩阵、互反判断矩阵、语言评价矩阵等多种偏好信息表达方式，给出不同形式偏好信息的集结方法。决策共识达成与一般群决策的最大区别是要进行群体一致性分析，这就需要一种反馈机制将造成群体不一致的因素反馈给专家，促使专家重新思考，并给出新的偏好信息。该章给出基于矢量空间的群体一致性和个体一致性指标的定义，提出决策共识达成过程框架。最后用一个实例说明决策共识达成过程。

第 10 章提出一种基于保护少数人意见的群体一致性分析方法。在复杂问题求解尤其是战略决策过程中，少数人意见是十分重要的。该章首先分析少数人意见成员的特性，指出保护少数人意见的重要性。然后提出一种基于专家意见聚类分析的群体一致性分析方法。这种方法用一种启发式聚类算法在给定相似度阈值前提下对专家偏好矢量进行聚类分析，将专家意见分为若干个子群体，同一子群体内部专家意见十分相近，而不同子群体之间专家意见存在较大不一致性，当一个子群体内包含的专家数目很少时，这个子群体的中心偏好矢量为少数人意见。特别是当一个子群体内只包含一个专家时，该专家的意见称为个别人意见。在决策共识达成反馈机制中，如果反馈少数人意见，则可以使少数人意见得到更多的关注，从而达到保护少数人意见的目的。该章最后用一个实例说明该方法的有效性和应用过程。

第 11 章介绍综合集成研讨环境实现技术。首先对综合集成研讨环境进行需求分析，确定系统的主要用户，并分析各类用户的主要功能。然后设计出系统体系结构。系统采用 B/S 结构，由表示层、应用逻辑层、数据资源层和软硬件环境层等四个层次组成。表示层采用浏览器模式，它是人机交互界面；应用逻辑层主要由协商研讨环境、劝说研讨环境、决策研讨环境和表决研讨环境的逻辑功能实现，还包括基本信息管理、研讨室管理、研讨流程管理、研讨过程控制、资料信息查询和智能推送、即时信息交互、协同编辑、研讨报告生成、研讨信息可视化和意见综合与共识达成等功能。数据资源层包括多元信息支持系统和模型工具支持系统，多元信息支持系统包括互联网搜索信息、专业领域知识库、组织内部管理数据库、地理信息系统、情报信息和电子邮件等数据资源，模型与工具系统包括专业领域模型工具、联机分析处理工具和群体决策支持工具等。环境层包括软件环境（如操作系统、数据库管理系统和地理信息系统等）和硬件环境（如计算机网络以及麦克风、写字板、电子表决器、投影仪等会议支持工具）。该章还对研讨过程控制、研讨信息可视化、协同编辑、资料信息智能推送等关键技术进行介绍。

本书的组织结构如图 1.4 所示。

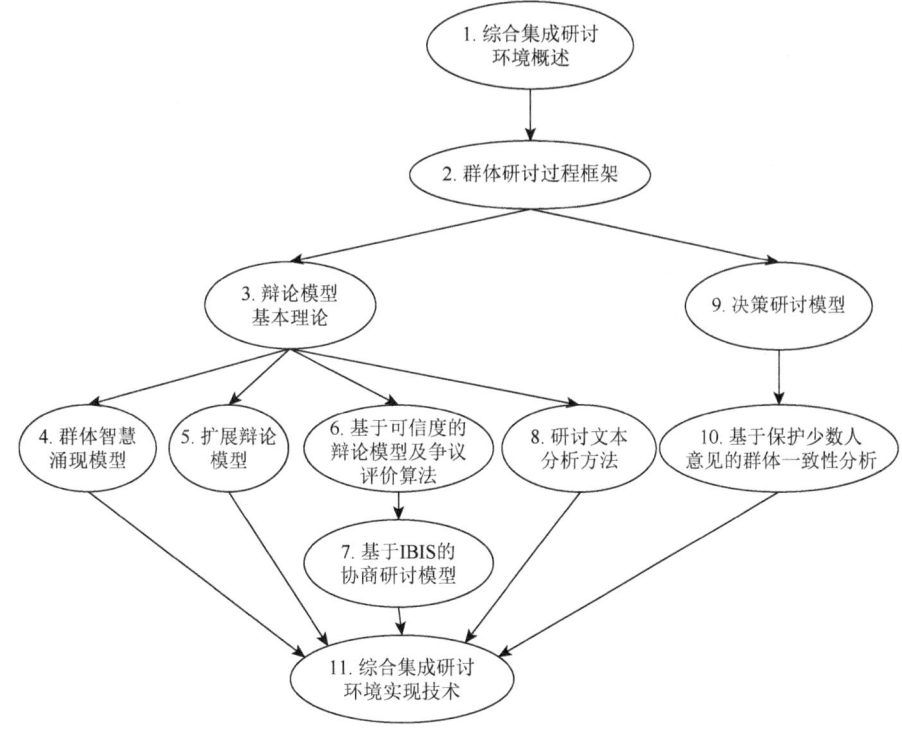

图 1.4　本书的组织结构

1.6　本章小结

本章介绍了综合集成法、综合集成研讨厅、综合集成研讨环境等的基本概念。综合集成研讨环境是独立于具体问题域的通用研讨平台，是应用于综合集成研讨厅的通用工具软件。综合集成研讨环境的理论基础是我国科学家钱学森等提出的从定性到定量的综合集成方法论，其工作目标是面向复杂问题求解，其实现途径是人机结合、人网结合，从定性到定量的综合集成。本书最后设计的综合集成环境可以直接应用于各领域综合集成研讨厅中，针对特定问题域，只需要更换数据资源层中的数据资料和模型工具，即可构成一个面向特定复杂问题求解的综合集成研讨厅。本章还介绍了综合集成研讨环境与一般计算机协同工作系统、群决策支持系统、群体支持系统、辩论支持系统的区别与联系，进一步明确了综合集成研讨环境的研究内容。

参 考 文 献

[1]　戴汝为. 复杂巨系统科学——一门 21 世纪的科学. 自然杂志, 1997, 19（4）: 187-192.

[2] 李夏, 戴汝为. 系统科学与复杂性（Ⅰ）. 自动化学报, 1998, 24（2）: 200-208.
[3] 成思危. 复杂科学与系统工程. 管理科学学报, 1999, 2: 3-9.
[4] 钱学森, 于景元, 戴汝为. 一个科学的新领域——开放的复杂巨系统及其方法论. 自然杂志, 1990, 13（1）: 3-10.
[5] 钱学森. 再谈开放的复杂巨系统. 模式识别与人工智能, 1991, 4（1）: 5-8.
[6] 钱学森, 许国志, 王寿云. 组织管理的技术——系统工程. 上海理工大学学报, 2011, 33（6）: 520-525.
[7] 钱学森. 创建系统学. 太原: 山西科学技术出版社, 2001.
[8] 钱学森. 论系统工程. 长沙: 湖南科学技术出版社, 1982.
[9] 于景元, 周晓纪. 综合集成方法与总体设计部. 复杂系统与复杂性科学, 2004, 1（1）: 20-26.
[10] 戴汝为. 大成智慧工程. 冶金自动化, 2000, 24（1）: 1-6.
[11] 张兴学, 张朋柱. 群体决策研讨意见分布可视化研究——电子公共大脑视听室（ECBAR）的设计与实现. 管理科学学报, 2005, 8（4）: 15-27.
[12] 谭俊峰, 张朋柱, 黄丽宁. 综合集成研讨厅中的研讨信息组织模型. 系统工程理论与实践, 2005, 1: 86-92, 99.
[13] 唐锡晋, 刘怡君. 有关社会焦点问题的群体研讨实验——定性综合集成的一种实践. 系统工程理论与实践, 2007, 3: 42-49.
[14] 刘怡君, 唐锡晋. 对偶刻度法及其在群体研讨中的应用. 管理评论, 2004, 16（10）: 39-42.
[15] 李耀东. 综合集成研讨厅设计与实现中的若干问题研究. 北京: 中国科学院研究生院, 2003.
[16] 张家才. 综合集成研讨厅支撑环境的设计与实现. 北京: 中国科学院研究生院, 2004.
[17] Hwang C L, Lin M J. Group Decision Making under Multiple Criteria. Berlin: Bioworld Today, 1987: 281.
[18] Herrera F, Herrera-Viedma E, Verdegay J L. A model of consensus in group decision making under linguistic assessments. Fuzzy Sets and Systems, 1996, 78: 73-87.
[19] Fedrizzi K M. A′ soft′ measure of consensus in the setting of partial（fuzzy）preferences. European Journal of Operational Research, 1988, 34（3）: 316-325.
[20] Herrera F, Herrera-Viedma E, Verdegay J L. Linguistic measures based on fuzzy coincidence for reaching consensus in group decision making. International Journal of Approximate Reasoning, 1997, 16: 309-334.
[21] Herrera F, Herrera-Viedma E, Verdegay J L. A rational consensus model in group decision making using linguistic assessments. Fuzzy Sets and Systems, 1997, 88: 31-49.
[22] Bryson N. Group decision-making and the analytic hierarchy process: Exploring the consensus-relevant information content. Computers & Operations Research, 1996, 23（1）: 27-35.
[23] Tastle W J, Wierman M J. Consensus and dissention: A measure of ordinal dispersion. International Journal of Approximate Reasoning, 2007, 45（3）: 531-545.
[24] Herrera-Viedma E, Martínez L, Mata F, et al. A consensus support system model for group decision-making problems with multigranular linguistic preference relations. IEEE Transactions on Fuzzy Systems, 2005, 13（5）: 644-658.
[25] Ngwenyama O K, Bryson N, Mobolurin A. Supporting facilitation in group support systems: Techniques for analyzing consensus relevant data. Decision Support System, 1996, 16（2）: 155-168.
[26] 唐锡晋, 刘怡君. 从群体支持系统到创造力支持系统. 系统工程理论与实践, 2006, 26（5）: 63-71.
[27] Toulmin S E. The Uses of Argument. Cambridge: Cambridge University Press, 1958.
[28] Rittel H W J, Kunz W. Issues as Elements of Information Systems. Berkeley: University of California, Berkeley, 1970.
[29] Dung P M. On the acceptability of arguments and its fundamental role in nonmonotonic reasoning, logic programming and n-person games. Artificial Intelligence, 1995, 77（2）: 321-357.

[30] Gordon T F, Prakken H, Walton D. The Carneades model of argument and burden of proof. Artificial Intelligence, 2007, 171: 875-896.

[31] Lowe D G. Co-operative structuring of information: The representation of reasoning and debate. International Journal of Man-Machine Studies, 1985, 23 (2): 97-111.

[32] Janssen T. Toulmin-based logic in policy decision making. A Critical Review of the Application of Advanced Technologies in Architecture, Paris, 1995: 315-332.

[33] Janssen T, Sage A P. Group decision support using Toulmin argument structures. IEEE International Conference on Systems, Man, and Cybernetics, New York, 1996: 2704-2709.

[34] Conklin J, Begeman M L. gIBIS: A hypertext tool for exploratory policy discussion. ACM Conference on Computer-Supported Cooperative Work, New York, 1988: 140-152.

[35] Karacapilidis N, Papadias D. Computer supported argumentation and collaborative decision making: The HERMES system. Information Systems, 2001, 26 (4): 259-277.

[36] Nieves J C, Osorio M, Cortés U. Supporting decision making in organ transplanting using argumentation theory. The 2nd Latin American Non-Monotonic Reasoning Workshop, Sydney, 2006: 9-14.

[37] Tweed C. An intelligent authoring and information system for regulatory codes and standards. International Journal of Construction Information Technology, 1994, 2 (2): 53-63.

[38] Tweed C. An information system to support environmental decision making and debate. Evaluation of the Built Environment for Sustainability, London, 1997: 67-81.

[39] Reed C A, Rowe G W A. Araucaria: Software for argument analysis, diagramming and representation. International Journal on Artificial Intelligence Tools, 2004, 14 (3/4): 961-980.

[40] van den Braak S W, Vreeswijk G A W, Prakken H. AVERs: An argument visualization tool for representing stories about evidence. Proceedings of the 11th International Conference on Artificial Intelligence and Law, New York, 2007: 11-15.

[41] van den Braak S W, van Oostendorp H, Prakken H, et al. A critical review of argument visualization tools: Do users become better reasoners? Workshop on Computational Models of Natural Argument (CMNA VI), Riva del Garda, 2006: 67-75.

[42] Verheij B. Artificial argument assistants for defeasible argumentation. Artificial Intelligence, 2003, 150 (1/2): 291-324.

[43] Rolf B, Magnusson C. Developing the art of argumentation: A software approach. Proceedings of the 5th Conference of the International Society for the Study of Argumentation, New York, 2002.

[44] Schank P, Ranney M. Improved reasoning with convince me. Conference Companion on Human Factors in Computing Systems, New York, 1995: 276-277.

[45] Suthers D, Weiner A, Connelly J, et al. Belvedere: Engaging students in critical discussion of science and public policy issues. The 7th World Conference on Artificial Intelligence in Education, Sydney, 1995: 266-273.

[46] van Gelder T. Argument mapping with Reason!Able. The American Philosophical Association Newsletter on Philosophy and Computers, 2002, 2 (1): 85-90.

[47] Carr C S. Using computer supported argument visualization to teach legal argumentation//Visualizing Argumentation: Software Tools for Collaborative and Educational Sense-Making. London: Springer, 2003: 75-96.

[48] Susskind L E. The Consensus Building Handbook. Los Angeles: Thousand Oaks, 1999.

[49] Shum S B, Selvin A M, Sierhuis M, et al. Hypermedia support for argumentation-based rationale: 15 years on from gIBIS and QOC. Rationale Management in Software Engineering, New York, 2006: 111-132.

[50] 王丹力, 戴汝为. 综合集成研讨厅体系中专家群体行为的规范. 管理科学学报, 2001, 4 (2): 1-6.

[51] Schuman S P, Rohrbaugh J. Decision conferencing for systems planning. Information & Management, 1991, 21 (3): 147-159.

[52] Degroot M H. Reaching a consensus. Journal of the American Statistical Association, 1974, 69 (345): 118-121.

[53] 顾基发. 意见综合——怎样达成共识. 系统工程学报, 2001, 16 (5): 340-348.

[54] Mandel T. The Elements of User Interface Design. Hoboken: John Wiley & Sons, Inc., 1997.

[55] Rowe G, Reed C. Translating Wigmore diagrams. Proceedings of the 2006 Conference on Computational Models of Argument, Amsterdam, 2006: 171-182.

第 2 章　群体研讨过程框架

2.1　概　　述

面向复杂问题求解或决策的群体研讨往往要经过若干阶段,每个阶段有明确的目标任务,上一个阶段的输出是下一阶段的输入。群体研讨过程框架是对群体研讨过程的抽象,其研究内容包括研讨模式分类、基于研讨模式的研讨环节划分和研讨过程控制等。

国内外学者对于群体研讨过程框架已做了些研究工作。①在研讨模式方面,Mase 等[1]提出了群体思考中存在的个人思考、合作思考及协作思考等三种模式;Walton 等[2,3]将对话分为信息索取、协商、劝说、谈判和诡辩等五种方式;唐锡晋等[4,5]将群思维分为发散型群思维和收敛型群思维两大类;孙景乐等[6]提出了有时间压力和没有时间压力两类研讨模式。戴汝为等[7]提出了多种研讨模式,如按是否有人干预分为自由式研讨、引导式研讨、协同式研讨。自由式研讨是指研讨中完全无人干预,类似论坛(bulletin board system,BBS),研讨过程由研讨参与人自行控制;引导式研讨是指指定专人(研讨协调员或主持人)负责研讨环节切换、研讨结果归纳与发布和研讨行为规范,一旦离开研讨协调员(主持人),研讨将会出现混乱;协同式研讨是指研讨参与人主动参与和控制研讨的各个环节,研讨协调员(主持人)只负责开启和结束研讨、整理和发布研讨结果。按研讨组织形式分为点对点研讨、分组研讨、同方协同研讨、多方对抗研讨。点对点研讨是指一个研讨参与人选择另一个研讨参与人进行一对一的交流,互相佐证或争辩;分组研讨是指按专业类别或权限等原则将专家群体进行分组,研讨参与人以组为单位局限于组内研讨,各组的研讨结果提交给总研讨协调员(总主持人)进行汇总;同方协同研讨是指将支持同一观点的研讨参与人划为一组,这些人合作佐证、阐明己方立场;多方对抗研讨是指针对问题将研讨参与人分成几组,各组之间处于对抗关系。孙景乐等[6]提出适合于网络在线研讨的三种研讨模式,同时同地、同时异地和异时异地研讨。②在研讨环节划分方面,顾基发等[8]将综合集成研讨过程分为同步 1-异步-同步 2 等三个阶段,并给出了不同阶段的任务和工具;其中同步 1 是专家同步在线针对研讨主题各抒己见,通过发散型思维和群体成员互动,得到一些定性的假设,实现定性综合集成;异步是指专家独自思考,借用相关工具对同步 1 阶段形成的假设或方案进行分析评价;同步 2 是指专家再次同步在线研讨,得出最终的研讨结果。在实际研讨中,同步/异步并不是严格区分的,专家在同步研讨时也会查看资料或调用相关工具进行个人分析和思考。张兴学等[9]针对基于网络的研讨平台的时间特性,将群体研讨分为同步研讨和异步研讨两种模式。文献[10]提出了沟通（communication）-协作（collaboration）-共识（consensus）的群体活动 C3 过程模型,认为专家群体为了达成共识,首先应该互相通信（通气）,其次要有合作的愿望和合作的行动,最后才有可能取得共识。ThinkTank 将研讨过程分为产生新思想-过滤已提出的思想-澄清思想-评价思想-共识达成-提交结果等 6 个阶段。还有一些研究专门针对群决策阶段划分,如 Yang 等[11]将群决策过程抽象成群体交互过程和个体偏好集结两个阶段,同时认为群决策过程分为问题识别、信息共享、方案产生、方案评估、意见达成等几个阶段。李民等[12]针对自组织团队群决策的特点,结合复杂自适应理论,将自组织团队的群决策过程分为初始阶段、群体交互与方案选择阶段、方案实施评估阶段等 3 个阶段。Herrera-Viedma 等[13]将面向问题求解的群决策过程分为共识过程和选择过程两个阶段,即先达成相应的共识,然后进行方案选择。③在研讨过程控制方面,Dong 等[14]提出了基于层次分析（analytical hierarchy process，AHP）法的两种反馈机制,一个是专家重新修改偏好向量,另一个是修改专家权重。Ngwenyama 等[15]提出基于协调员的研讨反馈机制,使系统自动引导群体研讨并最终达成共识。以上这些研究有的只考虑研讨模式,有的只考虑研讨阶段划分,并没有指出研讨模式与研讨阶段之间的对应关系,而研讨过程控制大多局限于群决策过程控制,并没有提出针对复杂问题求解和决策的全研讨过程框架。

群体研讨过程框架的理论基础是思维科学和综合集成法。首先,群体研讨过程框架要反映群思维的特性,支持创造型发散思维和决策型收敛思维过程,即支持产生创意并支持共识达成。其次,要反映从定性到定量的综合集成,将群体定性思维转换为定量思维,便于计算机计算和集成。支持群思维要有相应的研讨模式,并按复杂问题求解过程对研讨模式进行编辑组合。

本章从群思维的特性出发,首先研究共识达成的基本概念及基本性质,将综合集成研讨厅的共识分为提案共识与决策共识两种,并给出提案共识与决策共识之间的迭代关系。然后对研讨模式和研讨流程进行分析,提出协商研讨、劝说研讨、决策研讨和表决研讨等四种研讨模式,将四种研讨模式进行组合和编辑可形成八种研讨流程,其中"协商研讨（劝说研讨）-决策研讨-表决研讨"是全研讨过程框架,能支持从定性到定量的综合集成。以后各章将研究群体研讨过程框架中不同研讨模式的共识达成模型及相关算法。

2.2 群体思维特性

思维是心理活动的高级形式,是主体发现客体对自己的思想有所影响后,为了获得处置客体的意识,而产生的思考活动。思维活动包括分析、抽象、类比、推理、概括等多种形式,思维的结果是获得新的信念-愿望-意图(belief-desire-intention,BDI)。人的思维分个体思维和群体思维两类。个体思维的结果是改变个人的BDI。群体思维又称为集体思维,是指在一个利益相关的组织或团体(stakeholder)内部,每个成员的个体思维相互影响,相互碰撞,最后形成群体成员共同认可的BDI的活动。群体思维的目标有共享信息、创造知识、求解问题、消除分歧、分割利益、形成集体决策等。

从群体思维的目标来看,群体思维又分为发散型群思维(divergent group thinking)和收敛型群思维(convergent group thinking)两种。发散型群思维,又称放射思维、扩散思维或求异思维,是指群体成员通过思维碰撞,相互激活,相互启发,不断产生新思想、新方法的群思维活动,其目标是激发人们的创造性。发散型群思维多用于复杂问题求解的初期阶段。面对复杂问题,人们开始时的思维是有限的,最早发言的人能起到"抛砖引玉"的作用,引发其他人的思考。随着发言人数的增多,人们的思想进一步活跃,新思想、新方法不断涌现。常用的发散型群思维方法有头脑风暴、协商对话和深度汇谈等。收敛型群思维,又称聚合思维、集中思维、求同思维,是指群体成员围绕组织目标,使个体思维不断聚集,最终达成群体共识。当组织需要统一思想、制定决策、下达行动方案时就需要收敛型群思维。收敛型群思维多用于复杂问题求解的后期阶段,当发散型群思维产生了大量的思想后,需要对这些思想进行分析论证,去粗取精,去伪存真,最后得出能得到大多数人认可的或合理的方案。常用的收敛型群思维方法有辩论(劝说)、谈判、群决策、投票表决等。从发散型群思维到收敛型群思维要经过一个漫长的过程,其关键性的步骤是个体成员在接收到其他成员的意见后要进行内省、反思和论证,或对已有方案进行建模分析或仿真实验。

从群体思维的组织形式来看,群体思维又分为同步群思维和异步群思维。同步群思维是指群体成员聚集在一起,专注于一个共同感兴趣的话题,采用面对面对话的方式,在有时间压力的情况下进行共同思考。异步群思维是指个体成员围绕群体目标对同步群思维中产生的思想方法进行内省、反思和论证或仿真实验的独立思维活动,思考成熟后即可向群体发布自己的思考成果。同步群思维和异步群思维并不是群体思维的两个阶段,它们往往是交错进行的,即使是在面对面的会议中,个体成员仍然会有异步群思维,只不过是在重要时间节点上他(她)必须同步于群体思维,如听取他人的发言,以及在有时间压力条件下发表自己的观点或进行表决等。从发散型群思维到收敛型群思维的过渡期是异步思维的活跃期,每个成员要形成自己对现有方案的态度,为群体思维收敛做好准备。

群体思维手段有交流讨论、实验论证、群体决策与表决等。其中,交流讨论的方式有面对面的对话、邮件、论坛等,而邮件和论坛可以看作一种非面对面的特殊对话。因此,交流讨论的实质就是对话。Walton 等[2]将对话分为信息索取(information-seeking dialogues)、问询(inquiry dialogues)、劝说(persuasion dialogues)、谈判(negotiation dialogues)、协商(deliberation dialogues)和诡辩(eristic dialogues)等几种形式。在这几种对话方式中,除了诡辩,其他方式都与群体思维目标有一定关系,如表 2.1 所示。

表 2.1 不同对话方式的群体思维目标

群体思维目标	对话的方式
共享信息	信息索取,问询
创造知识	信息索取,问询,劝说,协商
求解问题	信息索取,问询,劝说,协商
消除分歧	劝说,协商
分割利益	谈判
群体决策	劝说,谈判,协商

实验与论证是异步思维的主要手段,需要给群体成员提供相应资料信息、数据,以及模型与工具。群决策的方法有多准则决策、逼近理想解的排序方法、模糊判断矩阵、互反判断矩阵、互补判断矩阵、语言判断矩阵等。投票表决是形成最终方案的有效手段,方案选取原则有简单多数人意见原则、过半数原则和保护少数人意见原则等。

2.3 群体共识

2.3.1 共识的基本概念

综合集成研讨厅的核心功能是支持群体研讨,而群体研讨的最终目的是达成共识。由于群体成员知识背景、思维方式、价值观及所持立场各不相同,在有一定时间压力条件下,要使群体达成共识是十分困难的[7]。共识是群体思维的结果,要达成共识必须经过对话交流和思维碰撞。顾基发[10]首次从综合集成法的角度对共识的基本概念进行了研究,提出了几种不同形式的数学意义上的共识,并根据研讨深入程度将共识分为简单共识、研究共识和决策共识三种。在共识达成方法与技术方面,崔霞等[16,17]提出了在研讨初期,还没有形成备选方案时,用链接结构分析方法研究群体智慧涌现现象;王丹力等[18,19]提出了当研讨中已形成备选方案时,用群体一致性算法,使专家群体思维不断趋于收敛,并最终达到群体意见一致,得出各方案的排序及决策结果。国外对共识达成的研究起步较早,其研究内容主要集中在两个领域,一是社会学领域,研究共识的基本概念和达成共识的步骤与原则[20],重点研究如何产生创意并取得一致性意见;二是人工智能领域,研究共识度量[21-24]和共识达成技术[25-27],重点研究用群体一致性算法对已产生的方案进行排序。随着计算机技术的发展,计算机支持共识达成技术得到了广泛应用,波兰系统研究所研究了基于 Mediator 的专家意见群判断计算机支持系统,提出了 9 种意见一致性收敛方法。目前有些国家还成立了专门的共识达成研究机构,如美国的共识达成研究所(Consensus Building Institute,CBI)、日本的合意形成研究会(Society for the Study of Conflict and Consensus,SSCC)等[10]。

共识即群体一致性意见,美国大百科全书侧重从社会科学的角度来解释,把共识看成一个组织对某一个议题表现出来一致的状态。也可以用来表示某个组织针对某个问题的一致程度。共识达成是指取得群体一致性意见的过程。

共识的形态可以分为以下几种。

(1)自发共识(spontaneous consensus)是指组织内意见不约而同,是一种无争议的理想共识。

(2)运作共识(manipulated consensus)是指组织内部开始时意见并不一致,但经过证据收集和集体研讨,最后在权衡利弊后形成的新的共识。

(3)妥协共识(transigent consensus)是指不同利益集团就某一问题通过协商谈判、讨价还价,最后取得共识。

根据共识的几种形态,达成共识的手段主要有合议(combine)、协商(deliberate)、劝说(persuade)、谈判(negotiate)、群决策(group decision)、表决(vote)等,其中合议适合于自发共识,协商、劝说、群决策和表决适合于运作共识,劝说和谈判适合于妥协共识,如图 2.1 所示。协商、劝说、群决策和表决统称为研讨。综合集成研讨厅的目标是探寻复杂问题求解与决策的最佳方案,参与研讨的专家目标一致,利益共担,因而它所达成的共识属于运作共识。本书以下所讲的共识都是指运作共识。

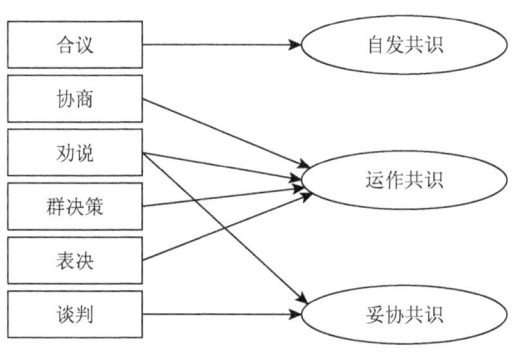

图 2.1 产生共识的方法

2.3.2 综合集成研讨厅中的共识

在复杂问题求解和决策过程中,不同阶段专家对问题的认识是不同的。研讨之初,由于问题本身的复杂性,初始状态和目标状态都不明确,专家发表的意见都带有一定的试探性,有时专家本人都不能确信自己提出的观点是否正确。随着研讨的深入,人们对问题的认识越来越深刻,有些观点开始得到大多数人的赞同,并形成初步的一致性意见。但这时还不能做出决策。最终的决策意见必须经过进一步的论证或仿真实验,再通过群体决策或投票表决得出。因此在综合集成研讨过程中,不同群体思维阶段会达成不同的共识。我们根据群体思维类型把综合集成研讨厅中的共识分为提案共识与决策共识两类,将在发散型群思维阶段初步形成的议案称为提案共识,而将在收敛型群思维阶段形成的决议称为决策共识[28]。

1. 提案共识

提案共识(draft consensus)形成于研讨的初级阶段,决定哪些提案将进入下一轮的决策研讨。一般来说,会议开始时,专家群体的思维是发散性的,专家群体在主持人的引导下提出很多的假设,将这些假设称为提案。但是这些提案并不全都成为决策对象。如主持人说:"今天召集大家讨论我市'十三五'教育发展规划问题,请大家广泛提出意见。"这类问题并不要求会议马上做出一个决策意见,而是广泛地收集提案。专家群体通过研讨,会对提案进行分类排序,从中选出若干最有价值的提案,这些最有价值的提案称为提案共识。

2. 决策共识

决策共识(decision consensus)是指专家群体对提案共识进行进一步分析论证,从中选出最佳方案。达成决策共识是综合集成研讨的最终目的,决策共识的形成标志着一个研讨过程的结束。一旦达成决策共识,将形成一个最终决策或行动方案。决策共识的达成必须符合以下几个原则。

(1) 组织利益最大原则。如果研讨的目的是群体决策,决策共识必须代表组织的共同利益,有利于实现组织的共同目标。

(2) 创新性原则。如果研讨的目的是发现真理,解决实际问题,则决策共识必须尊重科学,鼓励创新。

(3) 少数服从多数原则。如果研讨的目的是平衡利益,解决冲突,则决策共识必须采用社会选择方法,通过投票表决,最大限度地让多数人支持的意见涌现出来。少数服从多数原则能保证决策的公平性,但它不一定是最合理的原则。

（4）保护少数人原则。在科学研究和战略决策中，由于真理有时掌握在少数人手中，这时就需要保护少数人意见。保护少数人意见并不是直接以少数人意见为最终决策意见，而在研讨过程中提请研讨参与者关注或尊重少数人意见，使少数人意见能够影响群体思维。

（5）群体一致性原则。研讨得出的最终决策意见必须与大多数人中的个人意见相近，因此决策共识的达成必须做群体一致性分析，并通过多轮反馈，使最终决策意见满足大多数人的意愿。

3. 共识达成的迭代过程

通过对提案共识与决策共识的分析可知，研讨的最终目的是达成决策共识。但是由于人的认识能力有限和人与人之间固有的意见分歧，往往要经过多轮研讨才能得出最终的决策共识。即先尽可能多地提出提案，再对这些提案进行分类、排序，提出最有价值的提案（即达成提案共识），再针对提案共识进行决策研讨，如果决策结果不满意，则需要重新进行研讨，直到最后得到群体一致认可的决策共识。共识达成迭代过程如图2.2所示。

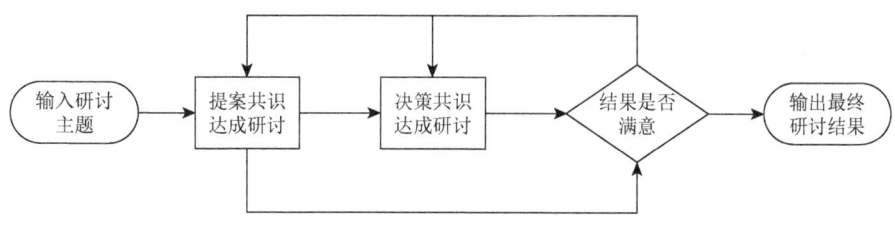

图 2.2 共识达成迭代过程

2.4 研讨过程框架

2.4.1 研讨模式

群体研讨是共识达成的主要手段，也是综合集成研讨厅中复杂问题求解的关键环节[29, 30]。研讨的目的是激活思维、明确事理、消除分歧、做出决策（达成共识）。激活思维就是鼓励群体成员通过发言相互启发，尽可能多地提出创意；明确事理就是采用逻辑推理、科学计算、仿真实验等方法对已提出的方案进行论证，确认其正确性；消除分歧就是群体成员交流讨论劝说他人接受自己的观点或通过自我反省修正自己的观点，使群体意见达成一致；做出决策就是按照某些准则对初步形成的备选方案进行分类和排序，得出群体可接受的最终决策意见。按照研讨的目的，可以将群体研讨分为协商研讨、劝说研讨、决策研讨和表决研讨等四大类。

1. 协商研讨

协商研讨处于综合集成研讨过程的初期阶段，是一种发散型的群思维方法，其目标是激活思维，产生创意，达成提案共识。协商研讨又分为自由协商研讨、基于德尔菲法的文本研讨和结合自由协商的文本研讨等三种。

1）自由协商研讨

自由协商研讨一般以交互对话的方式进行，通过对话使群体见解超越个人见解。在研讨初期，群体成员对问题的认识还不深刻，有的成员甚至还没有一个明确的主张，或者对自己的主张没有把握；有时个人思维还会出现不一致现象，表现为思维表象和本质的脱节，但是自己却毫无察觉，从而也无法通过反省自我改进。这时就需要每个人大胆地说出自己的想法，将深藏的经验与想法完全浮现出来，经过彼此检验和自我反思，不断修正自己的观点，实现对复杂问题认识的自我超越。

自由协商研讨的基本活动有发言和聆听。发言，即用自然语言表达自己的观点或对他人的观点进行评价。在综合集成研讨环境中，专家发言时要高亮显示主张以及支持主张的根据或前提，便于其他专家对自己的发言做有针对性的响应。聆听，即获取他人的发言，并理解他人发言。在综合集成研讨环境中，聆听并不是完全用耳朵去听，而是通过计算机查看、分析、理解其他专家的发言文本或音视频资料。因此，综合集成研讨环境必须营造一个良好的聆听环境，这个环境不仅能展示专家发言，还能帮助用户分析专家发言，如对发言进行结构化处理、发言文本聚类分类、发言文本摘要、以可视化方式展示发言及发言文本分析结果等。

自由协商研讨与 Issacs 提出的深度汇谈[31]有相似之处，它们都以对话的方式交换意见，但也有不同之处。深度汇谈更像一般性日常谈话，其目的并不是去赢得争论或达成共识，而是通过"共享知识库"和心与心的交流来共同感知与认识世界，探寻内心深处的隐式知识，并通过隐式知识显式化和显式知识隐式化的不断转换，实现每个参与人思维方式和思想的改变。深度汇谈强调悬挂观点，即当遇到观点不一致时，提倡暂时保留自己的意见，避免争辩。而自由协商研讨则不同，其目标是达成共识，因此每个参与人在对话中要鲜明地亮出自己的观点，当观点冲突时可以展开辩论，即协商研讨中可以嵌入劝说研讨。

自由协商研讨与 Osborn[32]提出的头脑风暴法也有相似之处，它们都鼓励群体成员提出新观点，但也有不同之处。头脑风暴法的目标是鼓励创意，追求意见的数量，但它对于产生的思想与主张的正确性和有效性并不加以验证或讨论，因此它不能实现最终的决策。但自由协商研讨既支持提出新观点,也支持对已有观点进行评价或辩论。

自由协商研讨应具有以下三个条件。

(1)必须有明确的主题。所有成员专注于任务本身,围绕主题进行发言,不讨论与主题无关的问题,更排除问候、抱怨等情感交流的因素。

(2)所有参与者必须视彼此为工作伙伴,要求群体成员要彼此真诚地交流,杜绝各种习惯性防卫。

(3)必须有一位协调员(主持人),其任务是根据共识达成状态对研讨过程进行引导。

在自由协商研讨过程中,系统可以分析发言文本、计算观点共识值和关注值,并将分析和计算的结果实时反馈给专家。自由协商研讨流程如图 2.3 所示。

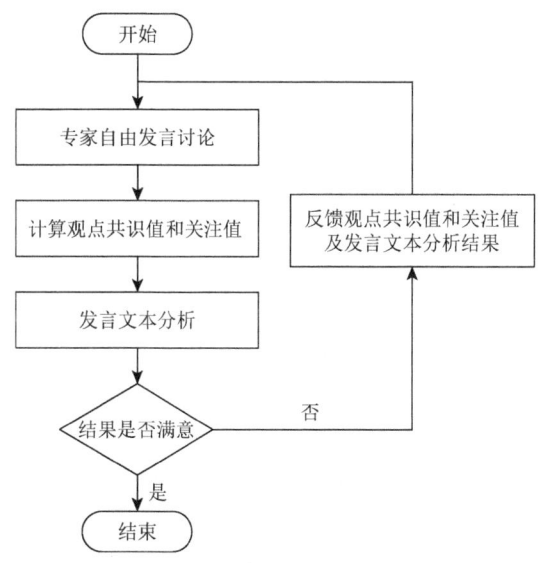

图 2.3 自由协商研讨流程

2)基于德尔菲法的文本研讨

文本研讨是指专家以提交研讨文本的方式表达自己的意见,专家之间不进行交互式对话。研讨文本是一篇阐述自己观点的文章,它有明确的主张和对主张的论证。

文本研讨一般采用德尔菲法。德尔菲法[33],又名专家意见法,它采用函询方式征求专家意见,通过多轮匿名反馈使专家意见趋于一致。基于德尔菲法的文本研讨基本过程是,首先专家匿名提交研讨文本,协调员收集整理研讨文本,并将研讨文本打包分发给专家；然后专家阅读他人的研讨文本，在受到其他专家思想的影响后反思自己的研讨文本，并重新修改自己的研讨文本。经过几轮研讨，使群体意见趋于一致。为了方便研讨参与人阅读其他专家的研讨文本，可以采用人工智能方法对收集到的研讨文本进行分析处理，如关键词提取、文本聚类分类、文本摘要等，并在此基础上进行群体一致性分析。文本研讨流程如图2.4所示。

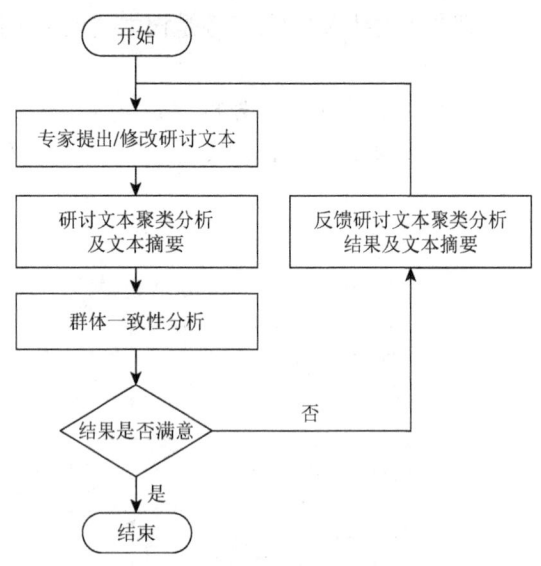

图2.4 文本研讨流程

3）结合自由协商的文本研讨

这种研讨方式是对文本研讨增加协商研讨环节，专家可以对研讨文本进行讨论，系统能计算各研讨文本的共识值和关注值，再进行研讨文本分析和群体一致性分析。结合自由协商的文本研讨流程如图2.5所示。该图在图2.4的文本研讨流程基础上增加了一个"是否启动自由协商研讨"的判定。如果启动自由协商研讨，则对研讨文本进行讨论，系统计算研讨文本的共识值和关注值。

2. 劝说研讨

对抗模拟是解决复杂问题的另一有效手段，在复杂问题决策中有广泛应用[34,35]。常用的对抗模拟有军事作战仿真、兵棋推演等。劝说研讨是对抗模拟中的一种形式，是一种以说服他人接受自己主张为目的的对话交流方式。

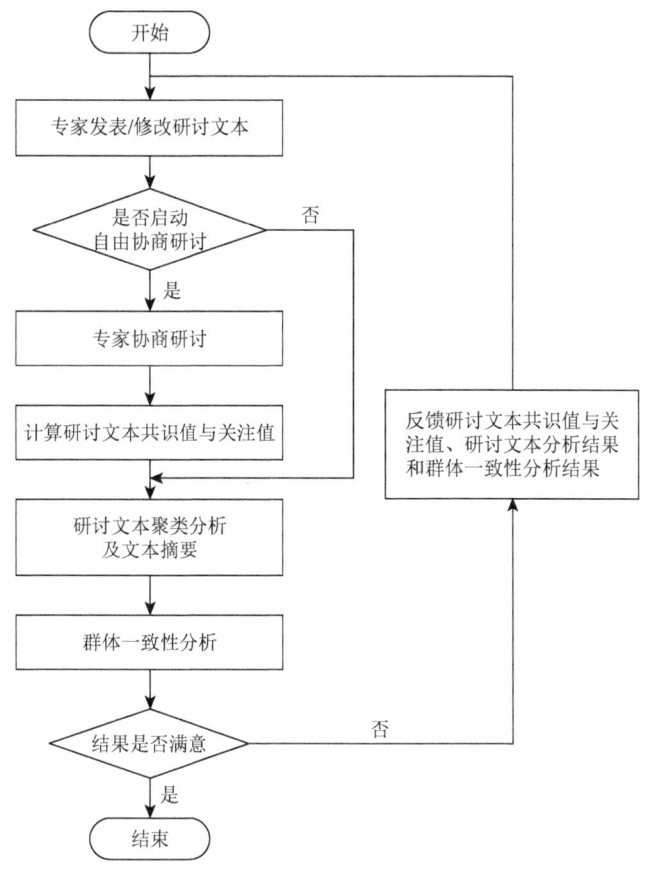

图 2.5 结合自由协商的文本研讨流程

劝说研讨先将专家群体分为对立双方，双方各持完全相反主张，采用互为逆向的思维，论证某个主张的正确性。与自由协商研讨相比，劝说研讨更讲求逻辑推理，要求发言者亮出前提，如果前提不成立，则该前提所支持的主张也不成立。这样可以通过推翻对方的前提而驳斥对方的主张。与其他研讨方式不同的是，劝说研讨没有多轮反馈。劝说研讨流程如图 2.6 所示。首先，研讨协调员设立观点，设定辩论时间，将研讨参与人分为正反两方；然后，双方交替发言，攻击对方观点；最后，系统调用辩论算法计算观点的可接受性。劝说研讨可作为协商

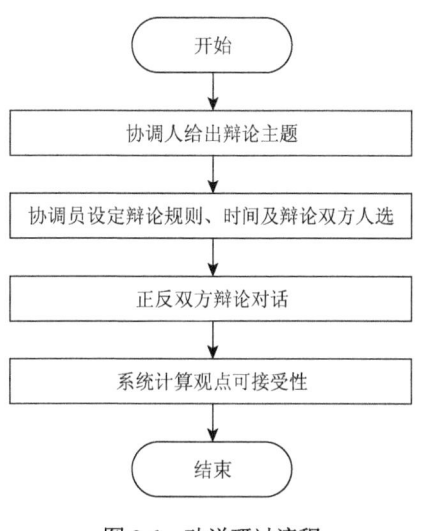

图 2.6 劝说研讨流程

研讨的补充,它可以用辩论模型建模,并用相应的争议评价算法确定观点的可接受性。

3. 决策研讨

决策研讨是采用群决策方法,对备选方案进行分类排序。常用的群决策方法是多准则群决策。其基本过程是,首先协调员设置备选方案,以及方案评价的准则及其权重;其次研讨参与人对各方案的各准则进行评分;最后系统对方案评分进行集结,得出方案的总评价值,并根据总评价值对方案进行分类或排序。在多准则群决策中需要给出不同偏好表达方式供用户选择,如简单序关系、效用值、互补判断矩阵、互反判断矩阵、语言评价矩阵等,并对群体一致性和个体一致性进行分析。多准则群决策研讨流程如图 2.7 所示。

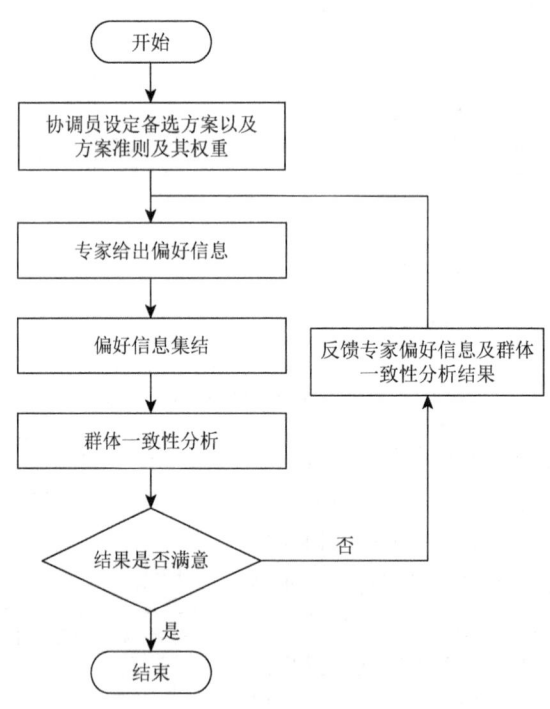

图 2.7 多准则群决策研讨流程

决策研讨还可以采用其他方法,如 AHP 法[36],逼近理想解的排序方法(TOPSIS 法)。

AHP 法是美国运筹学家萨帝首先提出的,其基本思想是先按问题的要求建立一个能描述系统特征的递阶层次结构模型;确定评定尺度;对每一层的各要素进行两两比较,根据评定尺度确定其相对重要程度,最后据此建立判断矩阵;根据判断矩阵计算各要素对上一层要素的权重;计算各层要素对系统总目标的合成权重,对各种方案进行优先排序,从而为决策人选择最优方案提供依据。AHP 法的基本步骤如下:

(1) 分析评价系统要素,建立递阶层次结构模型。

(2) 确定评定尺度,采用 Satty[36]提出的 1~9 标度法表示。

(3) 确定各层各要素对上一层要素的权重。

(4) 计算各层要素对系统总目标的合成权重,对各种方案进行排序。

TOPSIS 法是逼近理想解的排序方法(technique for order preference by similarity to ideal solution)的英文缩略。它借助多属性问题的理想解和负理想解对方案集 T 中各方案排序。设一个多属性决策问题的备选方案集为 $X=\{x_1,x_2,\cdots,x_m\}$,衡量方案优劣的属性向量为 $Y=\{y_1,y_2,\cdots,y_n\}$;这时方案集 X 中的每个方案 $x_i(i=1,2,\cdots,m)$ 的 n 个属性值构成的向量是 $Y_i=\{y_{i1},y_{i2},\cdots,y_{in}\}(i=1,2,\cdots,m)$,它作为 n 维空间中的一个点,能唯一地表征方案 x_i。理想解 x^* 是一个方案集 X 中并不存在的虚拟的最佳方案,它的每个属性值都是决策矩阵中该属性的最好的值;而负理想解 x^0 则是虚拟的最差方案,它的每个属性值都是决策矩阵中该属性的最差的值。在 n 维空间中,将方案集 X 中的各备选方案 x_i 与理想解 x^* 和负理想解 x^0 的距离进行比较,即靠近理想解又远离负理想解的方案就是方案集 X 中的最佳方案;并可以据此排定方案集 X 中各备选方案的优劣序。TOPSIS 法步骤如下:

(1) 用向量规范化的方法求得规范决策矩阵。设多属性决策问题的决策矩阵 $\overline{Y}=\{\overline{y_{ij}}\}$,其中 $\overline{y_{ij}}=y_{ij}\left/\sqrt{\sum_{i=1}^{m}y_{ij}^2}\right.$,$i=1,2,\cdots,m$。

(2) 确定理想解 x^* 和负理想解 x^0。

(3) 计算各方案到理想解的距离 $d_i^*=\sqrt{\sum_{j=1}^{n}(x_{ij}-x_j^*)^2}$ 和到负理想解的距离 $d_i^0=\sqrt{\sum_{j=1}^{n}(x_{ij}-x_j^0)^2}$。

(4) 计算各方案的排队指示值(即综合评价指数):$C_i^*=d_i^0/(d_i^0+d_i^*)$。

(5) 按 C_i^* 由大到小排列方案的优劣次序。

4. 表决研讨

表决研讨是复杂问题决策的最后环节,如果决策研讨结果的群体一致性指标不能达到预期要求或研讨的目标是确定最终行动方案,则要进行表决研讨。表决研讨输入一个或多个表决方案,输出得票最多的方案或各方案的得票数。表决研讨一般不做群体一致性分析,部分研讨参与人需做出妥协。影响表决研讨结果的因素有投票方式和计票规则。如果计票规则规定得胜者必须满足最低票数，若过半数原则，则有可能要进行多轮投票。在多轮投票中，新一轮投票开始前要对表决方案进行调整。表决研讨流程如图 2.8 所示。

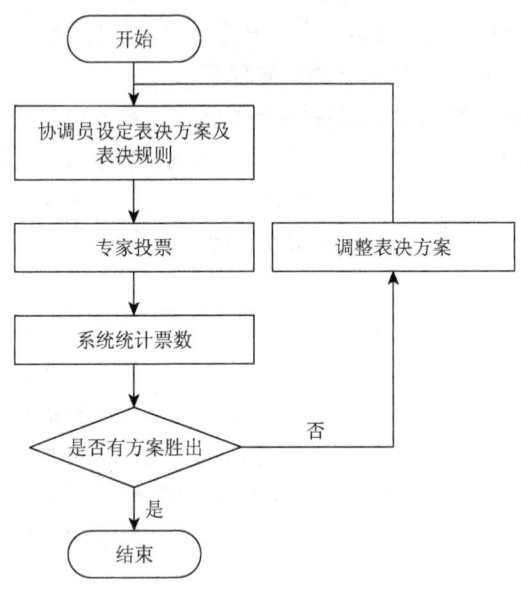

图 2.8　表决研讨流程

在以上四种研讨方式中，协商研讨没有确定的备选方案，备选方案是在群体研讨过程中逐渐产生的，它是一种发散型群思维方法。劝说研讨只有一个备选方案或主张，最终要决定这个备选方案是否可接受，它是一种收敛型群思维方法。协商研讨和劝说研讨是互为补充的，一般是将协商研讨与劝说研讨结合起来使用，以协商研讨为主，劝说研讨为辅，当协商研讨产生冲突时，就转入劝说研讨。

决策研讨一般有多个备选方案，研讨结果是对备选方案进行排序，它是一种收敛型群思维方法，主要用于形成决策共识。决策研讨需要对决策结果进行群体一致性分析，使最终结果符合大多数人意见。表决研讨是决策研讨的延续，当需要做出唯一性决策或确定决心方案时就需要进行投票表决。表决研讨一般不做群体一致性分析，将社会选择作为最终研讨结果。

2.4.2　研讨流程编辑

研讨流程是综合集成研讨环境中一个十分重要的概念，它把研讨过程分为若干个环节或步骤,如果研讨结果不满意,则重复某些环节直到得到满意的研讨结果。不同性质的课题可采用不同的研讨流程,一个研讨流程包含一个或多个研讨模式。可以将一些常用的研讨流程抽象为研讨流程模板,生成研讨室时根据课题性质选择相应的研讨流程模板。协商研讨、劝说研讨、决策研讨和表决研讨各自有自己的研讨流程,对这些研讨流程进行组合又可以得出新的研讨流程。研讨流程编辑如图 2.9 所示。

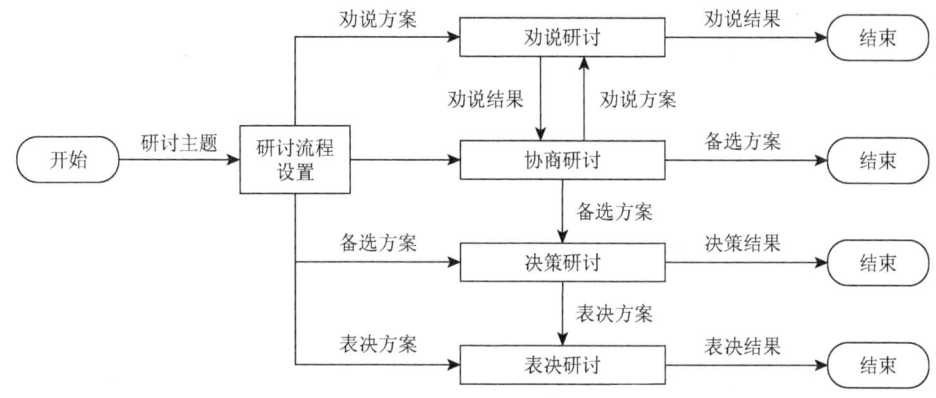

图 2.9 研讨流程编辑

常用的研讨流程有以下 8 种。

(1) 劝说研讨:输入一个方案(它可能是一个决策意见或某个主张、观点),研讨结果是确定该方案或主张是否可接受。劝说研讨是一种定性收敛型群思维,通常以相互交换发言文本(对话)的形式进行。

(2) 协商研讨:输入研讨主题,输出若干备选方案。协商研讨是一种定性发散型群思维,备选方案通常以研讨文本的形式展现。

(3) 决策研讨:输入若干备选方案,研讨结果是对备选方案进行分类或排序。决策研讨是一种以定量计算为主的收敛型群思维,专家对方案的评价最后都转换成数值计算。

(4) 表决研讨:输入一个或若干表决方案,最后输出当选方案。表决研讨也是一种收敛型群思维,最后形成群体最终的决策方案。

(5) 协商研讨-劝说研讨:输入研讨主题,经过协商研讨得出若干备选方案,再选取其中一个备选方案进行劝说研讨,最后确定这个方案的可接受性。该研讨流程包括协商研讨和劝说研讨两种研讨模式,支持从发散到收敛的群体思维过程。

(6) 协商研讨-决策研讨:输入研讨主题,经过协商研讨得出若干备选方案，再对备选方案进行决策研讨，对备选方案进行分类或排序。该研讨流程包括协商研讨和决策研讨两种研讨模式，支持从发散到收敛的群体思维过程。

（7）决策研讨-表决研讨：输入若干备选方案，先进行决策研讨对备选方案进行分类或排序，再选取其中一个或多个方案进行表决研讨，确定最终的决策方案。该研讨流程包括决策研讨和表决研讨两种研讨模式，是一种收敛型的群体思维过程。

（8）协商研讨-决策研讨-表决研讨：输入研讨主题，经过协商研讨得出若干备选方案，再经过决策研讨对备选方案进行分类或排序，最后经过表决研讨确定最终的决策方案。该研讨流程包括协商研讨、决策研讨和表决研讨等三种研讨模式，支持从发散到收敛的群体思维过程。

2.4.3 同步研讨与异步研讨

研讨是一种群体思维活动，要求研讨参与人共同关注同一话题，通过思维碰撞激活思维、达成共识。群体思维建立在个人思维基础之上，研讨参与人既要同步于当前研讨环节，又要有自己的独立思考空间。按研讨参与人当前注意力状态可以将研讨分为同步研讨和异步研讨两种。如果研讨参与人当前注意力集中于公共研讨空间则称为同步研讨，在同步研讨中研讨参与人可以发表自己的意见、听取他人意见、协同编辑、受控于研讨环节切换等；如果研讨参与人当前注意力集中于私有研讨空间则称为异步研讨，在异步研讨中研讨参与人可以进行独立思考、信息查询、推理、计算、仿真实验、接收系统个性化推送的信息资料等。同步研讨的研讨方式有协商研讨、劝说研讨、决策研讨和表决研讨，以及这几种方式的组合，其支持工具有研讨白板、研讨信息可视化工具、电子表决器、协同编辑器和研讨过程控制器等。异步研讨的主要工作对自己的假设或他人的意见进行分析验证，通过内省与反思使自己的潜意识变成显意识，其支持工具有数据库与数据仓库等信息资源、数据挖掘与知识发现工具、建模与仿真工具以及系统的个性化信息资料推送工具等。同步研讨与异步研讨交替进行，研讨参与人如果要发表意见或听取他人意见就进入同步研讨，如果要对假设进行分析验证就进入异步研讨。同步研讨与异步研讨流程如图 2.10 所示。为了保证研讨顺利进行，提高研讨效率，在实际研讨环境中需要采取一些强制措施保证研讨参与人同步于当前研讨环节。

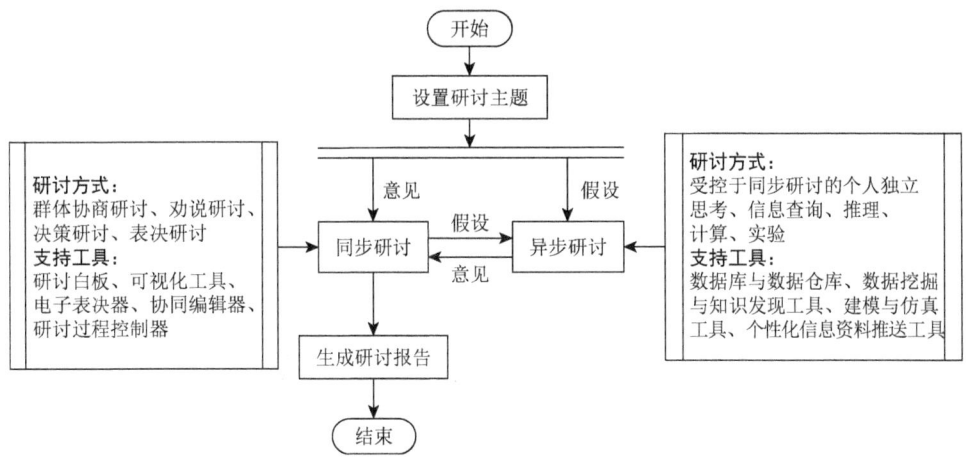

图 2.10　同步研讨与异步研讨流程

2.5　本章小结

本章对群体研讨过程框架中涉及的群体思维特性、群体共识、研讨模式、研讨流程编辑等基本问题进行研究。首先，将群体思维分为发散型群思维和收敛型群思维两类。发散型群思维处于研讨的初期阶段，主要目标是产生新思想、新方法，激发人们的创造性。收敛型群思维处于研讨的后期阶段，主要目标是使群体思维趋向一致，最终达成群体共识。其次，将群体共识分为提案共识和决策共识两类。提案共识是发散型群思维阶段所形成的初步议案，决策共识是收敛型群思维阶段所形成的决策意见。再次，提出了协商研讨、劝说研讨、决策研讨和表决研讨等四种研讨模式。协商研讨是一种发散型群思维方式，其目的是激活群体思维，使群体成员尽可能多地提出创意或意见。劝说研讨是对协商研讨过程中产生的某一主张展开辩论，群体成员分为意见相反的对立两方，其中一方试图说服对方接受自己的主张，使该主张在辩论中得到论证。决策研讨对协商研讨阶段提出的备选方案通过群决策进行分类或排序。表决研讨是采用投票方法确定最终的决策意见，它不做群体一致性分析，以社会选择作为最终的决策结果。将这四种研讨模式进行组合编辑，可以得到不同的研讨流程，针对不同性质问题可以采用不同的研讨流程。最后，按研讨时序性和并发性，将研讨分为同步研讨和异步研讨两种。如果研讨参与人当前注意力集中于公共研讨空间则称为同步研讨，在同步研讨中研讨参与人可以发表自己的意见、听取他人意见、协同编辑、受控于研讨环节切换等；如果研讨参与人当前注意力集中于私有研讨空间则称为异步研讨，在异步研讨中研讨参与人可以进行独立思考、信息查询、推理、计算与实验仿真、接收系统个性化推送的信息资料等。

群体研讨过程框架的内容包括研讨流程编辑、研讨环节划分、研讨环节切换、同步/异步研讨控制等。

参 考 文 献

[1] Mase K, Sumich A, Nishimoto K. Informal conversation environment for collaborative concept formation//Community Computing-Collaboration over Global Information Networks. New York: John Wiley & Sons, Inc., 1998: 165-205.

[2] Walton D N, Krabbe E C W. Commitment in Dialogue: Basic Concepts of Interpersonal Reasoning. Albany: State University of New York Press, 1995.

[3] Gordon T F, Prakken H, Walton D. The Carneades model of argument and burden of proof. Artificial Intelligence, 2007, 171 (10): 875-896.

[4] 唐锡晋, 刘怡君. 从群体支持系统到创造力支持系统. 系统工程理论与实践, 2006, 26 (5): 63-71.

[5] 刘怡君, 唐锡晋. 一种支持协作与知识创造的"场". 管理科学学报, 2006, 9 (1): 79-85.

[6] 孙景乐, 张朋柱. 一种互补的研讨框架的设计与实现. 系统工程学报, 2001, 16 (5): 360-365.

[7] 戴汝为, 操龙兵. 综合集成研讨厅的研制. 管理科学学报, 2004, 5 (3): 10-16.

[8] 顾基发, 唐锡晋. 综合集成系统建模. 复杂系统与复杂性科学, 2004, 1 (2): 32-42.

[9] 张兴学, 张朋柱. 开放式群体决策研讨两种研讨模式有效性的实验研究. 西安工程科技学院学报, 2004, 18 (4): 361-367.

[10] 顾基发. 意见综合——怎样达成共识. 系统工程学报, 2001, 16 (5): 340-348.

[11] Yang L, Xi Y M. A view of group decision making process and bivoting approach. Computers & Industrial Engineering, 1996, 31 (3): 945-948.

[12] 李民, 周跃进. 自组织团队的群决策过程模型研究. 科技进步与对策, 2010, 27 (11): 20-24.

[13] Herrera-Viedma E, Martínez L, Mata F, et al. A consensus support system model for group decision-making problems with multigranular linguistic preference relations. IEEE Transactions on Fuzzy Systems, 2005, 13 (5): 644-658.

[14] Dong Q, Zhü K, Cooper O. Gaining consensus in a moderated group: A model with a twofold feedback mechanism. Expert Systems with Applications, 2017, 71: 87-97.

[15] Ngwenyama O K, Bryson N, Mobolurin A. Supporting facilitation in group support systems: Techniques for analyzing consensus relevant data. Decision Support System, 1996, 16 (2): 155-168.

[16] 崔霞, 李耀东, 戴汝为. HWME 中基于学习型组织的专家有效互动对话模型. 管理科学学报, 2004, 7 (2): 80-87.

[17] 崔霞, 戴汝为, 李耀东. 群体智慧在综合集成研讨厅体系中的涌现. 系统仿真学报, 2003, 15 (1): 146-153.

[18] 王丹力, 戴汝为. 群体一致性及其在研讨厅中的应用. 系统工程与电子技术, 2001, 23 (17): 33-37.

[19] 王丹力, 戴汝为. 专家群体思维收敛的研究. 管理科学学报, 2002, 5 (2): 1-5.

[20] Keith L, Wagner C. Rational Consensus in Science and Society. Boston: Reidel, 1981.

[21] Kacprzyk J, Fedrizzi M. 'Soft' consensus measure for monitoring real consensus reaching processes under fuzzy preferences. Control Cybern, 1987, 15 (3/4): 309-323.

[22] Kacprzyk J, Fedrizzi M. A 'soft' measure of consensus in the setting of partial (fuzzy) preferences. European Journal of Operational Research, 1988, 34: 316-325.

[23] Tastle W J, Wierman M J. Consensus and dissention: A measure of ordinal dispersion. International Journal of

Approximate Reasoning, 2007, 45 (3): 531-545.

[24] Kacprzyk J, Fedrizzi M. A 'human-consistent' degree of consensus based on fuzzy logic with linguistic quantifiers. Mathematical Social Sciences, 1989, 18 (3): 275-290.

[25] Eklund P, Rusinowska A, Deswart H. Consensus reaching in committees. European Journal of Operational Research, 2007, 178 (4): 185-193.

[26] Herrera F, Herrera-Viedma E, Verdegay J L. A model of consensus in group decision making under linguistic assessments. Fuzzy Sets and Systems, 1996, 78 (1): 73-87.

[27] Priem R L, Harrison D A, Muir N K. Structured conflict and consensus outcomes in group decision making. Journal of Management, 1995, 21 (4): 691-710.

[28] 熊才权,李德华. 综合集成研讨厅共识达成模型及其实现. 计算机集成制造系统, 2008, 14 (10): 1913-1918.

[29] 谭俊峰,张朋柱,程少川, 等. 群体研讨中的共识分析和评价技术. 系统工程理论方法应用, 2005, 14 (1): 55-61.

[30] Ballmer T, Brennenstuhl W. Speech Act Classification: A Study in the Lexical Analysis of English Speech Activity Verbs. Berlin: Springer, 1981.

[31] Senge P. 第五项修炼——学习型组织的艺术与实务. 上海: 上海三联书店, 1998.

[32] Osborn A F. Your Creative Power. West Lafayette: Purdue University Press, 1999.

[33] Linstone H A, Turoff M. The Delphi Method: Techniques and Applications. London: Addison-Wesley, 1979.

[34] 胡晓峰,司光亚,吴琳. 战略决策模拟中协作对抗空间的研究与设计. 小型微型计算机系统, 2000, 21 (9): 901-904.

[35] 张磊. 军事战略问题的对抗式研讨方法初探. 军事运筹与系统工程, 2008, 22 (1): 34-37.

[36] Satty T L. The Analytic Hierarchy Process. New York: McGraw-Hill, 1980.

第3章　辩论模型基本理论

3.1　概　　述

人们在求解复杂问题的过程中，常常面临信息不完备和不一致性的问题，当新的信息获得时，原来的结论可能被撤回。例如，"一个物品看起来是红的，所以它是红的"，但是如果增加"环境颜色是红的"这条信息后，原来的结论可能不成立。对于这类问题不能用证明的方法，而要用辩论的方法。辩论是人类的一项重要群体智能活动，人们可以通过辩论进行逻辑推理，表达、证明和防卫自己的观点，或反驳他人的观点。辩论在很长一段时间里属于哲学和逻辑学的研究范畴，于 20 世纪 80 年代引入计算机科学和人工智能的研究领域，为研究计算机辅助决策支持系统和非单调推理提供了一种新的途径。1995 年，Dung[1]开创性地提出了抽象辩论框架，并证明了大多数的非单调推理逻辑在该框架下可以得到统一描述，从而使辩论理论迅速成为人工智能中的一个研究热点。

辩论是通过智能主体之间的对话进行的，一条有明确主张的发言称为争议（argument）。由于知识的不完备性和不确定性，争议之间存在反驳、攻击和支持等关系，从而使假说的可接受性随着辩论的进行而发生变化。辩论可以抽象为一个三元组 $AF = (\mathcal{L}, \mathcal{A}, \mathcal{R})$，其中 $\mathcal{L}$ 是陈述集，$\mathcal{A}$ 是争议集，$\mathcal{R} \subseteq \mathcal{A} \times \mathcal{A}$ 是争议之间的攻击、支持或反驳关系。$\mathcal{L} = \mathcal{T} \cup \mathcal{H}$，$\mathcal{T} \cap \mathcal{H} = \varnothing$，$\mathcal{T}$ 是无须证明的事实集，$\mathcal{H}$ 是假说集。争议可以表示为一个非单调规则：$h_1, \cdots, h_n \Rightarrow h$，其中 $h_i \in \mathcal{L}(i=1,2,\cdots,n)$ 称为前提，$h \in \mathcal{H}$ 称为结论。在经典逻辑中，一条规则表示为 $l_1, \cdots, l_n \rightarrow l$，它是绝对可接受的。用"$\Rightarrow$"代替"$\rightarrow$"体现了辩论的可废止性，即一条争议可能因为其前提遭到攻击而不再成立。辩论推理的基本过程是，首先智能主体围绕主题，通过对话构造争议以及争议之间的关系，然后采用某种准则确定争议的可防卫性，最后根据争议的可防卫性确定假说的可接受性。辩论模型是对辩论的形式化描述，它包括辩论空间构造以及辩论结果生成算法。辩论空间构造的主要内容有争议结构化处理、争议集构造和争议间的攻击、支持和反驳等关系的描述等。争议评价主要是通过计算争议的可防卫性和假说的可接受性得出最终的辩论结果[2, 3]。

目前对辩论模型的研究大致有两个方向[4]，一是用图形化工具描述日常辩论结构，揭示日常辩论的基本规律，其研究成果主要用于法律推理[1]、政策制定[5]、决策支持[6]和辩论思维训练[7]等；二是用日常辩论模式对非单调推理形式系统建模，拓展人工智能逻辑研究，其研究成果主要用于非单调推理[8]、逻辑程序设计[1]、自然语言理解[9]、模式分类[10]，以及多 Agent 系统中的协商与通信[11]、多源信息融合[12]、信念修正[13,14]等。前者称为对辩论建模，其典型代表有 Wigmore 模型[15]、Toulmin 模型[16]和 IBIS 模型[17]，后者称为用辩论建模[3]，其典型代表有 Dung 的抽象辩论框架[1]。本章从对辩论建模和用辩论建模两个方面对辩论模型的研究成果进行综述，重点介绍 Dung 的抽象辩论框架及其扩充语义。

3.2 对日常辩论建模

对日常辩论的研究发起于哲学、逻辑学和法律领域[18]，主要目的是从逻辑学角度研究辩论的基本规律，提出了一些图形化辩论模型，其中影响较大的有 Wigmore 模型[15]和 Toulmin 模型[16]。Wigmore 模型用盒（box）和箭头（arrow）等图形元素表示争议结构与辩论过程，"盒"表示证据，"箭头"表示推论。Wigmore 根据法庭辩论实际将证据和推理分为不同类型，并用方形框表示证人证据、用圆形框表示旁证、用三角框表示确凿证据、用 ">" 符号表示解释证据、用单箭头表示直接支持、用双箭头表示强支持、用带 "×" 的连接线表示确凿支持、用带 "○" 的连接线表示否定，如图 3.1 所示（来自文献[15]）。显然 Wigmore 模型是极其复杂的，它虽然对辩论过程描述全面，但不易在计算机中实现。

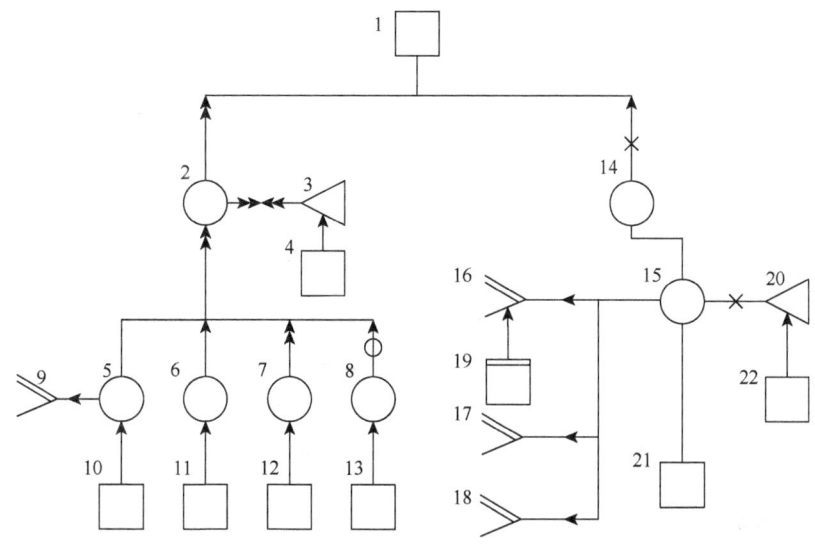

图 3.1 Wigmore 模型

Toulmin 模型[16]的主要贡献是提出了对争议的结构化表示。基本的 Toulmin 模型将争议分解为 6 个部分，即主张（claim）、根据（ground/premise）、论证（warrant）、支援（backing）、模态限定（modality）和反驳（rebuttal）[16]，如图 3.2 所示。其中，"主张"是争议提出者试图证明为正确的结论，一般是一个肯定性的陈述；"根据"是作为论证基础的事实（证据），包括可证明或无须证明的公认命题，或可信事实数据、实验数据等；"论证"（担保）是连接根据与结论的桥梁，保证由"根据"可以合理地推出"主张"；"支援"是通过回答对"论证"的质疑而提供的附加支持，是"论证"的根据和论证；"模态限定"是指示从"根据"和"论证"到"主张"的跳跃力量，即说明结论是肯定地得出，还是可能地得出；"反驳"是阻止从"论证"得出"主张"的因素，用以削弱"模态限定"。Toulmin 模型对争议结构化表示十分简明，在法律推理和政策决策领域得到了应用。Toulmin 模型应用范围比 Wigmore 模型广，Rwoe 等[15]提出了将 Wigmore 模型转换为 Toulmin 模型的方法。Toulmin 模型只是描述了单一争议的论证结构，没有表示多个争议之间的对话过程[19]，也没有提出争议评价的计算方法。

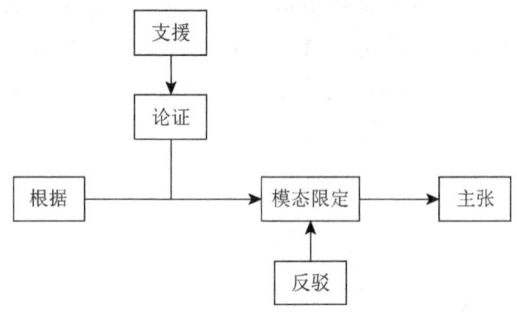

图 3.2　Toulmin 模型

为了求解结构不良的复杂决策问题，Kunz 等[20]提出了 IBIS 模型。IBIS 模型的基本元素有 3 种节点和 9 种边[20, 21]。3 种节点分别是问题（issue）、方案/主张（position）和争议（argument）。9 种边①分别是：方案对问题的响应（responds-to）、争议针对方案支持（supports-to）或反对（objects-to）、一个问题针对另一个问题的泛化（generalize）、特化（specialize）或替换（replaces）、一个问题针对另一个问题、方案或争议的质问（question）或被建议（be-suggested-by）、作为回避机制的与其他节点的链接（other）等，如图 3.3 所示。另外还有主题、事实和模型等 3 个其他元素。一个基于 IBIS 模型的完整辩论系统还包括问题库、事实库、模型库、主题列表、问题论证映射关系表和文件等。

---

① 9 个单词对应 9 种边。

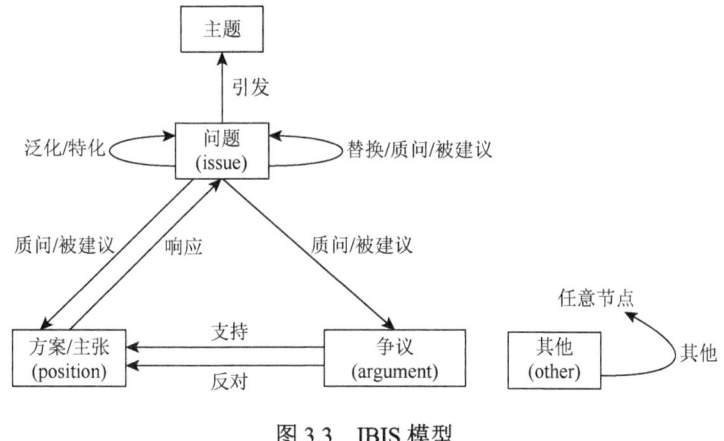

图 3.3 IBIS 模型

IBIS 模型的论证过程如下[21]：

（1）参与者（participant）针对主题（topic）提出问题（issue），并标识问题与方案的管理指标。

（2）编辑问题，并确定与其他问题的联系。

（3）提出针对问题的方案（position），并为每个方案提供一个"争议表"（argument sheet），这些争议来自于提出者与其反对者之间的争论。

（4）从文件系统中检索出针对问题的证据和意见，并将新找到的文献添加到文件系统中。

（5）更新问题-方案-争议映射图。

（6）问题要么通过产生一个可接受方案得到解决，要么需要从专家那里得到更多的证据，要么方案受到质问和被建议而引发一个新的问题。

IBIS 模型全面描述了对复杂决策问题的求解过程，并对决策过程中需要的数据和资料提供支持，在工程设计、城市规划、政治决策等领域有广泛应用。IBIS 模型结构复杂，由于允许对问题进行泛化、特化、替换等衍生处理，而且对问题的衍生没有任何限制，增加了问题的组织和管理难度。为了在计算机上实现，一般都对它进行简化，不考虑对问题的泛化、特化、替换处理，也不考虑对问题、方案和争议的质问与被建议。简化的 IBIS 模型如图 3.4 所示。但它仍存在以下问题，一是没有提出方案可接受的标准，不能自动得出研讨结果；二是没有考虑发言信息的可信度，也没有考虑争议的论证强度；三是只表示了单层论证结构，即所有的争议（argument）都只针对方案（position），没有表示争议之间的论证关系。这些不足使 IBIS 模型在计算机系统中的实现面临困难。

Gordon 等[22]提出的 Carneades 模型不仅描述了争议内部结构和辩论推理过程，还提出了相应的争议评价方法。Carneades 模型用辩论图（argument graphs）

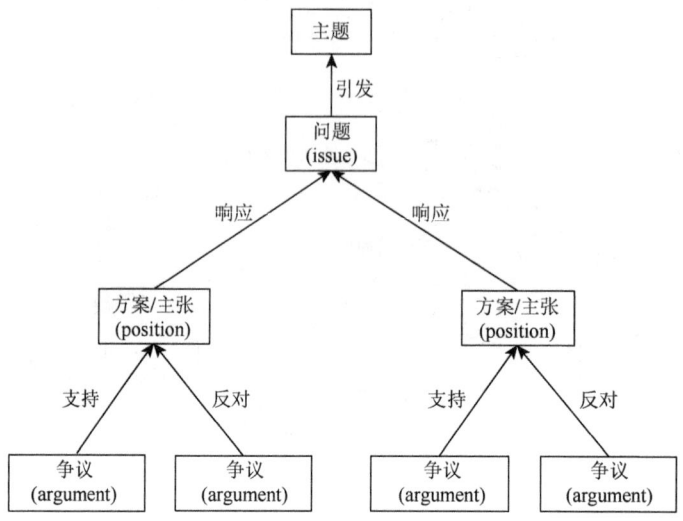

图 3.4　简化的 IBIS 模型

描述辩论过程，如图 3.5 所示。图中矩形框 C 表示结论、P_1、P_2、P_3、P_4、P_5 表示前提，圆形框 A_1、A_2、A_3 表示争议。从争议到结论用直线连接，如果连接线的尾部是实心箭头，表示该争议对结论是支持的，如果连接线的尾部是空心箭头，则表示争议对结论是反对的。从前提到争议也用直线连接，如果连接线的尾部为实心圆，表示该前提是假设前提；如果连接线的尾部为空心圆，表示该前提是反驳前提；如果连接线的尾部无圆形标记，表示该前提是平凡前提。争议是一个三元组 (c, d, p)，其中 c 是争议的结论；$d \in \{\text{pro}, \text{con}\}$ 表示模态（方向），其中

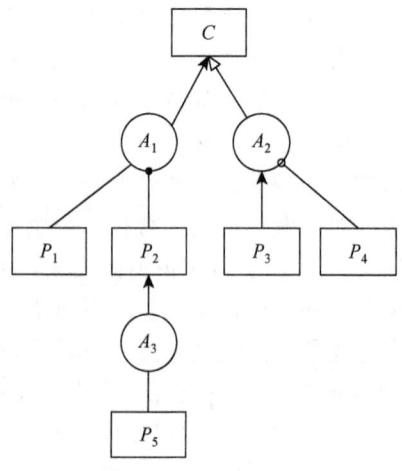

图 3.5　Carneades 模型

pro 表示前提对结论是支持的，con 表示前提对结论是反对的；$p \in 2^{\text{premise}}$ 是前提集，premise 是前提集合。如果 a 是一个争议，则有 conclusion(a) = c, direction(a) = d, premises(a) = p。

辩论语境（argument context）也是一个三元组（status，ps，>），其中 status 是陈述状态类型函数 status ∈ {stated, questioned, accepted, rejected}，ps 是论证标准类型函数，>是争议的偏序。Carneades 提出了三种证明标准：事实火花（scintilla of evidence，SE）、最佳论证（best argument，BA）和有效论证（dialectical validity，DV）。

SE：一个陈述是可接受的当且仅当它至少被一个可防卫的争议支持。

BA：一个陈述是可接受的当且仅当它的可防卫支持争议数目多于可防卫反对争议数目。

DV：一个陈述是可接受的当且仅当它至少被一个可防卫的争议支持，且所有反对争议都是不可防卫的。

以上三种证明标准的强弱关系为：DV>BA>SE。如果一个陈述满足一个证明标准，则它一定满足比它弱的标准。

在以上定义的基础上，Carneades 提出了对争议的评价方法。

（1）陈述可接受性：一个陈述是可接受的，当且仅当它满足证明标准，即 acceptable(s, G) = satisfies(s, ps(s), G)，其中 s 是陈述，ps(s) 是证明标准函数，G 是辩论图。

（2）证明标准满足度：一个陈述 s 在辩论图中被证明标准 f 满足，当且仅当 $f(s, G)$ 是真的。

（3）争议防卫度：一个争议 A 在辩论图中是可防卫的，当且仅当它的所有前提是有把握的。

（4）前提的把握度：一个前提是否是有把握的不仅依赖于它所相关的争议，还依赖于该前提的类型和这个前提作为陈述所在的状态。

Carneades 的辩论框架既表示了争议的内部结构，又反映了争议之间的关系。Carneades 虽然提出了争议评价方法，但其计算过程比较复杂。

总之，对辩论建模所提出的图形化模型反映了日常辩论的本质特征，但模型元素多，结构复杂，不易实现对争议的评价，不能直接用于形式系统建模。

3.3 基于辩论的形式化系统建模

人工智能一直致力于对常识推理的形式化建模的研究[23]，这类推理一般面临信息不完备和潜在信息不一致的问题。为了表示常识推理，人们提出了不同的形式化技术[24]，如 Doyle[25]的真值维护系统（truth maintenance system）、Reiter[23]的缺省逻辑（default logic）、Pollock[26]的可废止逻辑（defeasible logic）和 Mccarthy[27]的界限推理（circumscription）等。这类系统的一个共同特点是，当新的事实子句或规则子句加进来时，原有的规则很可能不再成立，其推理过程具有非单调性（non-monotonic）。Lin 等[28]将这些系统统一归结为辩论系统，并于 1989 年首次提出了一种基于辩论的推理系统（以下称为 L-辩论系统）[28]。L-辩论系统的基本成分有规则和子句。子句可以是事实也可以是假设。规则可分为两种。①单调规则：$q_1,\cdots,q_n \to q$，其中 q 和 $q_i(i=1,2,\cdots,n)$ 是子句，这个规则一旦出现就不会被撤销，称为单调性规则，属于演绎推理知识。②非单调规则：$q_1,\cdots,q_n \Rightarrow q$，其中 q 和 $q_i(i=1,2,\cdots,n)$ 是子句，这个规则当其前提被否定时就不再成立，称为可废止性规则，属于常识推理知识。在非单调推理中，争议前提可能会受到其他争议的攻击而被否定，这个推理过程与日常生活中的辩论很相似，所以称为用辩论建模，其对应的形式化系统称为辩论系统。与 L-辩论系统类似的研究还有 Simari 等[29]、Prakken 等[30]、Vreeswijk[31]提出的辩论系统。

Dung[1]于 1995 年提出了一种抽象辩论框架（abstract argumentation frameworks，AAF），它将争议抽象为一个节点，仅考虑争议之间的攻击关系，将非单调规则抽象为简单的二元攻击关系。Dung 认为一个理性的智能主体是否相信某种假说，取决于支持该假说的争议能否成功地防卫那些对其攻击的争议。Dung 的抽象辩论框架定义为一个二元组 AF = $(\mathcal{A}, \mathcal{R})$，其中 $\mathcal{A}$ 是争议集，$\mathcal{R}$ 是 $\mathcal{A}$ 上的二元关系，即 $\mathcal{R} \subseteq \mathcal{A} \times \mathcal{A}$。对于两个争议 A、B，如果$(A, B) \in \mathcal{R}$，则表示 A 攻击 B，记为 attacks (A, B)。Dung 的抽象辩论框架求解的基本任务是确定一个争议是可接受的还是被击败的，最终确定可接受争议集。而一个争议的可接受性是一个动态变化的过程，在某一时刻是可接受的，而是另一时刻可能是被击败的。一个抽象辩论框架针对不同的可接受标准，有不同的可接受集。Dung 把这个可接受标准称为扩充语义，并提出了择优扩充（preferred extension）、稳定扩充（stable extension）、完全扩充（complete extension）和基础扩充（grounded extension）等四种扩充语义。我们将在下面对它们做详细介绍。Dung 的抽象辩论框架把争议看作一个整体而忽视争议的内部结构，只考虑抽象二元关系，不考虑规则及推理，使形式化辩论系统更为抽象。正因为其抽象性，其应用领域更为广阔，只要现实世界中的事物存在二元攻击关系，都可以用抽象辩论框架对其进行刻画和求解，如劝说对话、谈判、网络攻击与防御、电商评价等。

以后的很多研究都是建立在 Dung 的抽象辩论框架的基础上，Governatori 等[32]提出一种新扩充语义来填补 Dung 的抽象辩论框架与可废止逻辑的断层。Amgoud 等[33]在 Dung 的抽象辩论框架的基础上增加了争议之间的优先关系，将辩论框架定义为三元组（$\mathcal{A}, \mathcal{R}, \mathit{Pref}$），其中 $\mathcal{A}$ 是争议集，$\mathcal{R} \subseteq \mathcal{A} \times \mathcal{A}$ 是争议之间的攻击关系，$\mathcal{P}ref$ 是争议之间的优先序关系，如果争议 A 优先于 B，则表示为 $A \gg^{pref} B$。B 击败（defeat）A，当且仅当 $(A, B) \in \mathcal{R}$，且不存在 $B \gg^{pref} A$。Bench-Capon[34]提出一种基于价值的辩论框架（value-based argumentation frameworks，VAF），将辩论框架定义为五元组 $(\mathcal{A}, \mathcal{R}, \mathcal{V}, val, \mathcal{P})$，其中 $\mathcal{V}$ 是价值的非空集合，val 是从争议到争议强度值的映射函数，$\mathcal{P}$ 是辩论参与者的集合。但这些研究依然将争议看作一个原子结构，所提出的模型仍在 Dung 的框架之内。Caminada 等[35]提出了一种基于规则的辩论系统 AF = $(\mathcal{A}rgs, \mathcal{D}ef)$，该系统建立在可废止理论 $T = (\mathcal{S}, \mathcal{D})$（其中 $\mathcal{S}$ 是严格规则，$\mathcal{D}$ 是可废止规则）上，其争议 A 表示为 $A_1, A_2, \cdots, A_n \rightarrow \psi$（严格争议）或 $A_1, A_2, \cdots, A_n \Rightarrow \psi$（可废止争议），其中 $A_1, A_2, \cdots, A_n$ 也是争议，称为 A 的子争议，ψ 称为结论。争议之间的攻击关系分为反驳（rebuts）和削弱（undercut）两种：如果争议 A 的结论与争议 B 的结论逻辑上相反，则称 A rebuts B；如果 A 的结论为 $\neg B$，则 A undercut B。Amgoud 等[36]将 Dung 的争议扩展为规则 (H, h)，其中 H 是公式集，称为前提，h 是公式，称为结论，也提出了击败（defeat）和削弱（undercut）两种攻击关系，即两个争议 A、B，如果它们的结论相反，则它们互为反驳关系，如果 A 的结论与 B 的某个前提相反，则 A 削弱 B。这些研究实际上是考虑了争议的内部结构，使抽象辩论系统与日常辩论更为接近。

用辩论建模所提出的模型形式化程度高，易于实现争议评价算法，但这类模型并没有反映日常辩论的本质特征。Prakken[37]认为 Dung 的抽象辩论框架虽然为形式化辩论系统提供了一个统一框架，但它过于抽象，并指出争议应该分为严格争议和可废止争议，一个争议可以攻击另一个争议的前提、结论或论证，攻击可以分为击败（undermining）、反驳（rebutting）和削弱（undercutting）等，而最终目标应该使形式化辩论系统与日常辩论相符。

3.4 抽象辩论框架

3.4.1 抽象辩论框架的基本概念

Dung 的抽象辩论框架将争议抽象为节点，通过定义争议之间的攻击关系确定争议的可接受性。争议之间的攻击关系刻画了信息或知识不完整、不一致而导致的冲突和矛盾，而只有可接受的争议才能作为后续理性决策或推理的依据，因此计算争议的可接受性是辩论系统的重要研究内容。

定义 3.1 一个抽象辩论框架是一个二元组 AF = $<\mathcal{A}, \mathcal{R}>$；$\mathcal{A}$ 是争议（argument）集合，$\mathcal{R} \subseteq \mathcal{A} \times \mathcal{A}$ 是一个建立在集合 $\mathcal{A}$ 上的攻击关系。对于两个争议 A

和 B，如果 $(A,B)\in \mathcal{R}$，则表示争议 A 攻击争议 B，记为 $A\mathcal{R}B$。其中 B 称为 A 的父争议，A 称为 B 的子争议。

辩论框架可以用一个有向图表示，称为辩论图。图中的顶点表示争议，弧表示争议之间的攻击关系。

例 3.1 抽象辩论框架举例，图 3.6 是它们对应的辩论图。

AF1 = <{A}, {}>，只有一个争议节点，没有攻击关系。

AF2 = <{A}, {(A, A)}>，含有自攻击关系。

AF3 = <{A, B}, {(A, B)}>，含有单一攻击关系，B 被 A 击败。

AF4 = <{A, B, C}, {(A, B)}>，含有孤立争议节点。

AF5 = <{A, B, C}, {(A, B), (B, C)}>，含有攻击链，C 被 A 恢复。

AF6 = <{A, B, C}, {(A, B), (B, A), (B, C)}>，含互攻击关系。

AF7 = <{A, B, C, D}, {(A, B), (B, C), (C, A), (D, A)}>，含有奇数长度攻击环。

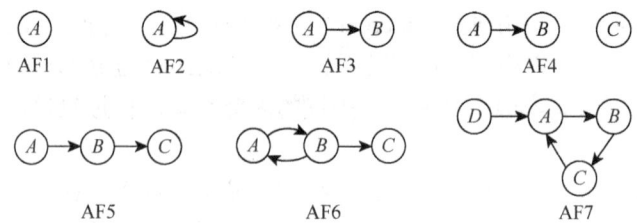

图 3.6 抽象辩论框架的有向图表示

定义 3.2 设有辩论框架 AF = <$\mathcal{A}, \mathcal{R}$>，争议 $A, B \in \mathcal{A}$，争议子集 $S, P \subseteq \mathcal{A}$，

（1）S 攻击 B（记为 $S\mathcal{R}B$），如果 $\exists A \in S, B \in \mathcal{A}, A\mathcal{R}B$。

（2）B 攻击 S（记为 $B\mathcal{R}S$），如果 $\exists A \in S, B \in \mathcal{A}, B\mathcal{R}A$。

（3）P 攻击 S（记为 $P\mathcal{R}S$），如果 $\exists A \in S, B \in P, B\mathcal{R}A$。

定义 3.3[38] 设有辩论框架 AF = <$\mathcal{A}, \mathcal{R}$>，争议 $A \in \mathcal{A}$，争议集 $S \subseteq \mathcal{R}$，

（1）Parent(A) 为受到 A 攻击的所有争议的集合，即 Parent(A) = {$B|B\in \mathcal{A}$，且 $A\mathcal{R}B$}，称 B 为 A 的父争议。

（2）Parent(S) 为受到 S 攻击的所有争议的集合，即 Parent(S) = {$B|B\in \mathcal{A}$，且 $S\mathcal{R}B$}，称 B 为 S 的父争议。

（3）Child(A) 为攻击 $\mathcal{A}$ 的所有争议的集合，即 Child(A) = {$B|B\in \mathcal{A}$，且 $B\mathcal{R}A$}，称 B 为 A 的子争议。

（4）Child(S) 为攻击 S 的所有争议的集合，即 Child(S) = {$B|B\in \mathcal{A}$，且 $B\mathcal{R}S$}，称 B 为 S 的子争议。

例 3.2 对于图 3.6 中的 AF7，Parent(A) = {B}；Child(A) = {C, D}。

定义 3.4 域（range）[39]　设有辩论框架 AF = <$\mathcal{A}, \mathcal{R}$>，争议集 $S \subseteq \mathcal{A}$，S 与 Parent(S) 的并集称为 S 的域，记为 S^R，即 $S^R = S \cup \text{Parent}(S)$。

定义 3.5 链和环（chain and cycle）[1]　设辩论框架 AF = <$\mathcal{A}, \mathcal{R}$> 存在争议序列 $A_0, A_1, \cdots, A_n \in \mathcal{A}$，且有 $A_i \mathcal{R} A_{i+1}$ ($0 \leq i \leq n-1$)，则称序列 $A_0, A_1, \cdots, A_n$ 为从 A_0 到 A_n 的攻击链，攻击链上弧的个数称为攻击链的长度。如果有 $A_i \mathcal{R} A_{i+1}$ ($0 \leq i \leq n-1$)，且 $A_n = A_0$，则称序列 $A_0, A_1, \cdots, A_n$ 为攻击环。

定义 3.6 间接攻击和防卫（indirect attack and support）[1]　设有辩论框架 AF = <$\mathcal{A}, \mathcal{R}$>，它的争议序列 $A_0, A_1, \cdots, A_n \in \mathcal{A}$ 是一个攻击链或攻击环，A_i, A_j 是链或环上两个争议节点，如果 $A_i \not{\mathcal{R}} A_j$（表示 A_i 不直接攻击 A_j），且 $j-i = 2k+1$ ($0 \leq k \leq \lfloor n/2 \rfloor$)，则称 A_i 间接攻击 A_j，记为 $A_i \mathcal{R}_{\text{ind}} A_j$。在辩论图中，如果 A_i 间接攻击 A_j，则存在从 A_i 到 A_j 的攻击链，且其弧的个数为奇数。如果 $A_i \not{\mathcal{R}} A_j$，且 $j-i = 2k$ ($0 \leq k \leq \lfloor n/2 \rfloor$)，则称 A_i 防卫 A_j。

定义 3.7 初始争议（initial arguments）　设有辩论框架 AF = <$\mathcal{A}, \mathcal{R}$>，争议 $A \in \mathcal{A}$，如果 Child(A) = $\varnothing$，则称 A 为初始争议。AF 的初始集记为 $\mathcal{IN}$(AF) = $\{A | A \in \mathcal{A}$，且 Child(A) = $\varnothing\}$。

对于任一辩论框架，其初始争议集是唯一的。

定义 3.8 受限辩论框架（restriction argumentation framework）[40]　设有辩论框架 AF = <$\mathcal{A}, \mathcal{R}$>，$S \subseteq \mathcal{A}$。AF 相对于 S 的受限辩论框架定义为：AF$\downarrow_S$ = <$S, \mathcal{R} \cap (S \times S)$>。

定义 3.9 构造良好的辩论框架（well-founded argumentation）　一个辩论框架 AF = <$\mathcal{A}, \mathcal{R}$> 是构造良好的辩论框架，如果不存在无限序列 $A_0, A_1, \cdots, A_n, \cdots$，其中 $A_i \mathcal{R} A_{i+1}$。

显然构造良好的辩论框架不存在攻击环。

定义 3.10 矛盾争议（controversial argument）　设有辩论框架 AF = <$\mathcal{A}, \mathcal{R}$>，争议 $A, B \in \mathcal{A}$，称 A 相对于 B 是矛盾争议，如果 A 从两条不同的攻击链既（间接）攻击 B，又防卫 B。

定义 3.11 不矛盾辩论框架（uncontroversial argumentation frameworks）　一个辩论框架是不矛盾辩论框架，如果它的每个争议相对于其他争议都是不矛盾的。

3.4.2 抽象辩论框架的语义扩充

争议评价是辩论模型研究的重要内容。抽象辩论框架的争议评价的任务是求解可接受争议集。争议的可接受性有不同的标准，根据不同的可接受性标准可以得到不同的可接受争议集。争议的可接受标准称为扩充语义（extension-based semantics）[1]，记为 $\mathcal{S}$。一个辩论框架 AF 满足扩充语义 $\mathcal{S}$ 的争议集合称为语义扩充（semantics-based extension），记为 $\mathcal{E}_\mathcal{S}$(AF)。如果一个语义对任意辩论框架，其扩充只包含唯一争议子集，则该语义称为唯一状态方法；如果一个语义对任意辩论框架，其扩充包含多个争议子集，则该语义称为多状态方法。对于多状态方法，$\mathcal{E}_\mathcal{S}$(AF)是一个争议子集的集合，其中每个元素都是满足扩充语义 $\mathcal{S}$ 的一个争议子集。

定义 3.12 无冲突集（conflict-free set of argument） 设有辩论框架 AF = $<\mathcal{A}, \mathcal{R}>$，$S \subseteq \mathcal{A}$，$S$ 是无冲突集，如果 $\nexists A, B \in S$，有 $A\mathcal{R}B$ 或 $B\mathcal{R}A$。AF 的所有无冲突集的集合记为 $\mathcal{CF}$(AF)。

无冲突是最基本的语义，以后所有的扩充语义都是建立在无冲突基础上，即所有的争议集都是无冲突集。

引理 3.1 空集 $\varnothing$ 是无冲突集，即 $\varnothing \in \mathcal{CF}$(AF)。

定理 3.1 如果 S 是无冲突集，则有 $S \cap \text{Parent}(S) = \varnothing$，$S \cap \text{Child}(S) = \varnothing$。

证明 用反证法证明。假设 $S \cap \text{Parent}(S) \neq \varnothing$，即 $\exists A \in S$，且 $A \in \text{Parent}(S)$。根据定义 3.3，$\text{Parent}(S)$ 为受到 S 攻击的所有争议的集合，$A \in \text{Parent}(S)$，则有 $S\mathcal{R}A$，而 $A \in S$，所以 S 不是无冲突集。这与原假设矛盾，所以 $S \cap \text{Parent}(S) = \varnothing$。同理可证 $S \cap \text{Child}(S) = \varnothing$。证毕。

无冲突是语义扩充的基础，抽象辩论框架的所有语义扩充都必须是无冲突集，即 $\forall E \in \mathcal{E}_\mathcal{S}$(AF)，则 $E \in \mathcal{CF}$(AF)，或 $\mathcal{E}_\mathcal{S}$(AF) $\subseteq \mathcal{CF}$(AF)。以下讨论的所有争议集都是无冲突集。

定理 3.2 设 S 是一个争议集，如果 $\text{Child}(S) = \varnothing$，则 S 是无冲突集。

证明 根据定义 3.3，$\text{Child}(S)$ 为攻击 S 的争议的集合。如果 $\text{Child}(S) = \varnothing$，则说明 S 没有受到任何争议的攻击，当然也不存在 S 内部元素之间的攻击，所以 S 是无冲突集。证毕。

定理 3.3 初始集是无冲突集，即 $\mathcal{IN}$(AF) $\in \mathcal{CF}$(AF)。

证明 根据初始集定义 3.7，即 $\forall A \in \mathcal{IN}$(AF)，$\text{Child}(A) = \varnothing$，又根据定理 3.2 可知 $\mathcal{IN}$(AF) 是无冲突集。证毕。

定义 3.13 极大无冲突集（maximal conflict-free set of argument）[41] 设有辩论框架 AF = $<\mathcal{A}, \mathcal{R}>$，$E \in \mathcal{CF}$(AF)，$\nexists E' \in \mathcal{CF}$(AF)，$E \subseteq E'$，则称 E 是极大无冲突集。所有的极大无冲突争议集记为 $\mathcal{MCF}$(AF)。

定义 3.14 可接受争议（acceptable argument）[1] 设有辩论框架 AF = $<\mathcal{A}, \mathcal{R}>$，一个争议 $A \in \mathcal{A}$ 相对于争议集 $S \subseteq \mathcal{A}$ 是可接受争议，当且仅当 $\forall B \in \mathcal{A}$，如果 $B\mathcal{R}A$，则 $\exists C \in S$，$C\mathcal{R}B$，即 $S\mathcal{R}B$。A 相对于 S 是可接受的也称为 S 防卫（defend）A，或 A 被 S 防卫。

定理 3.4 设有辩论框架 AF = $<\mathcal{A}, \mathcal{R}>$，$A \in \mathcal{A}$ 相对于 S 是可接受的充要条件是 $\text{Child}(A) \subseteq \text{Parent}(S)$。

证明 先证充分性。根据定义 3.3，$\forall B \in \text{Child}(A)$，则有 $B\mathcal{R}A$。根据定义 3.14，

由于 A 相对于 S 是可接受的，则有 SRB。又根据定义 3.3，有 $B\in \text{Parent}(S)$。即 $\text{Child}(A)$ 中任一元素都属于 $\text{Parent}(S)$，所以 $\text{Child}(A)\subseteq \text{Parent}(S)$。

再证必要性。$\text{Child}(A)$ 为攻击 A 的争议集，$\text{Parent}(S)$ 为受到 S 攻击的争议集，如果 $\text{Child}(A)\subseteq \text{Parent}(S)$，由于攻击 A 的争议都被 S 攻击，即 A 被 S 防卫，所有 A 相对于 S 是可接受的。证毕。

定理 3.5 如果 A 相对于 S 是可接受的，则 A 相对于 S 的超集 S' 也是可接受的。

证明 根据定理 3.4，如果 A 相对于 S 是可接受的，则 $\text{Child}(A)\subseteq \text{Parent}(S)$，由于 S' 是 S 的超集，即 $S\subseteq S'$，则 $\text{Parent}(S)\subseteq \text{Parent}(S')$，所以 $\text{Child}(A)\subseteq \text{Parent}(S')$，所有 A 相对于 S' 也是可接受的。

另证 如果 A 相对于 S 是可接受的，即当有争议 BRA 时，$\exists C\in S$，CRB，即 SRB。由于 $S\subseteq S'$，所以有 $C\in S'$，即 $S'RB$。所以 A 相对于 S' 也是可接受的。证毕。

定义 3.15 可容许集（admissible set of arguments） 设有辩论框架 $AF = <\mathcal{A}, \mathcal{R}>$，一个争议集 S 是可容许集，当且仅当 $S\in \mathcal{CF}(AF)$，且 S 内的每个争议相对于 S 都是可接受的，即 $\forall A\in S$，有 $\text{Child}(A)\subseteq \text{Parent}(S)$。一个辩论系统可能有多个可容许争议集，$AF$ 的所有可容许集的集合记为 $\mathcal{AS}(AF)$。

引理 3.2 空集 $\varnothing$ 是可容许集，即对于辩论框架 $AF = <\mathcal{A}, \mathcal{R}>$，$\varnothing \in \mathcal{AS}(AF)$。

引理 3.3 设有辩论框架 $AF = <\mathcal{A}, \mathcal{R}>$，$\mathcal{AS}(AF)$ 不为空，即 $\mathcal{AS}(AF)\neq \varnothing$。

定理 3.6 初始集是可容许集，即 $\mathcal{IN}(AF)\in \mathcal{AS}(AF)$。

证明 根据定理 3.3，$\mathcal{IN}(AF)$ 是无冲突集。又 $\forall A\in \mathcal{IN}(AF)$，$\nexists B\in \mathcal{A}$，$BRA$，即 $\text{Child}(A)=\varnothing$，所以有 $\text{Child}(A)\subseteq \text{Parent}(S)$。根据定义 3.15 可知，$\mathcal{IN}(AF)$ 是可容许集。证毕。

求可容许集的方法是逐个考察 $\mathcal{CF}(\ )$ 中每一个的元素 S，如果 $\forall x\in S$，有 $\text{Child}(x)\subseteq \text{Parent}(S)$，则 S 为可容许集。

定义 3.16 扩充语义（extension semantics） 满足一个给定的可容许准则 $\mathfrak{I}$（语义）的可容许争议集称为扩充语义，记为 $\mathcal{E}_{\mathfrak{I}}(AF)$，$\mathcal{E}_{\mathfrak{I}}(AF)\subseteq \mathcal{AS}(AF)$。

如果一个辩论框架不存在语义扩充 $\mathfrak{I}$，则 $\mathcal{E}_{\mathfrak{I}}(AF)=\varnothing$。注意 $\mathcal{E}_{\mathfrak{I}}(AF)=\varnothing$ 与 $\mathcal{E}_{\mathfrak{I}}(AF)=\{\varnothing\}$ 是两个不同的含义，前者表示 AF 的语义扩充 $\mathfrak{I}$ 不存在，后者表示 AF 有一个语义扩充 $\mathfrak{I}$，它为空争议集。

扩充语义满足可容许原则（admissibility principle）和可恢复原则（reinstatement principle）。

定义 3.17 可容许原则（admissibility principle） 对于辩论框架 $AF = <\mathcal{A}, \mathcal{R}>$，扩充语义 $\mathfrak{I}$ 满足可容许原则是指，设 $\forall \mathcal{E}\in \mathcal{E}_{\mathfrak{I}}(AF)$，$\forall A\in \mathcal{E}$，如果 $\forall B\in \mathcal{A}$，$B\notin \mathcal{E}$，当 BRA 时，有 $\mathcal{E}RB$，即 $\mathcal{E}$ 防卫 $\mathcal{E}$ 中的每一个争议。

定义 3.18 可恢复原则（reinstatement principle） 设有辩论框架 $AF = <\mathcal{A}, \mathcal{R}>$，扩充语义 $\mathfrak{I}$ 满足可恢复原则是指，设 $\forall \mathcal{E}\in \mathcal{E}_{\mathfrak{I}}(AF)$，对于 $A\in \mathcal{A}$，如果 $\forall B\in \mathcal{A}$，$B\notin \mathcal{E}$，

当 BRA 时，有 ERB，则 $A \in E$，即一个被其他争议攻击的争议如果能被 E 防卫，则可恢复包含到 E 中。

例 3.3 针对图 3.6 的 AF6，可容许集为 $\mathcal{AS}(\text{AF5}) = \{\Phi, \{A\}, \{B\}, \{A, C\}\}$。其中 C 需要 A 的"帮助"才能得以恢复，即 A 防卫 B 对 C 的攻击。$\{A\}$ 是一个可容许集，但它没有将 C 包含进来。可见可以根据可恢复原则将 $\{A\}$ 扩充为 $\{A, C\}$。$\{B\}$ 也是一个可容许集，但它不可再扩充。

定义 3.19 极大扩充语义（I-maximal extension semantics） 设有辩论框架 $\text{AF} = <\mathcal{A}, \mathcal{R}>$，扩充语义 $\mathcal{S}$ 是极大扩充语义是指，$\forall E_1, E_2 \in \mathcal{E}_\mathcal{S}(\text{AF})$，如果 $E_1 \subseteq E_2$，则 $E_1 = E_2$。即 $\mathcal{E}_\mathcal{S}(\text{AF})$ 中不存在一个扩充是另一个扩充的子集。

定义 3.20 特征函数（characteristic function） 设有辩论框架 $\text{AF} = <\mathcal{A}, \mathcal{R}>$，设 $S \subseteq \mathcal{A}$，特征函数是从 $\mathcal{A}$ 的子集到 $\mathcal{A}$ 的子集的映射，即 $\mathcal{F}_{\text{AF}}: 2^\mathcal{A} \to 2^\mathcal{A}$，且 $\mathcal{F}_{\text{AF}}(S) = \{A | A \text{ 相对于 } S \text{ 是可接受的}\}$，即 $\mathcal{F}_{\text{AF}}(S)$ 是被 S 防卫的争议集。

定理 3.7 设有辩论框架 $\text{AF} = <\mathcal{A}, \mathcal{R}>$，如果 S 是无冲突集，则 $\mathcal{F}_{\text{AF}}(S)$ 也是无冲突集。

证明 用反证法。假设 $\mathcal{F}_{\text{AF}}(S)$ 不是无冲突集，则 $\exists A, B \in \mathcal{F}_{\text{AF}}(S)$，$ARB$。由特征函数的定义知，因为 $B \in \mathcal{F}_{\text{AF}}(S)$ 时，即 B 相对于 S 是可接受的，所以 $\exists C \in S$，CRA；另外，因为 $A \in \mathcal{F}_{\text{AF}}(S)$ 时，即 A 相对于 S 是可接受的，所以当 CRA 时，$\exists D \in S$，DRC。这样 S 就不是无冲突集了，与前提相矛盾。证毕。

定理 3.8 设有辩论框架 $\text{AF} = <\mathcal{A}, \mathcal{R}>$，如果 S 是可容许集，当且仅当 $S \subseteq \mathcal{F}_{\text{AF}}(S)$。

证明 ①先证充分性。因为 $S \subseteq \mathcal{F}_{\text{AF}}(S)$，则 $\forall A \in S$，有 $A \in \mathcal{F}_{\text{AF}}(S)$，根据特征函数的定义，$A$ 相对于 S 是可接受的，即 S 中所有元素相对于 S 是可接受的，所以 S 是可容许的。

②再证必要性。$\forall A \in S$，因为 S 是可容许集，所以 A 相对于 S 是可接受的，根据特征函数的定义，$A \in \mathcal{F}_{\text{AF}}(S)$，所以 $S \subseteq \mathcal{F}_{\text{AF}}(S)$。证毕。

定理 3.9 设有辩论框架 $\text{AF} = <\mathcal{A}, \mathcal{R}>$，$S$ 是一个可容许集，A 相对于 S 是可接受的，则 $S' = S \cup \{A\}$ 也是可容许集。

证明 因为 A 相对于 S 是可接受的，S' 是 S 的超集，所以 A 相对于 S' 也是可接受。现在我们只需要证明 S' 是无冲突的。用反证法：假设 S' 是有冲突的，因为 S 是无冲突的，则 $\exists B \in S$，ARB 或 BRA。如果 ARB，因为 B 相对于 S 是可接受的，则 $\exists C \in S$，CRA，又因为 A 相对于 S 是可接受的，则 $\exists C' \in S$，$C'RC$，这与 S 是无冲突集相矛盾。如果 BRA，因为 A 相对于 S 是可接受的，则 $\exists B' \in S$，$B'RB$，这与 S 是无冲突的矛盾。证毕。

定理 3.10 设有辩论框架 $\text{AF} = <\mathcal{A}, \mathcal{R}>$，如果 S 是可容许集，则 $\mathcal{F}_{\text{AF}}(S)$ 也是可容许集。

证明　因为 S 是可容许集，根据定理 3.8 有 $S\subseteq \mathcal{F}_{AF}(S)$，即 $\mathcal{F}_{AF}(S)$ 是 S 的超集。$\forall A\in \mathcal{F}_{AF}(S)$，根据特征函数的定义，$A$ 相对于 S 是可接受的。根据定理 3.5，如果 A 相对于 S 是可接受的，则 A 相对于 S 的超集也是可接受的。所以 A 相对于 $\mathcal{F}_{AF}(S)$ 是可接受的，即 $\mathcal{F}_{AF}(S)$ 中的所有争议相对于 $\mathcal{F}_{AF}(S)$ 是可接受的，所以 $\mathcal{F}_{AF}(S)$ 是可容许集。证毕。

定理 3.11　设有辩论框架 $AF=<\mathcal{A},\mathcal{R}>$，$\mathcal{F}_{AF}(\varnothing)=I\mathcal{N}(AF)$。

证明　$\mathcal{F}_{AF}(S)$ 符合可恢复原则，即 $\mathcal{F}_{AF}(S)$ 包含 S 及被 S 恢复的争议集。初始集 $I\mathcal{N}(AF)$ 可以认为是被空集恢复的争议集，且根据定理 3.6 可知，$I\mathcal{N}(AF)$ 是可容许集，所以 $\mathcal{F}_{AF}(\varnothing)=I\mathcal{N}(AF)$。证毕。

Dung 定义了 4 种语义扩充，分别是优先扩充、基础扩充、稳定扩充和完全扩充。完全扩充在 Dung 扩充语义中占有核心地位。

定义 3.21 完全扩充（complete extension）　设有辩论框架 $AF=<\mathcal{A},\mathcal{R}>$，一个争议集 $\mathcal{E}$ 是一个完全扩充，如果 $\mathcal{E}$ 是可容许集，且每个相对于 $\mathcal{E}$ 可接受的争议都属于 $\mathcal{E}$，即 $\mathcal{E}\in \mathcal{AS}(AF)$ 且 $\mathcal{F}_{AF}(\mathcal{E})\subseteq \mathcal{E}$。完全扩充集记为 $\mathcal{E}_{CO}(AF)$。

定理 3.12　设有辩论框架 $AF=<\mathcal{A},\mathcal{R}>$，$\mathcal{E}$ 是 AF 的一个完全扩充，则有 $\mathcal{E}=\mathcal{F}_{AF}(\mathcal{E})$。

证明　$\mathcal{E}$ 是 AF 的一个完全扩充，则 $\mathcal{E}$ 是可容许的，根据定理 3.8，有 $\mathcal{E}\subseteq \mathcal{F}_{AF}(\mathcal{E})$，又根据完全扩充的定义，$\mathcal{F}_{AF}(\mathcal{E})\subseteq E$，所以有 $\mathcal{E}=\mathcal{F}_{AF}(\mathcal{E})$。证毕。

定理 3.13　完全扩充具有以下性质：

（1）所有辩论框架的完全扩充不为空，即 $\mathcal{E}_{CO}(AF)\neq \varnothing$；

（2）$\varnothing \in \mathcal{E}_{CO}(AF)$，当且仅当 $I\mathcal{N}(AF)=\varnothing$；

（3）$\forall \mathcal{E}\in \mathcal{E}_{CO}(AF)$，$I\mathcal{N}(AF)\subseteq \mathcal{E}$，即初始集是所有完全扩充的子集。

证明（1）对于任一辩论框架 $AF=<\mathcal{A},\mathcal{R}>$，都有一个初始争议集 $I\mathcal{N}(AF)$。如果 $I\mathcal{N}(AF)=\varnothing$，根据定理 3.11 有 $\mathcal{F}_{AF}(\varnothing)=\varnothing$，根据完全扩充的定义可知，$\varnothing$ 是 AF 的一个完全扩充；如果 $I\mathcal{N}(AF)\neq \varnothing$，即 $\mathcal{F}_{AF}(\varnothing)\neq \varnothing$，递归调用特征函数总能找到不动点争议集 $\mathcal{E}$，使 $\mathcal{F}_{AF}(\mathcal{E})=\mathcal{E}$，$\mathcal{E}$ 就是一个完全扩充。所以 $\mathcal{E}_{CO}(AF)\neq \varnothing$。

（2）先证充分性。如果 $I\mathcal{N}(AF)=\varnothing$，即 $\mathcal{F}_{AF}(\varnothing)=\varnothing$，则 $\varnothing$ 是它的一个完全扩充，即 $\varnothing \in \mathcal{E}_{CO}(AF)$。再证必要性。如果 $\varnothing \in \mathcal{E}_{CO}(AF)$，则有 $\mathcal{F}_{AF}(\varnothing)=\varnothing$，而 $\mathcal{F}_{AF}(\varnothing)=I\mathcal{N}(AF)$，所以 $I\mathcal{N}(AF)=\varnothing$。

（3）如果 $I\mathcal{N}(AF)=\varnothing$，因为空集是所有集合的子集，所以 $\forall \mathcal{E}\in \mathcal{E}_{CO}(AF)$，$I\mathcal{N}(AF)\subseteq \mathcal{E}$。如果 $I\mathcal{N}(AF)\neq \varnothing$，因为 $\mathcal{E}=\mathcal{F}_{AF}(\mathcal{E})$，$\mathcal{F}_{AF}(\mathcal{E})$ 是指被 $\mathcal{E}$ 防卫的争议集，初始集 $I\mathcal{N}(AF)$ 不受到任何其他争议的攻击，自然包含在 $\mathcal{F}_{AF}(\mathcal{E})$ 中，即 $I\mathcal{N}(AF)\subseteq \mathcal{F}_{AF}(\mathcal{E})$，所以 $I\mathcal{N}(AF)\subseteq \mathcal{E}$。

例 3.4　试求图 3.6 中的辩论框架 AF3、AF6 和图 3.7 中的辩论框架 AF8、AF9 的完全扩充。

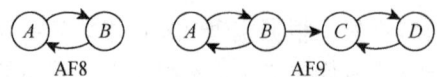

图 3.7 辩论框架 AF8、AF9

解 AF3 只有一个完全扩充 $\{A\}$。因为 $I\mathcal{N}(\text{AF3}) = \mathcal{F}_{\text{AF3}}(\varnothing) = \{A\}$，$\mathcal{F}_{\text{AF3}}(\mathcal{F}_{\text{AF3}}(\varnothing)) = \mathcal{F}_{\text{AF3}}(\varnothing) = \{A\}$，所以 $\{A\}$ 是 AF3 的一个完全扩充，AF3 没有另外的完全扩充，即 $\mathcal{E}_{\text{CO}}(\text{AF3}) = \{\{A\}\}$。

对于 AF6，因为 $I\mathcal{N}(\text{AF6}) = \varnothing$，空集 $\varnothing$ 是其完全扩充。$\{A\}$ 是可容许集，但不是完全扩充，因为 $\mathcal{F}_{\text{AF6}}(\{A\}) = \{A, C\}$，即 A 既防卫自己又防卫 C。但 $\mathcal{F}_{\text{AF6}}(\{A, C\}) = \{A, C\}$，所以 $\{A, C\}$ 是完全扩充。B 只防卫自己，即 $\mathcal{F}_{\text{AF6}}(\{B\}) = \{B\}$。所以，$\mathcal{E}_{\text{CO}}(\text{AF6}) = \{\varnothing, \{A, C\}, \{B\}\}$。

对于 AF8，因为 $I\mathcal{N}(\text{AF8}) = \varnothing$，空集 $\varnothing$ 是其完全扩充，$\{A\}$ 和 $\{B\}$ 都能防卫自己，即 $\mathcal{F}_{\text{AF8}}(\{A\}) = \{A\}$，$\mathcal{F}_{\text{AF8}}(\{B\}) = \{B\}$，所以 $\mathcal{E}_{\text{CO}}(\text{AF8}) = \{\varnothing, \{A\}, \{B\}\}$。

AF9 有 6 个完全扩充，$\mathcal{E}_{\text{CO}}(\text{AF9}) = \{\varnothing, \{B\}, \{D\}, \{A, C\}, \{B, D\}, \{A, D\}\}$。

完全扩充不满足极大扩充语义 I-maximal 原则，因为一个完全扩充可能是另一个完全扩充的子集。

求完全扩充的方法是将每一个可容许集 S 作为输入，调用特征函数，如果 $S = \mathcal{F}_{\text{AF}}(S)$，则为完全扩充。由于调用特征函数的入口有多个，所以完全扩充可能有多个。

定义 3.22 基础扩充（ground extension） 设有辩论框架 $\text{AF} = <\mathcal{A}, \mathcal{R}>$，AF 的基础扩充来自特征函数的不动点。特征函数从 $\varnothing$ 开始计算，$\mathcal{F}_{\text{AF}}^1(\varnothing) = I\mathcal{N}(\text{AF})$，$\mathcal{F}_{\text{AF}}^2(\varnothing) = \mathcal{F}_{\text{AF}}(\mathcal{F}_{\text{AF}}^1(\varnothing))$，$\mathcal{F}_{\text{AF}}^3(\varnothing) = \mathcal{F}_{\text{AF}}(\mathcal{F}_{\text{AF}}^2(\varnothing))$，以此类推，$\mathcal{F}_{\text{AF}}^{i+1}(\varnothing) = \mathcal{F}_{\text{AF}}(\mathcal{F}_{\text{AF}}^i(\varnothing))$，当 $\mathcal{F}_{\text{AF}}^{i+1}(\varnothing) = \mathcal{F}_{\text{AF}}^i(\varnothing)$ 时，$\mathcal{F}_{\text{AF}}^i(\varnothing)$ 为 AF 的基础扩充。基础扩充记为 $\mathcal{E}_{\text{GR}}(\text{AF})$。

一个辩论框架的基础扩充是唯一的，它可以从初始争议集开始用特征函数递归地求得。初始争议集是基础扩充的"根"，它是最初的可接受集，受到初始争议集攻击的争议将被"压制"（suppressed），而这些被"压制"的争议攻击的争议将被"恢复"（reinstatement），从而得到一个更大的可接受集。这个过程一直执行到可接受集不再增长。

例 3.5 设有辩论框架 $\text{AF10} = <\{A, B, C, D, E, F\}, \{(A, B), (B, C), (C, D), (D, E), (E, F), (F, E)\}>$，如图 3.8 所示。$\{A\}$ 是初始争议集，它是最初的可接受集，B 被 $\{A\}$ 压制，受到 B 攻击的 C 得以恢复，使可接受集扩充为 $\{A, C\}$，D 被 $\{A, C\}$ 压制，但是受到 D 攻击的 E 不能被恢复，因为 E 还受到 F 的攻击，而 F 没有被压制。所以该辩论框架的基础扩充为 $\{A, C\}$。

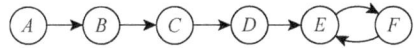

图 3.8 辩论框架 AF10

定理 3.14 设有辩论框架 AF = <$\mathcal{A}$, $\mathcal{R}$>，基础扩充具有如下性质。

（1）基础扩充是可容许集。

（2）基础扩充是唯一的，即 $\mathcal{E}_{GR}(AF)$ 中只有一个元素：GE(AF) = $\bigcup_{i=1,2,\cdots,\infty}$ $\mathcal{F}_{AF}^{i}(\varnothing)$。

（3）基础扩充是关于集包含的最小完全扩充，即 GE(AF)$\in \mathcal{E}_{CO}(AF)$，且 $\forall \mathcal{E} \in \mathcal{E}_{CO}(AF)$，GE(AF)$\subseteq \mathcal{E}$。

证明 （1）根据定理 3.10，如果 S 是可容许集，则 $\mathcal{F}_{AF}(S)$ 也是可容许集。根据基础扩充的定义，基础扩充来自特征函数的不动点，利用特征函数从空集 $\varnothing$ 开始进行递归计算，直到不再扩充。根据引理 3.2，空集 $\varnothing$ 是可容许集，所以 $\mathcal{F}_{AF}^{1}(\varnothing)$ 是可容许集，$\mathcal{F}_{AF}^{2}(\varnothing) = \mathcal{F}_{AF}(\mathcal{F}_{AF}^{1}(\varnothing))$ 也是可容许集，直到递归到基础扩充 $\mathcal{F}_{AF}^{i}(\varnothing)$ 也是可容许集。

（2）在利用特征函数求解基础扩充时，递归计算的初始输入是辩论框架的初始集，由于初始集是唯一的，所以最后得到的基础扩充是唯一的。在基础扩充求解的过程中，得到一个偏序序列：$\mathcal{F}_{AF}^{1}(\varnothing) \subset \mathcal{F}_{AF}^{2}(\varnothing) \subset \cdots \subset \mathcal{F}_{AF}^{i}(\varnothing) = \mathcal{F}_{AF}^{i+1}(\varnothing)$，这些集合的并集为 $\mathcal{F}_{AF}^{i}(\varnothing)$，即 GE(AF)=$\bigcup_{i=1,2,\cdots,\infty} \mathcal{F}_{AF}^{i}(\varnothing)$。

（3）先证基础扩充是一个完全扩充。基础扩充来自特征函数的不动点，即当 $\mathcal{F}_{AF}^{i+1}(\varnothing) = \mathcal{F}_{AF}^{i}(\varnothing)$ 时，$\mathcal{F}_{AF}^{i}(\varnothing)$ 为 AF 的基础扩充。又 $\mathcal{F}_{AF}^{i+1}(\varnothing) = \mathcal{F}_{AF}(\mathcal{F}_{AF}^{i}(\varnothing))$，即有 $\mathcal{F}_{AF}(\mathcal{F}_{AF}^{i}(\varnothing)) = \mathcal{F}_{AF}^{i}(\varnothing)$，所以 $\mathcal{F}_{AF}^{i}(\varnothing)$ 是完全扩充。再证基础扩充是关于集包含的最小完全扩充。根据完全扩充的定义，当 $\mathcal{E} = \mathcal{F}_{AF}(\mathcal{E})$时，$\mathcal{E}$ 为完全扩充，可见完全扩充是从某个容许集 E_0 开始递归调用特征函数得到的不动点 $\mathcal{F}_{AF}^{j+1}(E_0) = \mathcal{F}_{AF}(\mathcal{F}_{AF}^{j}(E_0)) = \mathcal{F}_{AF}^{j}(E_0)$（设调用次数为 j），而基础扩充是从 $\varnothing$ 开始递归调用特征函数得到的不动点 $\mathcal{F}_{AF}^{i+1}(\varnothing) = \mathcal{F}_{AF}(\mathcal{F}_{AF}^{i}(\varnothing)) = \mathcal{F}_{AF}^{i}(\varnothing)$（设调用次数为 i），由于 $\varnothing \subseteq E_0$，所以 $\mathcal{F}_{AF}^{i}(\varnothing) \subseteq \mathcal{F}_{AF}^{j}(E_0)$。证毕。

定义 3.23 稳定扩充（stable extension） 设有辩论框架 AF = <$\mathcal{A}$, $\mathcal{R}$>，一个争议集 $\mathcal{E} \subseteq \mathcal{A}$ 是一个稳定扩充，当且仅当 $\mathcal{E} \in \mathcal{E}_{cf}(AF)$，且 $\forall A \in \mathcal{A}$，如果 $A \notin \mathcal{E}$，则有 $\mathcal{E}\mathcal{R}A$，即 $\mathcal{E}$ 攻击所有不属于 $\mathcal{E}$ 的争议。稳定扩充记为 $\mathcal{E}_{ST}(AF)$。

定理 3.15 设有辩论框架 AF = <$\mathcal{A}$, $\mathcal{R}$>，稳定扩充一定也是完全扩充，反之则不然；基础扩充不一定是稳定扩充。

证明 （1）设 $\mathcal{E} \subseteq \mathcal{E}_{ST}(AF)$，即 $\mathcal{E}$ 攻击所有不属于 $\mathcal{E}$ 的争议。根据特征函数的定义，$\mathcal{E} \subseteq \mathcal{F}_{AF}(\mathcal{E})$，如果 $\mathcal{E}$ 是完全扩充则必须满足 $\mathcal{E} = \mathcal{F}_{AF}(\mathcal{E})$。现用反证法证

明。假设 $E \neq \mathcal{F}_{AF}(E)$，则 $\exists A \in \mathcal{A}, A \in \mathcal{F}_{AF}(E)$，但 $A \notin E$。由于 $A \in \mathcal{F}_{AF}(E)$，即 A 相对于 E 是可接受的，这样 E 就不能攻击 A，因为如果 $\exists B \in E, BRA$，由于 A 相对于 E 是可接受的，则 $\exists C \in E, CRB$，这样 E 就不是一个无冲突集。如果 E 不能攻击 A，则与 E 是稳定扩充的定义相矛盾（稳定扩充规定 E 攻击所有不属于 E 的争议）。所以 $E = \mathcal{F}_{AF}(E)$，即 E 是完全扩充。

现在证明完全扩充不一定是稳定扩充。可以用一个反例论证，例如，在例 3.4 中，AF8 的完全扩充为：$\mathcal{E}_{CO}(AF8) = \{\emptyset, \{A\}, \{B\}\}$，其中 $\emptyset$ 是它的一个完全扩充，但它不是稳定扩充。证毕。

定理 3.16 稳定扩充满足极大扩充语义 I-maximal 原则。

证明 用反证法证明。假设 E 是 AF 的一个稳定扩充，如果 E 不满足极大扩充语义 I-maximal 原则，则必存在 E 的超集 E' 也是稳定扩充，这样 $\exists A \in E'$，但 $A \notin E$。由于 E 是稳定扩充，所以有 ERA，而 $E \subset E'$，所以有 $E'RA$，这样 E' 就不是无冲突集，因而不是稳定扩充。证毕。

求稳定扩充的方法是，先在 $\mathcal{E}_{CO}(\ )$ 中找出极大完全扩充，然后逐个考察每个极大完全扩充，看它能不能攻击所有不属于它的争议，如果能，则是稳定扩充，如果不能，则不是稳定扩充。

并不是所有的辩论框架都有稳定扩充。这些没有稳定的辩论框架称为"病态"的辩论框架。例如，图 3.6 中的 AF2 和图 3.9 中的 AF11。它们的 $\mathcal{AS}(\ ) = \{\emptyset\}$，$\mathcal{E}_{CO}(\ ) = \{\emptyset\}$，$\mathcal{E}_{GE}(\ ) = \emptyset$，它们没有稳定扩充。

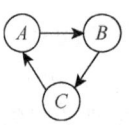

图 3.9 辩论框架 AF11

定理 3.17 设有辩论框架 AF = $<\mathcal{A}, \mathcal{R}>$，如果 E 是稳定扩充，则 E 的域为 $\mathcal{A}$，即 $E \cup \text{Parent}(E) = \mathcal{A}$。

证明 根据稳定扩充的定义，如果 E 是稳定扩充，则有 $\text{Parent}(E) = \mathcal{A}/E$，所以 $E \cup \text{Parent}(E) = \mathcal{A}$。证毕。

稳定扩充有其存在的价值，因为它比较简单和直观，任何一个争议相对于稳定扩充要么是可接受的，要么是不可接受的。稳定扩充的不足是它可能不存在。

定义 3.24 优先扩充（preferred extension） 设有辩论框架 AF = $<\mathcal{A}, \mathcal{R}>$，一个争议集 $E \subseteq \mathcal{A}$ 是一个优先扩充，当且仅当 E 是 $\mathcal{AS}(AF)$ 中的极大可容许集，即不存在 E 的超集也是可容许集。优先扩充记为 $\mathcal{E}_{PR}(AF)$。

引理 3.4 给定辩论框架 AF = $<\mathcal{A}, \mathcal{R}>$，对于 AF，每个可容许集 S 都对应一个优先扩充 E，$S \subseteq E$。

引理 3.5 设有辩论框架 AF = $<\mathcal{A}, \mathcal{R}>$，$\mathcal{E}_{PR}(AF)$ 不为空，即 $\mathcal{E}_{PR}(AF) \neq \emptyset$。

根据引理 3.3，任何一个辩论框架的可容许集不为空，根据引理 3.4，其优先扩充也不空。例如，对于图 3.6 的辩论框架 AF2 = $<\{A\}, \{(A, A)\}>$，其优先扩充为 $\mathcal{E}_{PR}(AF2) = \{\emptyset\}$。

定理 3.18 每个稳定扩充都是优先扩充,反之不然。

证明 先证明每个稳定扩充都是优先扩充。根据定理 3.16,因为稳定扩充满足极大扩充语义 I-maximal 原则,所以每个稳定扩充都是优先扩充。

再证明优先扩充不一定是稳定扩充。可以用一个反例证明。对于辩论框架 AF2 = <{A}, {(A, A)}>,其优先扩充为 $\mathcal{E}_{PR}(AF1) = \{\varnothing\}$,$\varnothing$ 是优先扩充,但不是稳定扩充。证毕。

定理 3.19 每个优先扩充都是一个完全扩充,反之不然。

证明 先证明每个优先扩充都是一个完全扩充。优先扩充是极大可容许集,它可以通过将每一个可容许集作为输入,不断调用特征函数,直到到达不动点而得到,这时 $S = \mathcal{F}_{AF}(S)$,S 既是完全扩充也是优先扩充。

再证明完全扩充不一定是优先扩充。可以用一个反例论证,例如,在例 3.4 中,AF8 的完全扩充集为:$\mathcal{E}_{CO}(AF8) = \{\varnothing, \{A\}, \{B\}\}$,其中 $\varnothing$ 是它的一个完全扩充,但它不是优先扩充。证毕。

求优先扩充的方法是将每一个可容许集 S 作为输入,调用特征函数,直到不动点,这时得到可容许集 S',如果 S' 是极大可容许集,则 S' 是优先扩充。也可以直接考察可容许集,找出其中的极大争议集。在调用特征函数计算时,不同的可容许集可能得到相同的极大可容许集,因此,$\mathcal{E}_{PR}(AF) \subseteq \mathcal{AS}(AF)$。

例 3.6 图 3.6 中,AF1 和 AF3 的优先扩充为 $\{\{A\}\}$,AF2 的优先扩充为 $\{\varnothing\}$,AF4 和 AF5 的优先扩充为 $\{\{A, C\}\}$,AF6 的优先扩充为 $\{\{A, C\}, \{B\}\}$,AF7 的优先扩充为 $\{\{D\}\}$。图 3.7 中,AF8 的优先扩充为 $\{\{A\}, \{B\}\}$。图 3.9 中,AF11 的优先扩充为 $\{\varnothing\}$。

例 3.7 设有辩论框架 AF12 = <{A, B, C, D, E, F, G, X, Y}, {(A, B), (C, B), (C, X), (X, Y), (Y, D), (D, C), (D, E), (E, G), (F, E), (G, F)}>,如图 3.10 所示,其可容许争议集为:$\mathcal{AS}(AF12) = \{\varnothing, \{A\}, \{C, Y\}, \{D, X\}, \{D, X, G\}, \{A, C, Y\}, \{A, D, X\}, \{A, D, X, G\}\}$。对应的优先扩充为:$\mathcal{E}_{PR}(AF12) = \{\{A, C, Y\}, \{A, D, X, G\}\}$。稳定扩充为:$\mathcal{E}_{ST}(AF12) = \{\{A, D, X, G\}\}$。

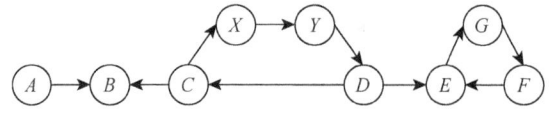

图 3.10 辩论框架 AF12

一个可容许集在不引入冲突的情况不可再扩充,则该可容许集就是优先扩充。在例 3.7 中,$\{A\}$ 是可容许集,但它不是优先扩充,因为将 D、X 加入后,新的争议集 $\{A, D, X\}$ 不存在冲突,且为可容许集。同样 $\{A, D, X\}$ 也不是优先扩充,因为

引入 G 后,新的争议集$\{A, D, X, G\}$也不存在冲突,且为可容许集。由于$\{A, D, X, G\}$不可再扩展,所以它是优先扩充。

例 3.8 求图 3.8 中的辩论框架 AF10 的完全扩充、基础扩充、稳定扩充和优先扩充。

解 基础扩充可以以初始争议集为输入,通过递归调用特征函数,直到找到不动点而求得。其他扩充都是通过考察可容许集而求得的,因此先要求出无冲突集,再由无冲突集求出可容许集。

(1)求无冲突集:

$\mathcal{CF}$(AF10) = $\{\varnothing, \{A\}, \{B\}, \{C\}, \{D\}, \{E\}, \{F\}, \{A, C\}, \{A, D\}, \{A, E\}, \{A, F\},$
$\{B, D\}, \{B, E\}, \{B, F\}, \{C, E\}, \{C, F\}, \{D, F\}, \{A, C, E\}, \{A, C, F\}, \{A, D, F\}, \{B, D, F\}\}$。

(2)求可容许集:逐个考察 $\mathcal{CF}$(AF10)中的每一个争议集 S,如果$\forall X \in S$,Child(X)$\subseteq$Parent(S),则 S 为可容许集。最后的结果为

$\mathcal{AS}$(AF10) = $\{\varnothing, \{A\}, \{F\}, \{A, C\}, \{A, F\}, \{A, C, E\}, \{A, C, F\}\}$。

(3)求优先扩充:考察可容许集,它有两个极大可容许集$\{A, C, E\}, \{A, C, F\}$,所以 $\mathcal{E}_{PR}$(AF10) = $\{\{A, C, E\}, \{A, C, F\}\}$。

(4)求完全扩充:求 $\mathcal{CF}$(AF10)中的每一个争议集的特征函数值。$\mathcal{IN}$(AF10) = $\{A\}$,它会包含于所有的完全扩充中。$\mathcal{F}_{AF}(\varnothing) = \{A\} \neq \varnothing$,$\mathcal{F}_{AF}(\{A\}) = \{A, C\} \neq \{A\}$,$\mathcal{F}_{AF}(\{F\}) = \{A, F\} \neq \{F\}$,$\mathcal{F}_{AF}(\{A, C\}) = \{A, C\}$,$\mathcal{F}_{AF}(\{A, F\}) = \{A, C, F\} \neq \{A, F\}$,$\mathcal{F}_{AF}(\{A, C, E\}) = \{A, C, E\}$,$\mathcal{F}_{AF}(\{A, C, F\}) = \{A, C, F\}$,满足 $S = \mathcal{F}_{AF}(S)$的争议集为完全扩充,即有 $\mathcal{E}_{CO}$(AF10) = $\{\{A, C, E\}, \{A, C\}, \{A, C, F\}\}$。

(5)求基础扩充:$\mathcal{F}^1_{AF}(\varnothing) = \{A\}$,$\mathcal{F}^2_{AF}(\varnothing) = \{A, C\}$,$\mathcal{F}^3_{AF}(\varnothing) = \mathcal{F}^2_{AF}(\varnothing) = \{A, C\}$,到达不动点,所以 $\mathcal{E}_{GE}$(AF10) = $\{A, C\}$。

(6)求稳定扩充:在完全扩充集中,$\{A, C\}$不满足极大扩充语义 I-maximal 原则,所以不是稳定扩充,先予以排除。$\{A, C, E\}$和$\{A, C, F\}$满足极大扩充语义 I-maximal 原则,且攻击所有不属于它的争议,所以 $\mathcal{E}_{ST}$(AF10) = $\{\{A, C, E\}, \{A, C, F\}\}$。

无冲突集、可容许集、优先扩充、完全扩充、基础扩充和稳定扩充的关系如图 3.11 所示。它表明稳定扩充必是优先扩充,优先扩充和基础扩充必是完全扩充,完全扩充必是可容许集,可容许集必是无冲突集。

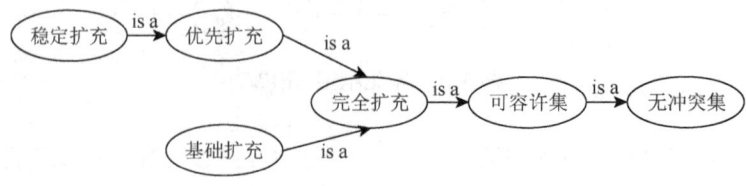

图 3.11 语义扩充之间的关系

可容许集建立在可防卫的语义基础上，是争议可接受性的最低标准。优先扩充在语义扩充中占有十分重要的地位，因为优先扩充满足极大扩充语义 I-maximal 原则，通过优先扩充可以求出极大可接受争议集。但是在有些辩论框架中，优先扩充不唯一，如图 3.10 中的 AF12，图 3.6 中的 AF6，图 3.7 中的 AF8，它们的优先扩充都不唯一。存在多个优先扩充的原因是辩论图中存在攻击环。

定理 3.20 辩论框架 AF = <$\mathcal{A}$, $\mathcal{R}$>如果存在多个非空优先扩充，则其辩论图中必存在偶数长度的攻击环。

证明 假设该辩论框架存在两个非空优先扩充 $\mathcal{P}$ 和 $\mathcal{Q}$，$\mathcal{P}/\mathcal{Q} = \{p_1, p_2, \cdots, p_m\}$ 表示属于 $\mathcal{P}$ 而不属于 $\mathcal{Q}$ 的争议，$\mathcal{Q}/\mathcal{P} = \{q_1, q_2, \cdots, q_n\}$ 表示属于 $\mathcal{Q}$ 而不属于 $\mathcal{P}$ 的争议。显然 $\mathcal{P}/\mathcal{Q} \neq \varnothing$，$\mathcal{Q}/\mathcal{P} \neq \varnothing$。如果 $\mathcal{P}/\mathcal{Q} = \varnothing$，则有 $\mathcal{P} \subseteq \mathcal{Q}$，这与 $\mathcal{P}$ 是极大可容许集相矛盾。同理可知 $\mathcal{Q}/\mathcal{P} \neq \varnothing$。

如果 $\mathcal{P}/\mathcal{Q} \neq \varnothing$，$\mathcal{Q}/\mathcal{P} \neq \varnothing$，则 $\mathcal{P}/\mathcal{Q}$ 和 $\mathcal{Q}/\mathcal{P}$ 必存在相互攻击的争议，否则根据极大扩充语义 I-maximal 原则，它们就可以合并成一个新的更大的可容许集。

假设 $\mathcal{P}/\mathcal{Q}$ 中元素受到来自 $\mathcal{Q}/\mathcal{P}$ 的攻击，不失一般性，设存在(Q_1, P_1)，因为 $\mathcal{P}$ 是可容许争议集，$\mathcal{P}$ 中必有争议攻击 Q_1，如果这个争议恰好是 P_1，即有(P_1, Q_1)，此时 P_1 和 Q_1 相互攻击，形成含有两个攻击的环，即偶数环。

如果这个争议不是 P_1，而是 P_k，即有(P_k, Q_1)，因为 $\mathcal{Q}$ 是可容许争议集，$\mathcal{Q}$ 中必有争议 Q_k 攻击 P_k，即有(Q_k, P_k)，于是引发 $\mathcal{P}$ 中又一争议 P_{k-1} 攻击 Q_k，即有(P_{k-1}, Q_k)，如此下去，最后以攻击(P_{k-i}, Q_1)结束，$i + 1 \leqslant \min(m, n)$，形成攻击环，$\mathcal{Q}$ 攻击 $\mathcal{P}$ 和 $\mathcal{P}$ 攻击 $\mathcal{Q}$ 交替出现，以 $\mathcal{Q}$ 攻击 $\mathcal{P}$ 的(Q_1, P_1)开始，以 $\mathcal{P}$ 攻击 $\mathcal{Q}$ 的(P_{k-i}, Q_1)结束，形成攻击环，其间的攻击次数为 $2(i + 1)$，即形成的环是偶数环。证毕。

对于奇数环辩论框架，如图 3.9 中辩论框架 AF11，其优先扩充为空集。

辩论框架 AF = <$\mathcal{A}$, $\mathcal{R}$>如果不存在攻击环，则它的优先扩充、稳定扩充和完全扩充是唯一的，它就是基础扩充。

3.4.3 基于语义扩充的争议评价

定义 3.25 争议评价（argument evaluation） 设有辩论框架 AF = <$\mathcal{A}$, $\mathcal{R}$>，争议评价是指根据某一评价标准计算 $\mathcal{A}$ 中的每个争议的可接受性，争议评价的结果是一个可接受争议集。

定义 3.14 也定义了争议的可接受性，它是指争议 $A \in \mathcal{A}$ 相对于争议集 $S \subseteq \mathcal{A}$ 的可接受性。但争议评价是计算争议 $A \in \mathcal{A}$ 相对于 $\mathcal{A}$ 的全局可接受性，它是对定义 3.14 的扩展。

定义 3.26 谨慎语义与轻信语义（skeptical semantics and credulity semantics） 设有辩论框架 AF = <$\mathcal{A}$, $\mathcal{R}$>，$\mathcal{E}_{\mathcal{T}}$(AF)是其语义扩充，$\mathcal{T}$ 是扩充语义，争议 A 相对

于 $\mathcal{I}$ 是谨慎接受的，当且仅当 $\forall \mathcal{E} \in \mathcal{E}_{\mathcal{I}}(AF), A \in \mathcal{E}$；$A$ 相对于 $\mathcal{E}_{\mathcal{I}}(AF)$ 是轻信接受的，当且仅当 $\exists \mathcal{E} \in \mathcal{E}_{\mathcal{I}}(AF), A \in \mathcal{E}$；$A$ 相对于 $\mathcal{E}_{\mathcal{I}}(AF)$ 是否决的，当且仅当 $\forall \mathcal{E} \in \mathcal{E}_{\mathcal{I}}(AF)$，$A \notin \mathcal{E}$。

一个争议至少存在于一个语义扩充中，则称该争议为轻信可接受的，称为轻信语义。一个争议如果存在于所有语义扩充中，则称该争议为谨慎可接受的，称为谨慎语义。例 3.7 中，争议 A 对于优先扩充是谨慎可接受的，而 C、D、G、X、Y 则对于优先扩充是轻信可接受的。一般地，轻信可接受集包含谨慎可接受集。

争议评价主要建立在语义扩充的基础上，即先求出语义扩充，再根据语义扩充确定每个争议的全局可接受性。

3.5 辩论模型的应用

辩论模型在计算机与人工智能领域有广泛应用。对辩论建模所提出的图形化模型主要用于辩论支持系统和辩论教学工具软件的开发。根据 Toulmin 模型开发的辩论协商支持系统很多，影响比较大的有 Lowe[42]开发的称为 Synview 的辩论支持系统，Janssen 开发的政策制定决策支持系统[4]，Janssen 等[43]开发的农作物病虫害防治决策支持系统等。根据 IBIS 模型开发的系统也有很多，如 Conklin 等[21]开发的 gIBIS 系统，Karacapilidis 等[44]开发的 HERMES 等。有些辩论支持系统则是建立在 Toulmin 和 IBIS 混合模型基础上，如 Tweed[45]的 PLINTH 系统和 CrossDoc 系统[46]等。Carneades 模型是专为辩论支持系统提出的，它的提出者已经开发了基于 Carneades 模型的可视化辩论支持工具软件系统[47]。辩论模型另一个典型应用就是用于辩论教学，目的是训练人们的逻辑推理和辩论能力，比较有影响的系统有 Araucaria[48]、Belvedere[49]、Reason!Able[50]、Convince Me[51]等。其中 Araucaria 是一个用来分析辩论过程的软件工具，它提供一个简单的图形界面帮助人们重建辩论过程。Reason!Able 的主要目的是帮助用户一步一步地构造争议并对争议进行分析，主要用于个人辩论能力训练。Belvedere 支持多人辩论，主要用于科学研究中的推理能力训练。Convince Me 主要用于科学研究中推理能力训练。综合国外辩论支持系统，主要有以下几个特点：①一般都有相应的辩论模型支持。②可视化是辩论支持系统采用的主要技术，一般用矩形盒或圆圈表示前提或结论，用箭头表示争议之间的关系，如支持或反对等。③一般是面向具体的应用，如法律推理、公共政策制定或辩论思维训练等。

用辩论建模提出的辩论模型主要用于形式系统中的非单调推理和不一致信息处理。目前的研究热点是多 Agent 系统的基于辩论的交互与通信。其基本思想是在 Agent 通信协议中嵌入争议，使 Agent 之间不只是传递消息，还传递支持这些消息的理由。Sierra 等[52]提出了一种基于辩论的通信框架：DF = <Agents, Roles, R,

L, ML, CL, Time>，其中 L 是逻辑语言，ML 是逻辑元语言，CL 是 Agent 之间的通信语言。Agent 利用逻辑语言构造争议，将争议嵌入通信语言之中，通过消息传递实现 Agent 之间的辩论。这种交互与通信机制必须建立在相应的辩论模型基础之上，并有相应的争议评价算法，Agent 能根据争议评价算法计算的结果完成信念修正[53,54]、决策[5,55]或消除信息不一致性[56]。这方面的代表性工作有 Amgoud 等[36]提出的对话模型，Kakas 等[57]提出交互规则和 Modgil[58]提出的 Agent 推理语义等，其中 Amgoud 和 Modgil 提出的 Agent 交互模型都建立在 Dung 的抽象辩论框架基础之上。Paglieri 等[14,59]也提出一种 Agent 交互模型和信念修正方法，但它是建立在 Toulmin 模型基础上。目前这方面的研究仍在发展之中。

3.6　本 章 小 结

辩论模型是哲学、逻辑学和人工智能等多个领域的研究课题。早期人们从修辞学、逻辑学的角度对日常辩论进行研究，对争议进行结构化分解，并建立辩论图解模式。随着计算机应用技术的发展，辩论模型研究得到迅猛发展，形成了对辩论建模和用辩论建模两大研究方向，并在法律推理、辩论教学、决策支持系统、逻辑程序设计、多 Agent 系统通信与信念修正等领域得到广泛应用。本章首先从对辩论建模和用辩论建模两个方面对辩论模型的研究进行了总结和分析，重点介绍了影响较大的 Toulmin 模型、IBIS 模型、Carneades 模型和 Dung 的抽象辩论框架。其次，介绍了抽象辩论框架的扩充语义及争议评价。争议的可接受标准称为扩充语义。基本的扩充语义有四种，即完全扩充、基础扩充、优先扩充和稳定扩充。争议评价是指根据某一评价标准（如谨慎语义、轻信语义等）计算每个争议的可接受性，争议评价的结果是一个可接受争议集。争议评价主要建立在语义扩充的基础上，即先求出语义扩充，再根据语义扩充确定每个争议的全局可接受性。

今后，辩论模型研究的主要研究内容和发展趋势有以下几方面。

（1）对辩论建模与用辩论建模结合。目前对辩论建模所提出的辩论模型，重点在于对争议的结构化表示和辩论推演过程图示化，但对争议评价没有提出很好的办法，有些模型虽然提出了争议评价算法，但算法过于复杂，不能直接用于形式系统建模。而用辩论建模所提出的辩论模型，重点在于对争议以及争议之间的攻击关系的抽象表示，易于实现对争议的评价，但没有反映日常辩论的本质，与实际辩论还存在距离，不能直接用于对日常辩论的建模。今后的研究方向应该将用辩论建模与对辩论建模结合起来。

（2）辩论算法和信念修正研究。现有的研究对辩论形式化描述、争议结构图解和对话推演过程进行了较多的研究，但对争议评价和信念修正并没有提出很好的方法。Dung 的抽象辩论框架也只是提出了扩充语义，而没有提出相应的语义扩充求解算法。这方面研究的主要目标是提出适应不同辩论策略的辩论算法,通过计算争议的可防卫性和陈述的可接受性得出最终的辩论结果,修改智能体的信念。

(3)辩论模型的应用研究。辩论模型在政治决策、法律推理和人工智能等领域有着广泛应用。目前应用研究的热点是辩论支持系统和多 Agent 系统中的协商、谈判、知识库一致性维护和信念修正等,这些研究反过来又推动辩论模型的发展。

参 考 文 献

[1] Dung P M. On the acceptability of arguments and its fundamental role in nonmonotonic reasoning, logic programming and n-person games. Artificial Intelligence, 1995, 77(2): 321-357.

[2] 熊才权,李德华. 一种研讨模型. 软件学报, 2009, 20(8): 2181-2190.

[3] 熊才权,孙贤斌,欧阳勇. 辩论的逻辑模型研究综述. 模式识别与人工智能, 2010, 23(3): 362-368.

[4] Reed C, Grasso F. Recent advances in computational models of natural argument. International Journal of Intelligent Systems, 2007, 22(1): 1-15.

[5] Janssen T. Toulmin-based logic in policy decision making. A Critical Review of the Application of Advanced Technologies in Architecture, Paris, 1995: 315-332.

[6] Amgoud L, Prade H. Using arguments for making and explaining decisions. Artificial Intelligence, 2009, 173(3): 413-436.

[7] Macagno F, Rowe G, Reed C, et al. Araucaria as a tool for diagramming arguments in teaching and studying philosophy. Social Science Electronic Publishing, 2006, 29(2): 111-124.

[8] Bondarenko A, Dung P M, Kowalski R A, et al. An abstract, argumentation-theoretic approach to default reasoning. Artificial Intelligence, 1997, 93(1/2): 63-101.

[9] Alvarado S, Dyer M. Analogy recognition and comprehension in editorials. Proceedings of the 7th Annual Conference of the Cognitive Science Society, Sydney, 1985: 228-235.

[10] Amgoud L, Serrurier M. Agents that argue and explain classifications. Autonomous Agents and Multi-Agents Systems, 2008, 16(2): 187-209.

[11] Amgoud L, Cayrol C. Inferring from inconsistency in preference-based argumentation frameworks. International Journal of Automated Reasoning, 2002, 29(2): 125-169.

[12] Amgoud L, Parsons S. An argumentation framework for merging conflicting knowledge bases. European Conference on Logics in Artificial Intelligence, LNCS 2424, 2002: 27-37.

[13] Falappa M A, Kern-Isberner G, Simari G R. Belief revision and argumentation theory//Argumentation in Artificial Intelligence. New York: Springer, 2009: 341-360.

[14] Paglieri F, Castelfranchi C. Revising beliefs through arguments: Bridging the gap between argumentation and belief revision in MAS. The 1st International Workshop on Argumentation in Multi-Agent Systems, Berlin, 2004: 78-94.

[15] Rowe G, Reed C. Translating Wigmore diagrams. Proceedings of the 2006 Conference on Computational Models of Argument, Amsterdam, 2006: 171-182.

[16] Toulmin S E. The Uses of Argument. Cambridge: Cambridge University Press, 1958.

[17] Kunz W, Rittel H W J. Issues as Elements of Information Systems. Berkeley: University of California, Berkeley, 1970.

[18] Hamblin C. Fallacies. London: Methuen, 1970.

[19] O'Keefe D J. Two concepts of argument. The Journal of the American Forensic Association, 1977, 13 (3): 121-128.

[20] Baroni P, Romano M, Toni F, et al. Automatic evaluation of design alternatives with quantitative argumentation. Argument & Computation, 2015, 6 (1): 24-49.

[21] Conklin J, Bergman M. gIBIS: A hypertext tool for exploratory policy discussion. ACM Transactions on Office Information Systems, 1988, 6 (4): 303-331.

[22] Gordon T F, Prakken H, Walton D. The Carneades model of argument and burden of proof. Artificial Intelligence, 2007, 171 (10): 875-896.

[23] Reiter R. A logic for default reasoning. Artificial Intelligence, 1980, 13 (1): 81-132.

[24] Rich E, Knight K. Artificial Intelligence. 2nd ed. New York: McGraw-Hill, 1991.

[25] Doyle J. A truth maintenance system. Artificial Intelligence, 1979, 12 (3): 231-272.

[26] Pollock J L. A theory of defeasible reasoning. International Journal of Intelligent Systems, 2010, 6 (1): 33-54.

[27] Mccarthy J. Applications of circumscription to formalizing common-sense knowledge. Artificial Intelligence, 1986, 28 (1): 89-118.

[28] Lin F, Shoham Y. Argument systems: A uniform basis for nonmonotonic reasoning. Proceedings of the 1st International Conference on Knowledge Representation and Reasoning, San Francisco, 1989: 245-255.

[29] Simari G R, Loui R P. A mathematical treatment of defeasible reasoning and its implementation. Artificial Intelligence, 1992, 53 (2/3): 125-157.

[30] Prakken H, Sartor G. A dialectical model of assessing conflicting arguments in legal reasoning. Artificial Intelligence and Law, 1996, 4 (3/4): 331-368.

[31] Vreeswijk G. Abstract argumentation systems. Artificial Intelligence, 1992, 90 (1/2): 259-310.

[32] Governatori G, Maher M J, Antoniou G, et al. Argumentation semantics for defeasible logic. Journal of Logic and Computation, 2004, 14 (5): 675-702.

[33] Amgoud L, Cayrol C. A reasoning model based on the production of acceptable arguments. Annals of Mathematics and Artificial Intelligence, 2002, 34 (1-3): 197-215.

[34] Bench-Capon T J M. Persuasion in practical argument using value-based argumentation frameworks. Journal of Logic and Computation, 2003, 13 (3): 429-448.

[35] Caminada M, Amgoud L. On the evaluation of argumentation formalisms. Artificial Intelligence, 2007, 171 (5): 286-310.

[36] Amgoud L, Maudet N, Parsons S. Modelling dialogues using argumentation. The 4th International Conference on Multiagent Systems, Boston, 2000: 7-12.

[37] Prakken H. An abstract framework for argumentation with structured arguments. Argument & Computation, 2010, 1 (2): 93-124.

[38] Caminada M. Semi-stable semantics. Proceedings of the 2006 Conference on Computational Models of Argument, IOS Press, Liverpool, 2006: 121-130.

[39] Verheij B. Two approaches to dialectical argumentation: Admissible sets and argumentation stages. Proceedings of the 8th Dutch Conference on Artificial Intelligence, Utrecht, 1996: 357-368.

[40] Baroni P, Giacomin M. On principle-based evaluation of extension-based argumentation semantics. Artificial Intelligence, 2007, 171 (10): 675-700.

[41] Baroni P, Giacomin M, Guida G. SCC-recursiveness: A general schema for argumentation semantics. Artificial Intelligence, 2005, 168 (1/2): 162-210.

[42] Lowe D G. Co-operative structuring of information: The representation of reasoning and debate. International Journal of Man-Machine Studies, 1985, 23 (2): 97-111.

[43] Janssen T, Sage A P. Group decision support using Toulmin argument structures. Systems, Man, and Cybernetics, 1996, 4: 2704-2709.

[44] Karacapilidis N, Papadias D. Computer supported argumentation and collaborative decision making: The HERMES system. Information Systems, 2001, 26 (4): 259-277.

[45] Tweed C. An intelligent authoring and information system for regulatory codes and standards. International Journal of Construction Information Technology, 1994, 2 (2): 53-63.

[46] Tweed C. An information system to support environmental decision making and debate. Evaluation of the Built Environment for Sustainability. London: E & FN Spon, 1997: 67-81.

[47] Gordon T. Visualizing carneades argument graphs. Law Probability & Risk, 2007, 6 (1): 109-117.

[48] Reed C A, Rowe G W A. Araucaria: Software for argument analysis, diagramming and representation. International Journal on Artificial Intelligence Tools, 2004, 14 (3/4): 961-980.

[49] Suthers D, Weiner A, Connelly J, et al. Belvedere: Engaging students in critical discussion of science and public policy issues. The 7th World Conference on Artificial Intelligence in Education, Pittsburgh, 1995: 266-273.

[50] van Gelder T. Argument mapping with Reason!Able. The American Philosophical Association Newsletter on Philosophy and Computers, 2002, 2 (1): 85-90.

[51] Schank P, Ranney M. Improved reasoning with convince me. Conference Companion on Human Factors in Computing Systems, New York, 1995: 276-277.

[52] Sierra C, Jennings N R, Noriega P, et al. A framework for argumentation-based negotiation. The 4th International Workshop on Agent Theories, Architectures and Languages (ATAL 97), Rhode, 1997: 167-182.

[53] Parsons S, Sklar E. How agents revise their beliefs after an argumentation-based dialogue. The 2nd International Workshop on Argumentation in Multiagent Systems, Berlin, 2005: 297-312.

[54] Okuno K, Takahashi K. Argumentation system with changes of an agent's knowledge base. Proceedings of the 21st International Jont Conference on Artifical Intelligence Table of Contents, San Francisco, 2009: 226-232.

[55] Amgoud L, Prade H. Using arguments for making decisions: A possibilistic logic approach. Proceedings of the 20th Conference on Uncertainty in Artificial Intelligence, Arlington, 2004: 10-17.

[56] Amgoud L, Kaci S. An argumentation framework for merging conflicting knowledge bases. International Journal of Approximate Reasoning, 2007, 45 (2): 321-340.

[57] Kakas A, Maudet N, Moraitis P. Modular representation of agent interaction rules through argumentation. Autonomous Agents and Multi-Agent Systems, 2005, 11 (2): 189-206.

[58] Modgil S. An argumentation based semantics for agent reasoning. Proceedings of Languages, Methodologies and Development Tools for Multi-agent Systems (LADS '07), Durham, 2007: 37-53.

[59] Paglieri F. Data-oriented belief revision: Towards a unified theory of epistemic processing. Proceedings of STAIRS 2004, Amsterdam, 2004: 179-190.

第4章 群体智慧涌现模型

4.1 概 述

提案共识形成于复杂问题求解过程的初级阶段，是用定性方法描述的若干备选方案。组织专家进行交互式协商研讨是形成提案共识的重要手段。面对复杂问题，专家个体的思维存在较大局限性，初始时的认识是肤浅的，有的甚至是错误的。交互式协商研讨能促使专家思维相互激活，相互启发。专家发言既可提出新的主张，也可以对已有主张进行评价，随着研讨的深入，新的主张不断提出，而原有主张既有可能得到群体普遍认可，也可能被群体摒弃，最终形成可被群体接受的若干备选方案，即称为提案共识。因此，提案共识达成过程是一个群体思维激活与收敛的过程，必须采用人机结合，从定性到定量的综合集成的技术路线。

提案共识达成不同于一般的群决策[1]，群决策一般要给出若干备选方案，专家群体从备选方案中选出最佳方案，Churchman 的选择评价理论[2]、Saaty 的层次分析法[3]和 Fox 的投票理论[4]等都属于这些范畴。但是提案共识达成没有预先确定的备选方案，其备选方案是在研讨过程中逐步提出并得到群体认可的。因而，提案共识达成的过程实际上也是一个知识产生的过程。

本章首先论述群体思维与群体智慧涌现的基本概念，分析现有的群体智慧涌现的理论与方法，在此基础上提出一种称为共识涌现图（consensus building graph，CBG）的提案共识达成模型，通过该模型可以计算主张关注值、主张支持值、主张共识值、专家发言踊跃值等，并采用可视化反馈机制激发专家思维，使专家思维收敛。最后用实例证明该模型与算法能够满足提案共识达成要求。

4.2 群体智慧涌现

4.2.1 知识的产生

提案共识达成类似于知识产生（knowledge creating）。知识是对现实世界的一致性反映，人类获取知识的过程就是使自己的思想与现实世界取得一致的过程。知识有显式知识（explicit knowledge）和隐式知识（tacit knowledge）两大类[5]。显式知识是指可以用正式语言清楚表达的知识，包括人类公认的理论、公理、公式等和成功应用于实践的方法。隐式知识隐藏于个人大脑中的没有经过条理化的很难用正式语言表达的知识，包括个人的经验和直觉等，它与个人学识水平、思维能力和价值观有直接关系。显式知识构筑人类的思想宝库，而隐式知识积淀为个人的思想。显式知识的产生来自两个方面，一是从显式到显式的转化，即综合或组合来自不同资源的显式知识得到关于问题的新的知识，或由已有显式知识通过逻辑推理得到新的知识；二是从隐式到显式的转化，即采用口头或文字明确表述，或建立模型等方式使个人经验知识浮现出来，当这些浮现出来的隐式知识得到公众承认时，隐式知识便转化为了显式知识。隐式知识的产生也来自两个方面，一是从显式到隐式的转化，即通过个人学习或参与群体讨论，主动发现了自己思想中的不一致性，将显式知识内化为自己的隐式知识；二是从隐式到隐式的转化，即个人发现自己思想中的不一致性，主动修改自己已积淀下来的思想。

对于复杂问题，一般是集结群体智慧进行求解，所使用的知识一般是公认的显式知识。当已有的知识不能解决实际问题时，就需要专家的经验和直觉，也就是说要将专家的隐式知识转化为显式知识。这是一个十分复杂的过程，因为专家的隐式知识很多是潜意识的思想和直觉，带有很强的不确定性。一方面专家个人要不断地接收外界的显式知识，并将接收到的显式知识内化为自己的隐式知识，再结合自己的经验和直觉，将自己的隐式知识显式化，即用语言、文字或模型将自己的经验和直觉表达出来；另一方面要对这些显式化的知识进行论证，去伪存真，升华为群体可接受的知识。提案共识达成的主要作用就是使专家的隐式知识显式化，并对显式化的知识进行初步论证。

隐式知识与显式知识之间的转化既要利用现有知识资源，又依赖于专家群体之间的互动。如果将书籍、网页信息等知识资源也看成广义专家群体，则知识的产生完全依靠专家之间的互动。国外将通过群体成员之间的互动产生知识的过程称为涌现（emergence）。Johnson[6]认为，群体成员之间的互动能激发专家思考问题的能动性，使专家主动思考问题或审视自己和他人的观点，产生新的思想，从而不断丰富专家个人的知识，实现对复杂问题认识的自我超越。量子物理学家David[7]认为人的思想起源于人与人之间的互动，人与人之间的互动是揭露个人思想与现实世界之间的不一致性的重要手段，如果拒绝群体之间的互动，就会固化个人思想与现实世界之间的不一致性。

研讨是一种有效的互动方法[8,9]。研讨环境有两种，即参与式研讨环境和反思式研讨环境。参与式是指所有参与者都可以自由说出自己的见解，不对他人的意见进行批评或评价。在这种研讨环境中，所有参与者看起来都致力于解决问题，然而成效并不大，最后做出的决定往往只代表一两位重要人物的主张。反思式是指参与者都以挑战自己的思想为目的而参与研讨，它促使发言者努力将公认的显式知识转化为自己的隐式知识,并敢于反思自己已经提出的主张。在这种互动环境中,人们能够发现曾经被视为理所当然的事实或先入为主的成见与实际情况的不一致性。显然,反思式研讨环境更有利于群体智慧的涌现。

4.2.2 群体智慧涌现技术

群体智慧涌现是一个复杂的过程,传统的面对面的交谈由于信息量过大和专家之间的本能交流障碍,容易出现信息过载和知识断层现象[10]。利用现代计算机网络技术搭建人工交互环境,并采用人工智能技术计算共识达成状态是提高群体智慧涌现效率的重要手段。群体智慧涌现的实现技术必须解决以下几个问题:①支持多个专家参与。系统应该建立在 Internet 基础上,有利于分布在不同地方的专家能方便进入研讨环境。②支持知识表达。系统能让专家及时地将自己的想法表达出来,即将隐式知识显式化。语言表达,即发言,是最直接的表达方式,系统应该具有对发言信息进行有效处理的功能。③激活群体成员反思。反思的目的是促使显式知识向隐式知识转化和隐式知识向隐式知识的转化。反思的前提是受到外界显式知识的激发,因此系统必须为专家提供各类知识资源,包括内网提供的领域知识、外网提供的 Internet 资源和研讨环境中其他专家的发言信息。④支持提案共识达成。经过研讨后,专家个人心智将发生变化,即形成新的隐式知识体系,并用新的个人心智对显式知识进行判断,形成被多数专家认可的提案共识。⑤良好的通信机制。专家之间的交互是群体智慧涌现的基本前提,因此系统应该提供良好的通信机制,实现点对点、点对面的沟通。⑥有较好的可视化效果。可视化是显式知识展现的重要手段,丰富的可视化功能能较好地激活专家群体的思维。

目前国内外对群体智慧涌现技术做了一些研究,其研究内容主要包括发言信息结构化处理[11]、研讨信息组织[12-15]、共识达成可视化技术实现[8, 9, 16-18]等。

在发言信息结构化处理方面,影响力最大的是 Toulmin 模型[11]。Toulmin 模型是由英国哲学家 Toulmin 于 1958 年提出的,主要用于法律论证推理,后来也用于公共政策的制定。基本的 Toulmin 模型对一个争议的描述是由 6 部分组成的,即主张(claim)、根据(ground/premise)、论证(warrant)、支援(backing)、模态限定(modality)和反驳(rebuttal)[11]。但是在实际研讨中,情况比 Toulmin 逻辑描述的还要复杂。如 Toulmin 认为"支援"是对"论证"提供根据,即当听众对"论证"提出疑问时,发言者需要给出深一层次的对"论证"的论证。但是"支援"有时也需要支援。再如,不仅"论证"需要"支援",有时"根据"也可能需要"支援"。"根据"是大家公认的无须证明的部件,但是在实际研讨中,"根据"也需要解释,这种解释就是"根据"的根据。

"反驳"是对"主张"持反对意见,"反驳"也需要根据和论证,它们的根据和论证也存在层次关系。另外,Toulmin 模型还提出了"反主张",它同样需要"根据""论证""支援""模态限定"和"反驳"。这样,Toulmin 模型就逐渐转换成非形式逻辑中更复杂的论证图解,如图 4.1 所示。

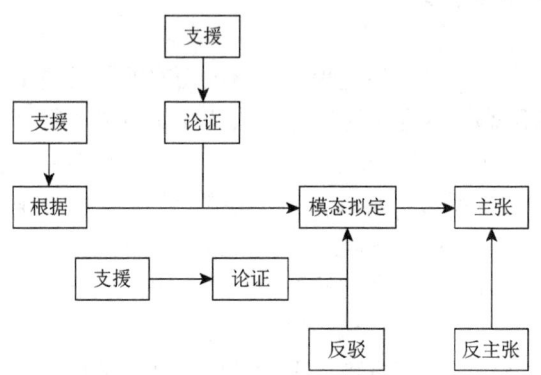

图 4.1　扩展的 Toulmin 模型结构

目前的一般应用是将 Toulmin 模型进行简化。Mitroff 等[19]和 Hamalainen 等[20]建议将争议结构简化为:Premise-Warrant-Claim,并提出将这个简单模型作为政治决策的正式逻辑基础。但 Premise-Warrant-Claim 模式中缺少"模态限定"这个重要部件。"模态限定"是连接发言人的所有陈述与主张之间的桥梁,它反映了发言人对主张的态度。

在研讨信息组织方面,国内谭俊峰等[15]针对综合集成研讨厅提出了称为"研讨树"的研讨信息组织模型。他们认为发言是研讨信息的核心,一个专家发言要么针对研讨任务,要么对其他专家的发言进行评论,从而形成以研讨任务和发言为节点的研讨信息树状结构。这棵树的根节点为决策任务,而其他节点为发言;节点之间的有向弧表示发言之间的语义关系(如支持、反对、质问等)。根据研讨树,他们提出了发言的数据结构:发言(发言编号、发言时间、发言人、发言类型、发言主题、发言的详细内容、发言评论对象的编号、发言与评论对象之间的语义关系、决策任务编号、原子研讨类型、原子研讨编号),并用可视化方法展示发言节点之间的关系。但是,该模型没有突出"主张"这个元素,也没有讨论针对主张的共识提取方法。

崔霞等[8, 9]提出了群体研讨过程中的发言节点链接结构分析法。专家每次发言为一个节点,每个节点有两个属性,一个为见解质量属性,另一个为响应质量属性,发言节点之间用有向边连接,表示响应关系,这样整个研讨过程可以用一个有向属性图表示。用 $pt \rightarrow qt$ 表示发言 pt 对以前的发言 qt 的响应,用 $h(pt)$ 表示 pt 的响应质量属性值,用 $a(pt)$ 表示 pt 的见解质量属性值。并有

$$a(pt) := \sum_{qt \to pt} h(qt) \tag{4.1}$$

$$h(pt) := \sum_{pt \to qt} a(qt) \tag{4.2}$$

按式（4.1）和式（4.2）迭代更新每个发言节点的两个属性值。迭代计算结束后，将发言节点按见解质量属性值 $a(\cdot)$ 从大到小顺序进行排序，选取前 5 个或者更多 $a(\cdot)$ 值大的发言作为最终的研讨结果。这种链接结构分析方法的 $a(\cdot)$ 值和 $h(\cdot)$ 值收敛于链接结构有向图的两个邻接矩阵 M_{auth} 和 M_{hub} 的主特征向量。主特征向量值对应关于某个主题研讨群落。随着时间的推移，见解质量属性值高的发言将会得到更多的评价或响应，其响应质量属性值也会越来越大；响应质量属性值的增加反过来又推动见解质量属性值的提升。可见，见解质量属性值和响应质量属性值二者彼此加强，形成正反馈效应。链接结构分析法可以较准确地发现群体关注的焦点，并能输出主题相关的发言群落，有一定的借鉴作用。但它没有对响应类型进行区分，因而得出的研讨结果的正确性无法判断，因为一个发言对另一个发言的响应可能是支持，也可能是反对。另外，该方法对专家发言没有进行结构化分解，使其他专家无法把握其发言的主张和相关根据。

刘怡君等[21]提出应用对偶刻度法对专家的发言及其关键词进行分析。专家发言（utterance）的权值为 $y_1, y_2, \cdots, y_n$，发言关键词（keyword）的权值为 $x_1, x_2, \cdots, x_m$，其中 $y_j = \sum_{i=1}^{m} a_{ij} x_i$，当 keyword$_i$ 中没有在 utterance$_j$ 中出现时，$a_{ij} = 0$，出现时，$a_{ij} = 1$。这样就形成了以专家发言和相应关键词为列和行的应答频数表。根据当前的最大特征值 η_1^2 和次大特征值 η_2^2，以 (x_{1i}, x_{2i}) 为 keyword$_i$ 的坐标，(y_{1i}, y_{2i}) 为 utterance$_j$ 的坐标，形成二维可视化图。两个正交的轴构成了一个平面坐标系，在此平面坐标系中反映专家发言及关键词的关联程度。刘怡君等的方法实际上应用文本聚类的方法对研讨信息进行分析，并用可视化方面进行展现，使人能够清楚地看出专家与关键词之间的聚集关系，有一定的实际意义。

在已开发的商业应用系统中，国外影响较大的有 ThinkTank 和 Pathmaker。ThinkTank 允许专家在头脑风暴室输入自己的意见，也可以查阅其他专家的意见，但不对其他专家的意见进行评价，是一种典型的头脑风暴法。但正如前面所述的头脑风暴法的固有缺陷，ThinkTank 在激活群体思维方面存在不足，因为它缺少讨论和深度汇谈。Pathmaker 提供帮助主持会议，创造性思维，取得共识，以及一些数据分析工具。国内张朋柱等在研讨可视化方面也做了工作，可以参阅文献[16]~[18]。

本章在以上研究的基础上，提出一种面向群体共识涌现的研讨信息组织模型。该模型根据 Toulmin 模型对专家发言进行结构化处理，将专家发言分解为根据、论证、模态限定和主张等几个部件。其中，模态限定是一个可量化的部件，反映专家对主张的态度；根据和论证则为主张提供支持。通过该模型可以实时计算并展现主张关注值、主张支持值、主张权威值、主张共识值和专家发言踊跃值等，从而激发专家思维，引导专家思维收敛。

4.3 研讨信息组织模型

4.3.1 研讨信息结构

研讨信息结构设计的目的是将专家发言进行结构化处理并存储于数据库系统中，从而可以如同其他数据库系统一样，对研讨信息进行查询及分析处理。更为重要的是，一个好的研讨信息组织模型设计应该有利于从研讨信息中分析各主张受支持的程度，并能从研讨信息中提取群体共识[22]。

由于 Toulmin 模型采用部件结构描述，容易用数据库技术实现，所以以 Toulmin 模型为基础进行研讨信息结构设计是可行的。但是正如前面所述，Toulmin 模型因为有了"支援""反驳"和"反主张"等部件而显得过于复杂，而 Mitroff 等提出的 Premise-Warrant-Claim 逻辑又过于简单，因为它去掉了核心部件"模态限定"。

为了便于在综合集成研讨厅中实现，可以采用 Premise-Warrant-Modality-Claim 逻辑结构，它是对以上两种逻辑的综合。其处理思想如下所示。

（1）将"主张"与"模态限定"作为两个核心部件，同时保留"根据"与"论证"两个部件。"主张"是专家发言的对象，而"模态限定"反映发言人的态度。"根据"与"论证"是对发言人态度的补充性阐述。

（2）对"支援"的处理："支援"可以支援"根据"，也可以支援"论证"，"支援"本身也包括"根据"与"论证"。但是"支援"的最终目标是支援对它所支援的对象所相关的"主张"。因此可以对"支援"进行降层处理，直接作为对"主张"的论证。

（3）对"反驳"的处理："反驳"也有"根据"和"论证"，它的特点是使"模态限定"成为负值。

这样"支援"和"反驳"都可以统一用 Premise-Warrant-Modality-Claim 逻辑表示。

在面向复杂问题求解的综合集成研讨厅中，研讨平台是一个复杂的信息系统，它所管理的信息不仅有专家发言，还有专家、主题等其他信息。一个研讨视图应该反映专家与主张之间的映射关系，即专家对某个主张的态度。这样研讨信息结构可以用简单的实体联系模型（ER 图）表示，如图 4.2 所示。

该 ER 图的主要实体有专家、主张，专家发言信息成为专家与主张之间的联系实体。专家发言要么是提出主张，要么对现有的主张进行分析和评价，我们统一用"响应类型"刻画，即响应类型 = {提出，支持，补充，质疑，反对}。提出，即专家提出一个新的主张；支持，即专家对某一个主张表示赞成；补充，即专家针对某个主张提供相关资料，但并不表明自己对该主张的态度；质疑，即专家对某个主

图 4.2　研讨信息概念结构

张表示疑惑，要求其他专家做出进一步的解释，质疑也不表明专家对主张的态度；反对，即专家对某个主张明确表示不同意。这样专家发言过程中就会产生一系列的主张。"模态限定"是对"响应类型"的量化。按照Lowe[23]的思想，模态限定可用一个尺度（scale）（-10～+10）来量化确定。模态限定 = {最强支持，强支持，支持，轻支持，最轻支持，不确定，最轻反对，轻反对，反对，强反对，最强反对}。为了便于计算，给他们赋予刻度值分别为（10，8，6，4，2，0，-2，-4，-6，-8，-10）。这样专家发言信息表可设计为

发言表（发言 ID，发言专家 ID，主张 ID，响应类型，根据，论证，模态限定，发言时间）。

发言信息的结构见表 4.1。

表 4.1　发言信息的结构

字段名	说明
发言 ID	标识发言的关键值
发言专家 ID	标识发言的专家
主张 ID	标识发言所针对的主张，可以是新提出的主张，也可以对原有主张进行评价
响应类型	分为提出、支持、反对和质问四种
根据	支持主张的事实和根据
论证	用根据证明主张的规则
模态限定	模态限定 = {最强支持，强支持，支持，轻支持，最轻支持，不确定，最轻反对，轻反对，反对，强反对，最强反对}。为了便于计算，给它们赋予刻度值分别为（10，8，6，4，2，0，-2，-4，-6，-8，-10）[13]
发言时间	标识本次发言的开始时间

其他表如下所示。

专家表（专家 ID，姓名，专家信任值，…）。

主张表（主张 ID，所属主题 ID，提出主张的专家，主张摘要，主张关注值，主张权威值，主张共识值）。

4.3.2　共识涌现图

在研讨信息组织模型中，专家发言表是最重要的，它反映了专家与主张之间

的关系,即专家对主张的态度。所有发言可以用专家与主张之间的映射关系表示,这种映射关系对应 Toulmin 模型中模态限定部件。其他部件为发言者的态度提供依据,增强其他人对自己态度的信任度。统计各主张的"模态限定"值即可得出各主张受支持的程度,从而得出群体共识。

为了表述方便,记 $M = \{1,2,\cdots,m\}, m \geq 2$, $N = \{1,2,\cdots,n\}, n \geq 2$。设专家群体为 $E = \{e_i | i \in M\}$,其中 e_i 表示第 i 个专家,同时设定专家信任值 $A = \{\alpha_i | i \in M\}$,其中 α_i 表示第 i 个专家的信任值。群体在研讨过程中提出的主张用主张集 $T = \{t_j | j \in N\}$ 表示,t_j 表示专家提出的第 j 个主张。主张集是一个随着研讨深入不断增加的一个动态集合。

定义 4.1 CBG 是一个三元组 (E, T, R),即 CBG = (E, T, R),其中,

(1) E 是一个专家节点有限集合,其元素 $e_i (i \in M)$ 表示参与研讨的第 i 个专家。

(2) T 是一个主张节点有限集合,其元素 $t_j (j \in N)$ 表示群体研讨过程中提出的第 j 个主张。

(3) R 是有序对集合,其元素 $r_{ij} = <e_i, t_j> (e_i \in E, t_j \in T, i \in M, j \in N)$ 是一个笛卡儿积 $E \times T$ 的多重子集,表示专家 e_i 对主张 t_j 的态度,其权值为 $W(r_{ij}) = \alpha_i \times v_{ij}$($v_{ij}$ 是专家 e_i 对主张 t_j 的模态限定值),称 r_{ij} 为带权有向弧。

CBG 是动态增长的。第一个发言的专家形成第一个专家节点和第一个主张节点,提出主张的专家同时也是对自己主张做出了响应,因此第一个专家节点和第一个主张节点生成的同时也会生成第一个有向弧。随着研讨的进行,新的主张不断产生,专家对主张的响应的有向弧也越来越多。专家节点出度可以表示该专家发言的踊跃程度,而主张节点的入度则可以反映该主张受关注的程度。共识涌现图如图 4.3 所示。

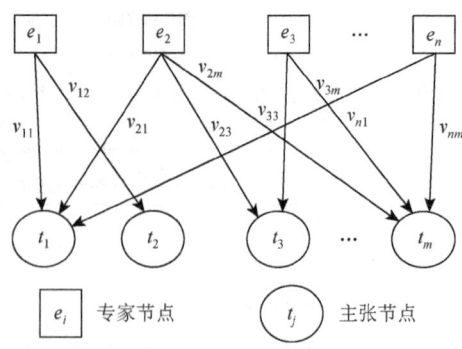

图 4.3 共识涌现图

4.3.3 共识值计算

通过共识涌现图,可以计算以下的指标值。

(1) 主张关注值：主张 t_j 节点的入度之和，
$$\mathrm{Concern}(t_j) = \sum_j \mathrm{ID}(t_j) \tag{4.3}$$

(2) 主张权威值：提出该主张的专家的信任值，
$$\mathrm{Weight}(t_j) = \alpha_i \tag{4.4}$$

(3) 主张共识值：主张 t_j 节点的入弧权值之和，
$$\mathrm{Consensus}(t_j) = \sum_i W(r_{ij}) = \sum_i \alpha_i \times v_{ij} \tag{4.5}$$

(4) 主张支持值：主张 t_j 节点的支持有向弧之和，
$$\mathrm{Support}(t_j) = \sum_j \mathrm{ID}(t_j), \text{ 当 } v_{ij} > 0 \text{ 时} \tag{4.6}$$

计算主张共识值可以得到主张共识向量：
$$\left[\sum_{i=1}^n \alpha_i \times v_{i1}, \sum_{i=1}^n \alpha_i \times v_{i2}, \cdots, \sum_{i=1}^n \alpha_i \times v_{im} \right] \tag{4.7}$$

为了计算这些指标值，可以用 SQL 语句对"发言表"进行聚集计算，并将计算的结果存储于主张表中。然后根据研讨要求对 Consensus(t_j)或 Weight(t_j)或 Concern(t_j)设定阈值，提取主张，形成共识。

对于共识达成，既要考虑多数人意见，也要考虑权威专家的意见，同时还要保护少数人的意见。共识达成原则如下。

(1) 多数人意见原则。对 Support(t_j)进行排序，设定阈值，提取主张。多数人意见原则是共识达成的最一般化原则，即一个主张得到支持的专家越多，越有可能进入下一轮研讨。

(2) 共识值原则。对 Consensus(t_j)进行排序，设定阈值，提取主张。Consensus(t_j)综合考虑了专家信任值和专家对主张的模态限定值，是提取共识首先要考虑的原则。

(3) 保护少数人意见原则。在复杂问题求解或决策中，少数人意见是十分重要的，因此，实行多数人意见原则时，必须保护少数人意见。所谓保护少数人意见就是主张 t_j 在 Support(t_j)或 Consensus(t_j)较小时，也能成为提案共识。可以用以下原则保护少数人意见：①权威值法。如果提出主张 t_j 的权威值 Weight(t_j)很高，则该主张应该予以考虑。②关注值法。如果主张 t_j 的关注值 Concern(t_j)很高，则该主张也要予以考虑。

4.4 实例分析

下面以一个实例来说明共识涌现的过程。其研讨主题是某市"十三五"教育发展规划。假设有 5 位专家参与研讨，$E = \{e_1, e_2, e_3, e_4, e_5\}$，他们的信任值为 $A = \{0.20, 0.20, 0.10, 0.40, 0.10\}$。在半个小时的模拟研讨中，专家群体提出 4 个主张。

专家 e_1 提出主张 t_1：增加教育支出在全市财政支出中的比例。
专家 e_2 提出主张 t_2：重点发展职业教育。
专家 e_4 提出主张 t_3：加大义务教育投入。
专家 e_1 提出主张 t_4：积极发展民办教育。

将专家发言进行结构化处理后存到发言表中，如果专家发言中没有"根据"或"论证"，则以 NULL 表示。限于篇幅，省去了专家发言中的根据和论证的详细信息。专家发言表实例如表 4.2 所示。

表 4.2 专家发言表实例

时间流水号	发言专家	响应类型	针对主张	模态限定
1	e_1	提出	t_1	10
2	e_2	支持	t_1	6
3	e_2	提出	t_2	10
4	e_3	质询	t_1	0
5	e_4	支持	t_1	4
6	e_4	反对	t_2	-6
7	e_4	提出	t_3	10
8	e_1	反对	t_3	-6
9	e_1	提出	t_4	10
10	e_2	反对	t_4	-8
11	e_5	反对	t_4	-4
12	e_5	支持	t_2	6
13	e_3	支持	t_2	8

对以上发言进行分析可以得出共识涌现图，如图 4.4 所示。

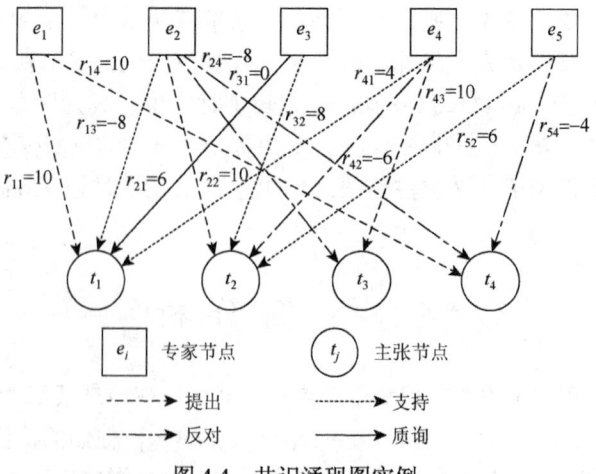

图 4.4 共识涌现图实例

研讨后的主张各值如表 4.3 所示。

表 4.3 主张值计算实例

主张	关注值	权威值	支持值	共识值
t_1	4	0.20	3	$0.2 \times 10 + 0.2 \times 6 + 0.1 \times 0 + 0.4 \times 4 = 4.8$
t_2	4	0.20	3	$0.2 \times 10 + 0.1 \times 8 + 0.4 \times (-6) + 0.1 \times 6 = 1.0$
t_3	2	0.40	1	$0.2 \times (-8) + 0.4 \times 10 = 2.4$
t_4	3	0.20	1	$0.2 \times 10 + 0.2 \times (-8) + 0.1 \times (-4) = 0.0$

从实验结果分析，如果采用多数人意见原则，t_1、t_2 的主张支持值较大，则 t_1、t_2 可能成为提案共识；如果采用共识值原则，t_1、t_3 的主张共识值较大，则 t_1、t_3 可能成为提案共识；如果采用保护少数人意见原则，则 t_1、t_2、t_3 可能成为提案共识，因为 t_1、t_2 的主张关注值较大，而 t_3 虽然主张支持值不高，但主张权威值较大。可见通过群体共识涌现图可以实现提案共识可视化提取。

4.5 本章小结

提案共识形成于研讨初期的协商研讨阶段。在研讨初期，专家对研讨主题的认识比较肤浅，还没有较为可行的备选方案，因此必须广泛收集专家群体的个人意见，并通过研讨互相激活，互相启发，使新的意见不断产生，同时对已有的意见进行评价，最后形成可被群体多数成员接受的复杂问题求解的备选方案。头脑风暴法是此阶段的常用方法，但头脑风暴法不鼓励对已提出的意见进行评价，因而在共识达成方面存在一些不足。本章的主要工作有以下几方面。

（1）分析知识产生的过程与方法，认为提案共识达成类似于隐式知识向显式知识的转换，其中隐式知识是隐藏于专家潜意识深处的经验和直觉，是显式知识的源泉。研讨能够激活专家思维，促进隐式知识的浮现，反思式研讨还有利于专家实现隐式知识向隐式知识的转换，促进专家思维进化。

（2）提出了提案共识达成环境应该解决的主要问题。一是支持多个专家参与。系统应该建立在 Internet 基础上，有利于分布在不同地方的专家能方便进入研讨环境。二是支持知识表达。系统应该提供研讨白板，能让专家及时将自己的想法表达出来，即将隐式知识显式化。三是激活群体成员反思。反思的前提是受到外界显式知识的激发，因此系统必须为专家提供各类知识资源，包括内网提供的领域知识、外网提供的 Internet 资源和研讨环境中的其他专家的发言信息。四是支持提案共识达成。经过研讨后，专家个人心智将发生变化，即形成新的隐式知识体系，并用新的个人心智对显式知识进行判断，形成被多数专家认可的提案共识。

五是良好的通信机制。专家之间的交互是群体智慧涌现的基本前提，因此系统应该提供良好的通信机制，实现点对点、点对面的沟通。六是有较好的可视化效果。可视化是显式知识展现的重要手段，丰富的可视化功能能较好地激活专家群体的思维。

（3）提出了一种基于提案共识涌现图的提案共识达成模型。与其他研究不同的是，提案共识涌现图不再以发言为节点，而是在对发言信息进行结构化分解的基础上，突出专家与主张之间的映射关系，并实时计算主张关注值、主张支持值和主张共识值，对专家和主持人起到很好的引导作用。该模型对头脑风暴法进行了改进，不仅能激活专家广泛发表见解，还能促进专家思维收敛，实现从定性到定量的综合集成。最后用实例说明了该模型的有效性。

参 考 文 献

[1] Bryson N, Mobolurin A. Supporting team decision-making with consensus relevant information. Proceedings of the IEEE 1997 National Aerospace and Electronics Conference, Dayton, 1997: 57-63.

[2] Churchman W C. The Systems Approach. New York: McGraw-Hill, 1979.

[3] Saaty T L. The Analytic Hierarchy Process. New York: McGraw-Hill, 1980.

[4] Fox W M. Effective Group Problem Solving. Hoboken: Jossey-Bass, 1987.

[5] Nonaka I, Takeuchi H. The Knowledge-Creating Company: How Japanese Companies Create the Dynamics of Innovation. New York: Oxford University Press, 1995.

[6] Johnson S. Emergence: The Connected Lives of Ants, Brains, Cities and Software. London: IEEE Press, 2002.

[7] David B. On Dialogue. London: Routledge, 1996.

[8] 崔霞, 戴汝为, 李耀东. 群体智慧在综合集成研讨厅体系中的涌现. 系统仿真学报, 2003, 15（1）: 146-153.

[9] 崔霞, 李耀东, 戴汝为. HWME 中基于学习型组织的专家有效互动对话模型. 管理科学学报, 2004, 7（2）: 80-87.

[10] Grisé M L, Gallupe R B. Information overload: Addressing the productivity paradox in face-to-face electronic meetings. Journal of Management Information Systems, 2000, 16（3）: 157-185.

[11] Toulmin S E. The Uses of Argument. Cambridge: Cambridge University Press, 1958.

[12] 程少川, 张朋柱. 电子公共大脑的信息组织设计研究. 西安交通大学学报（社会科学版）, 2001, 21（1）: 42-47.

[13] 程少川, 张朋柱, 卢明德. 群体过程信息的树状结构及定性决策收敛途径的研究. 系统工程学报, 2001, 16（5）: 371-375.

[14] 谭俊峰, 张朋柱, 程少川, 等. 群体研讨中的共识分析和评价技术. 系统工程理论方法应用, 2005, 14（1）: 55-61.

[15] 谭俊峰, 张朋柱, 黄丽宁. 综合集成研讨厅中的研讨信息组织模型. 系统工程理论与实践, 2005, 25（1）: 86-92, 99.

[16] 李莉, 李彤, 冯珊. 面向决策支持系统的可视化用户界面. 武汉城市建设学院学报, 1998, 15（3）: 5-6.

[17] 宿彦, 薛惠锋, 孙景乐, 等. 用户驱动的研讨信息可视化平台的设计与实现. 计算机工程与应用, 2007, 43（23）: 106-109.

[18] 张兴学, 张朋柱. 群体决策研讨意见分布可视化研究——电子公共大脑视听室（ECBAR）的设计与实现. 管

理科学学报，2005，8（4）：15-27.

[19] Mitroff I I, Mason R O, Barabba V P. Policy as argument-a logic for ill-structured decision problems. Management Science，1982，28（12）：1391-1404.

[20] Hamalainen M，Hashim S，Holsapple C W，et al. Structured discourse for scientific collaboration：A framework for scientific collaboration based on structured discourse analysis. Journal of Organizational Computing，1992，2（1）：1-26.

[21] 刘怡君，唐锡晋. 对偶刻度法及其在群体研讨中的应用. 管理评论，2004，16（10）：39-42.

[22] 李德华，熊才权. 一种研讨信息组织模型及其在研讨厅中的应用. 计算机应用研究，2008，25（9）：2730-2733.

[23] Lowe D G. Co-operative structuring of information：The representation of reasoning and debate. International Journal of Man-Machine Studies，1985，23（2）：97-111.

第5章 扩展辩论模型

5.1 概　　述

辩论模型分为对辩论建模和用辩论建模两个大的研究方向[1,2]。在对辩论建模方面，影响最大的模型是 Toulmin 模型[3]，而在用辩论建模方面，影响较大的模型是 Dung 的抽象辩论框架[4]。Toulmin 模型重在描述论证结构，其模型元素多，结构复杂，形式化程度不高，难以提出辩论算法[5]。Dung 的抽象辩论框架将争议抽象为一个节点，忽略争议文本内容及其内部结构，且争议之间的关系只有单一的攻击关系，没有全面反映日常辩论的特征[6]。

本章提出一种扩展辩论模型（extended argumentation framework，EAF），该模型将 Toulmin 模型与 Dung 的抽象辩论框架结合起来，用 Toulmin 的模型元素对 Dung 的抽象辩论框架进行改造。第一，将 Dung 的抽象辩论框架中的争议扩展为可废止规则：$h_1,\cdots,h_n \Rightarrow h$，它是一个简化的 Toulmin 论证结构，其中 $h_1,\cdots,h_n$ 对应 Toulmin 模型中的根据（前提），$\Rightarrow$ 对应 Toulmin 模型中的模态（推理出），h 对应 Toulmin 模型中的主张（结论）。可废止规则中的 $h_1,\cdots,h_n$ 和 h 统称为陈述，它们是对事物描述的原子命题。与一般的产生式规则 $h_1,\cdots,h_n \rightarrow h$ 不同的是，这里的论证关系"$\Rightarrow$"在辩论的过程中可能会因其前提被击败而被废止。第二，将 Dung 的抽象辩论框架中的争议之间的关系由单一的攻击关系扩展为攻击、支持和反驳等三种。对扩展辩论模型的求解不单是求解语义扩充，而是确定各陈述的可接受性，其算法分为两个步骤，第一步求解争议的可防卫性，第二步是根据争议的可防卫性确定各陈述的可接受性。扩展后的辩论模型能反映日常辩论实际，可用于协商研讨环境和劝说研讨环境中求解研讨结果。

本章以下内容安排是这样的，5.2 节给出扩展辩论模型的形式化描述，5.3 节介绍在扩展辩论模型中的争议可防卫性和陈述可接受性的计算方法，5.4 节用本章提出的辩论模型对已有文献的实例重新建模，并用本章提出的算法求解争议可防卫性和陈述可接受性，分析本章提出的模型的有效性，5.5 节是本章小结。

5.2 扩展辩论模型的形式化描述

辩论模型的基本组成单位是争议。我们将争议分解为根据（前提）、论证和论三个部分,并将根据(前提)和结论统称为陈述。争议之间的关系有支持、攻击、反驳等三种。支持是对某个争议的根据或论证进行补充性解释,增强该争议所支持的结论的可接受性,当某个争议的根据和论证遭到质问时,就需要支持;攻击是削弱某个争议的根据和论证,降低该争议所支持的结论的可接受性。反驳是对某个争议的结论持反对意见。支持、攻击、反驳也有相应的根据、论证和结论,它们也是争议。

定义 5.1 陈述(statement) 陈述是争议的基本组成单位。如果陈述是对事物的肯定性表述则称为原子陈述(atom),如果陈述是形如 $h_1,\cdots,h_n \Rightarrow h$ 表达式,其中 h_i($1 \leq i \leq n$)和 h 也是陈述,$\Rightarrow$ 表示推理出,则称为规则(rule)。如果两个陈述 h_i、h_j($i \neq j$)所表述的内容在逻辑上是一致的,则记为 $h_i \equiv h_j$;如果它们所表述的内容在逻辑上是相反的,则记为 $h_i \equiv \neg h_j$。所有陈述的集合称为语言(language),用 $\mathcal{L}$ 表示。

用 $h_1,\cdots,h_n \Rightarrow h$ 表示规则,是与传统的一阶谓词逻辑中的严格公式 $h_1,\cdots,h_n \to h$ 相区别,因为在辩论系统中,规则也是可被攻击的。

定义 5.2 相容陈述集(conflict-free subset of language) 设有一个陈述子集 $\mathcal{H} \subseteq \mathcal{L}$,如果不存在 h_i、$h_j \in \mathcal{H}$,$h_i \equiv \neg h_j$,则称 $\mathcal{H}$ 是相容的,否则称 $\mathcal{H}$ 是不相容的。

由于在研讨过程中往往存在意见的不一致性,所以 $\mathcal{L}$ 一般是不相容性的。

定义 5.3 争议(argument) 争议是一个二元组 $A = (\mathcal{H}, h)$,其中,$h \in \mathcal{L}$ 是一个陈述,$\mathcal{H} = \{h_1,\cdots,h_n\}$ 是 $\mathcal{L}$ 的一个子集,且满足:①$\mathcal{H}$ 是相容的;②逻辑上 $\mathcal{H}$ 推理出 h,记为 $\mathcal{H} \Rightarrow h$;③$\mathcal{H}$ 是最小的,即没有 $\mathcal{H}$ 的真子集满足①和②。$\mathcal{H}$ 称为争议的前提,h 称为争议的结论。如果 h 不属于任何其他争议的前提,则称 A 为首争议(head),如果不存在争议 $B = (\mathcal{H}', h')$,使 $h' \in \mathcal{H}$ 或 $\neg h' \in \mathcal{H}$,则称 A 为尾争议(rail)。所有争议的集合记为 $\mathcal{A}$。

争议中的结论 h 对应 Toulmin 模型中的主张,$\mathcal{H}$ 中的原子陈述对应 Toulmin 模型的根据,争议本身对应的规则对应 Toulmin 模型的论证。

争议 $A = (\mathcal{H}, h)$ 可以用图 5.1(a)表示。如果 $A = (\mathcal{H}, \neg h)$,则用图 5.1(b)表示。图 5.1(c)是争议的抽象表达形式,它省略了争议的内部结构,称为抽象争议节点(以下简称争议节点)。

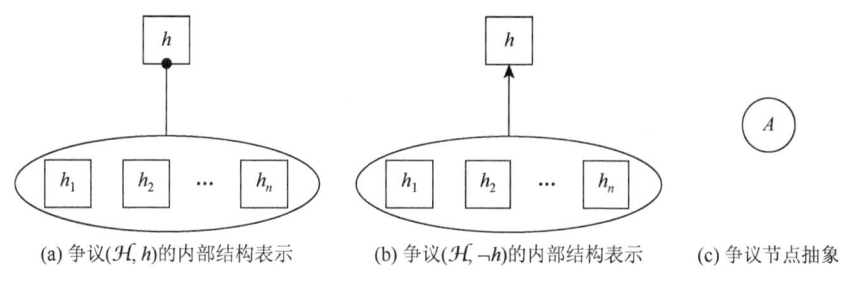

(a) 争议$(\mathcal{H}, h)$的内部结构表示　　(b) 争议$(\mathcal{H}, \neg h)$的内部结构表示　　(c) 争议节点抽象

图 5.1　争议节点表示

定义 5.4 争议关系（relation of arguments） 设有两个争议 $A=(\mathcal{H}_1, h_1)\in\mathcal{A}$，$B=(\mathcal{H}_2, h_2)\in\mathcal{A}$，

（1）如果 $h_1\equiv\neg h_2$，则 A 反驳 B 或 B 反驳 A，记为 $A\leftrightarrow B$。

（2）如果 $\exists h\in\mathcal{H}_2$，$h_1\equiv\neg h$，则 A 攻击 B，记为 $A\rightarrow B$。

（3）如果 $\exists h\in\mathcal{H}_2$，使 $h_1\equiv h$，则 A 支持 B，记为 $A\multimap B$。

当一个争议的前提受到质问时，就需要支持。争议之间的关系如图 5.2 所示，每个图的右边小图是该关系的抽象表示。

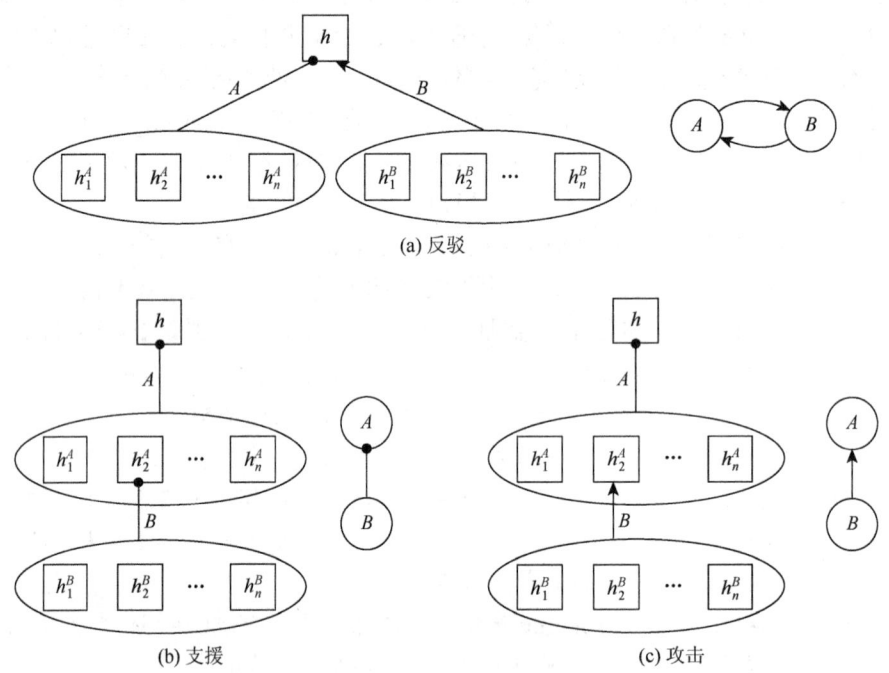

图 5.2 争议之间的关系

例 5.1 设有三个争议 $A=(\{a,b\},c)$，$B=(\{d, d\Rightarrow\neg c\},\neg c)$，$C=(\{e\},a)$，$D=(\{f\},\neg(d\Rightarrow\neg c))$，则有 $A\leftrightarrow B$，$C\multimap A$，$D\rightarrow B$。其争议之间的关系如图 5.3 所示。

定义 5.5 辩论框架（argumentation framework, AF） 一个辩论框架（记为 AF）是一个三元组 $AF=(\mathcal{L},\mathcal{A},\mathcal{R})$，其中 $\mathcal{L}$ 是陈述集，$\mathcal{A}$ 是争议集，$\mathcal{R}$ 是争议之间的二元关系，它包含反驳、攻击、支持三种关系，$\mathcal{R}=\{\leftrightarrow,\rightarrow,\multimap\}$。

定义 5.6 抽象辩论图（abstract argument graph） 抽象辩论图（简称辩论图）定义为 $AG=(\mathcal{A},\mathcal{R})$，$\mathcal{A}$ 是争议节点集，$\mathcal{R}=\{\leftrightarrow,\rightarrow,\multimap\}$ 是有向边集，表示争议之间的关系，它包括三类有向边，$\leftrightarrow$ 代表反驳，$\rightarrow$ 代表攻击，$\multimap$ 代表支持。对于争议 $A\in\mathcal{A}$，如果 A 是首争议，则在辩论图中对应的节点称为根节点（root），

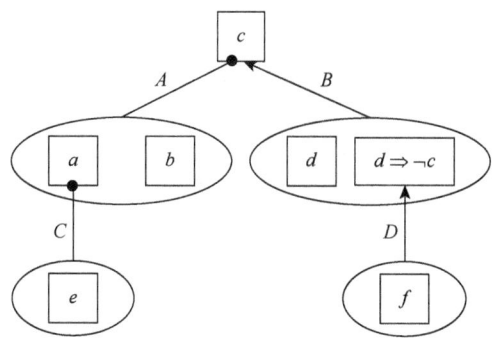

图 5.3 例 5.1 中的争议之间的关系

如果 A 是尾争议，则在辩论图中对应的节点称为叶子节点（leaf）。对于两个争议 A，$B \in \mathcal{A}$，如果 $A \leftrightarrow B$，则称 A、B 为平行节点；如果 $A \rightarrow B$ 或 $A \multimap B$，则称 A 为 B 的子节点，B 为 A 的父节点。

辩论图省略了争议的内部结构，只反映争议之间的关系。

例 5.2 设争议集中有争议 $A = (\{a, b\}, c)$，$B = (\{d, d \Rightarrow \neg c\}, \neg c)$，$C = (\{e\}, a)$，$D = (\{f\}, \neg b)$，$E = (\{g, h\}, d)$，$F = (\{a \Rightarrow \neg d, i\}, \neg(d \Rightarrow \neg c))$，$G = (\{e, b\}, \neg f)$，$H = (\{b \Rightarrow \neg h\}, \neg g)$，则 AG = ($\{A, B, C, D, E, F, G, H\}$, $\{A \leftrightarrow B, C \multimap A, D \rightarrow A, E \multimap B, F \rightarrow B, G \rightarrow D, H \rightarrow E\}$)。

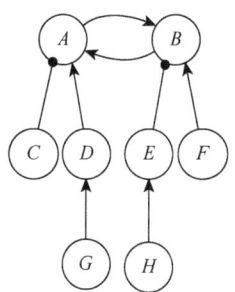

辩论过程可以用一个有向图表示。例 5.2 的辩论图如图 5.4 所示，其中 A、B 为根节点，C、G、H、F 为叶子节点；A、B 互为反驳，为平行节点；C 和 D 是 A 的直接下级节点；E 和 F 是 B 的直接下级节点；G 是 D 的直接下级节点；H 是 E 的直接下级节点。

图 5.4 例 5.2 的抽象辩论图

5.3 争议评价算法

定义 5.7 争议可防卫性（defensibility of arguments） ①一个争议节点是可防卫的，如果它没有受到任何节点的攻击或支持，或攻击它的所有节点都是不可防卫的且支持它的所有节点都是可防卫的。②一个争议节点是不可防卫的，如果它的直接下级节点中存在可防卫的攻击节点或不可防卫的支持节点。

一个争议的可防卫性随着辩论的进行是动态变化的。人类辩论遵循这样一个简单原则，"最后一个说话的得到最后胜利"[4]，即一个争议没有受到其他争议的攻击，则它赢得胜利。因此所有争议的可防卫性的确定必须要等到辩论结束。

引理 5.1　叶子节点都是可防卫的。

引理 5.2　任意节点可防卫性只与其直接下级节点的可防卫性有关,而与上级节点无关。

在辩论过程中,人们最为关注的是首争议节点的可防卫性及其所支持的结论,因此有必要对辩论图中的其他节点进行简化处理。

设 A、B 是辩论图中的两个争议节点,且 $B\multimap A$,删除支持节点 B 是指从辩论图中直接去掉节点 B 以及从 B 指向 A 的有向边,并将 B 的所有直接下级节点的有向边改为指向 A。

定理 5.1　删除辩论图的所有支持节点,辩论图的其他节点的可防卫性不变。

证明　设 B 是一个支持节点,根据引理 5.2,删除 B 节点不会影响 B 的直接下级节点的可防卫性。依此类推,B 的所有下级节点的可防卫性都不会改变。

现在考察 B 的直接上级节点 A。A 的可防卫性决定于 B 的可防卫性和 A 的其他直接下级节点的可防卫性。如果 A 的其他直接下级节点中存在可防卫的攻击节点或不可防卫的支持节点,则 A 必是不可防卫的,A 的可防卫性与 B 无关,删除 B 显然不会影响 A 的可防卫性。如果 A 的其他直接下级节点中的所有攻击节点都是不可防卫的,所有支持节点都是可防卫的,则 A 的可防卫性仅取决于 B。分以下两种情况。

(1) 如果 B 是可防卫的,这时 A 应是可防卫的。根据定义 5.7,B 的所有直接下级节点中的攻击节点都是不可防卫的,支持节点都是可防卫的,删除 B 节点后,这些节点直接作用于 A,使 A 成为可防卫的。

(2) 如果 B 是不可防卫的,这时 A 应是不可防卫的。根据定义 5.7,B 的直接下级节点中必然存在可防卫的攻击节点或不可防卫的支持节点,删除 B 节点后,这些节点直接作用于 A,将使 A 成为不可防卫的。

由于 A 的可防卫性不变,A 的直接上级节点的可防卫性也不会变,以此类推,A 的所有上级节点的可防卫性都不会变。证毕。

定义 5.8 对话图(dialogue graph)　删除支持节点的辩论图称为对话图,定义为 $DG = (\mathcal{D}, \mathcal{R})$,其中 $\mathcal{D} \subseteq \mathcal{A}$,$\mathcal{R} = \{\leftrightarrow, \rightarrow\}$。

定义 5.9 对话树(dialogue tree)　删除所有反驳关系的对话图由对话树组成。对话树定义为 $DT = (\mathcal{T}, \mathcal{R})$,其中 $\mathcal{T} \subseteq \mathcal{D}$,$\mathcal{R} = \{\rightarrow\}$。

由图 5.4 的辩论图得到的对话图 DG 如图 5.5(a)所示。由于图中包含争议之间的反驳关系,可以对该图进行分解,得出如图 5.5(b)所示的两棵对话树 DT_1、DT_2。

辩论图简化为对话树后,形成了无攻击环的抽象辩论框架,可以从初始争议集开始,递归调用特征函数求出可接受争议集。这个可接受争议集就是 Dung 的抽象辩论框架中的基础扩充。

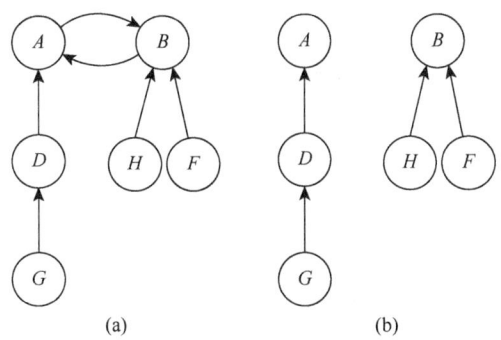

图 5.5 对话图与对话树

定义 5.10 相容争议集（conflict-free subset of arguments） 在一棵对话树 DT 中，设有一个争议集 $S \subseteq \mathcal{T}$，如果不存在 $A、B \in S$，$A \to B$ 或 $B \to A$，则称 S 是相容的。

定义 5.11 可防卫争议集（defensive subset of arguments） ①设有一个争议集 $S \subseteq \mathcal{T}$ 和一个争议 $A \in \mathcal{T}$，如果 $\forall B \in \mathcal{T}$，$B \to A$，则 $\exists C \in S$，$C \to B$，称 A 被 S 防卫。

②如果 $S \subseteq \mathcal{T}$ 是相容的，且 S 中所有争议都能被 S 防卫，则称 S 是可防卫的。

定义 5.12 特征函数（characteristic function） 设 $S \subseteq \mathcal{T}$，一个对话树 $DT = (\mathcal{T}, \mathcal{R})$ 的特征函数定义为 $F_\mathcal{T}: 2^\mathcal{T} \mapsto 2^\mathcal{T}$（映射），且 $F_\mathcal{T}(S) = \{A | A \in \mathcal{T}$，且 A 被 S 防卫$\}$。

定理 5.2 如果 S 是相容的，则 $F_\mathcal{T}(S)$ 也是相容的。

证明 用反证法。假设 $F_\mathcal{T}(S)$ 是不相容的，则 $\exists A、B \in F_\mathcal{T}(S)$，$A \to B$。由定义 5.12，当 $B \in F_\mathcal{T}(S)$ 时，B 被 S 防卫，当 $A \to B$ 时，则必 $\exists C \in S$，$C \to A$；另外，$A \in F_\mathcal{T}(S)$，A 被 S 防卫，当 $C \to A$ 时，则必 $\exists D \in S$，$D \to C$。这样 S 就不是相容的，与前提相矛盾。证毕。

定理 5.3 如果 S 是可防卫的，则 $S \subseteq F_\mathcal{T}(S)$。

证明 $\forall A \in S$，因为 S 是可防卫的，所以 A 被 S 防卫，根据定义 5.12，$A \in F_\mathcal{T}(S)$，所以 $S \subseteq F_\mathcal{T}(S)$。证毕。

定义 5.13 对于 $DT = (\mathcal{T}, \mathcal{R})$，定义下列的争议子集序列：
$F_\mathcal{T}^0 = \{A \in \mathcal{T} | A$ 是叶子节点$\}$；$F_\mathcal{T}^i = \{A | A \in \mathcal{T}$，且 A 被 $F_\mathcal{T}^{i-1}$ 防卫$\}$。

对话树的最大可防卫争议集为 $S^\mathcal{T} = \bigcup_{i=0}^{\infty} F_\mathcal{T}^i$。在计算 $S^\mathcal{T}$ 时，存在一个不动点 $0 \leq k < \infty$，使 $F_\mathcal{T}^k = F_\mathcal{T}^{k+1} = \cdots = F_\mathcal{T}^\infty$。

定理 5.4 如果 $A \in \mathcal{T}$ 是可防卫的，则必有 $A \in S^\mathcal{T}$。

证明 由于 $A \in \mathcal{T}$ 是可防卫的，则 A 要么没有受到任何争议的攻击，要么攻击它的所有节点都是不可防卫的。用数学归纳法证明。如果 A 没有受到任何争议的攻击，则 A 必是叶子节点，即 $A \in F_\mathcal{T}^0$，显然 $A \in S^\mathcal{T}$。如果 A 不是叶子节点，则 $\exists B \to A$，因为 A 是可防卫的，所以 B 是不可防卫的，B 必然受到叶子节点或可防卫的节点

C 的攻击。如果 $C \in F_T^0$，则 $A \in F_T^1$；如果 $C \in F_T^{i-1}$，则有 $A \in F_T^i$，即 $A \in S^T$。证毕。

算法 5.1　求对话树的最大可防卫争议集 S^T。

  INPUT：$DT = (\mathcal{T}, \mathcal{R})$

  OUTPUT：S^T

  BEGIN

   $S^T = \varnothing$；

   $F_T^0 = \{A \in \mathcal{T} | A \text{ 是叶子节点}\}$；

   $i = 1$；

   DO{

    求 F_T^i；

    $S^T = S^T \cup F_T^i$；

    $i = i + 1$；}

   UNTIL（$F_T^i = F_T^{i-1}$）

  END

算法 5.1 先依次从对话树的叶子节点开始搜索，初始时 $F_T^0 = \{A \in \mathcal{T} | A \text{ 是叶子节点}\}$。算法复杂度为 $O(n)$，n 为对话树的最大深度。

定义 5.14　对话图的最大可防卫争议集为：$S^D = \bigcup_{i=1}^{m} S^{T_i} - \{U | \exists V \in \bigcup_{i=1}^{m} S^{T_i}, V \leftrightarrow U\}$。

即 S^D 为各对话树的最大可防卫争议集之和，但不包含存在反驳关系的争议。

定义 5.15　辩论框架的最大可防卫集 $S^A = S^D \cup \{\text{可防卫支持节点集}\}$。

算法 5.2　求辩论框架的最大可防卫集 S^A

   INPUT：$AF = (\mathcal{L}, \mathcal{A}, \mathcal{R})$

   OUTPUT：S^A

   BEGIN

    将辩论框架 $AF = (\mathcal{L}, \mathcal{A}, \mathcal{R})$ 转化为对话图 $DG = (\mathcal{D}, \mathcal{R})$；

    $\mathcal{P} = \mathcal{A} - \mathcal{D}$；//$\mathcal{P}$ 为支持争议集

    求 DG 的最大可防卫集 S^D；//调用算法 5.1

    $\mathcal{Q} = \varnothing$；//$\mathcal{Q}$ 为不可防卫的支持节点集

    while（）{//依次考察从叶子到根的每条路径上的支持节点 X

     IF($\exists X$ 的直接下级攻击节点 $\subseteq S^D$ 或 $\exists X$ 的直接下级支持节点 $\subseteq \mathcal{Q}$)

      $\mathcal{Q} = \mathcal{Q} + X$；}

    $S^A = S^D \cup (\mathcal{P} - \mathcal{Q})$；

  END

算法 5.2 先求不可防卫的支持节点集 $\mathcal{Q}$，再求可防卫的支持节点集 $\mathcal{P} - \mathcal{Q}$，最后求 $\mathcal{P} - \mathcal{Q}$ 与 S^D 的并集。根据引理 5.2，每个支持节点的可防卫性只与其直接下级节点的可防卫性有关，所以算法 5.2 也是从叶子节点开始沿从叶子到根的路径进行搜索的。

例 5.3 求图 5.4 辩论框架的最大可防卫集。

（1）将辩论图转化为对话图，再将对话图转化为对话树，如图 5.5 所示。$\mathcal{D} = \{A, B, D, F, G, H\}$，$\mathcal{T}_1 = \{A, D, G\}$，$\mathcal{T}_2 = \{B, F, H\}$。

（2）求各对话树的最大可防卫争议集：$S^{\mathcal{T}_1} = \{G, A\}$，$S^{\mathcal{T}_2} = \{H, F\}$。

（3）求对话图的最大可防卫争议集：$S^{\mathcal{D}} = \{G, A, H, F\}$。

（4）考察图 5.4 中的支持争议。对于 C，由于 C 没有受到任何争议的攻击或支持，所以 C 是可防卫的；对于 E，由于 E 受到 H 的攻击，而 $H \subseteq S^{\mathcal{D}}$，所以 E 是不可防卫的。

（5）求辩论框架的最大可防卫集：$S^{\mathcal{A}} = \{G, A, H, F, C\}$。

从整个研讨来看，B 争议所在的一方失败。

定义 5.16 陈述可接受性（acceptability of statements） 对于辩论框架 $AF = (\mathcal{L}, \mathcal{A}, \mathcal{R})$ 一个陈述 $h \in \mathcal{L}$ 是可接受的，如果不存在争议 $A = (H_1, h_1)$，$h_1 \equiv h$ 或 $h_1 \equiv \neg h$，即陈述不受到任何争议的支持或攻击；$\forall A \in \mathcal{R}$，$A = (H_1, h_1)$，$h_1 \equiv \neg h$，$A$ 是不可防卫的，即攻击 h 的争议是不可防卫的；且 $\forall A \in \mathcal{R}$，$A = (H_1, h_1)$，$h_1 \equiv h$，$A$ 是可防卫的，即支持 h 的争议是可防卫的。

一个争议是可防卫的，意味着可以由它的前提推理出结论，即它的前提中的所有陈述都是可接受的；一个争议是不可防卫的，意味着不能由它的前提推理出结论，它的前提中至少有一个陈述是不可接受的。

对于两个相互反驳的争议 $A = (H_1, h)$，$B = (H_2, \neg h)$，如果 A 是可防卫的，而 B 是不可防卫的，则 h 是可接受的；如果 A 是不可防卫的，而 B 是可防卫的，则 h 是不可接受的；如果 A、B 都是可防卫的，或都是不可防卫的，则 h 的可接受性无法确定。

定义 5.17 研讨结果（result of discussion） 对话森林中的所有对话树的可防卫根节点的结论所组成的陈述集称为研讨结果。

本章提出的扩展辩论模型是对研讨过程的全面描述，从单棵对话树来看是劝说研讨，而从全局来看，则是协商研讨。

5.4 实例分析

下面用三个例子来说明该模型的应用。

实例 5.1 Toulmin 模型中 Harry 例子[3]。原例用 Toulmin 模型分析如下。

Claim：亨利是英国人。（a）

Datum：亨利出生于百慕大。（b）

Warrant：出生于百慕大的人一般是英国人。(c)
Backing：英国法律 123 条规定一个出生于英国本土的人可有英国国籍。(d)
Exception：亨利父母是美国人，他取得美国国籍。(e)

在我们的模型中，Claim、Datum、Warrant、Backing、Exception 都是陈述，分别用 a、b、c、d、e 表示。基本争议是 $A = (H_1, h_1)$，其中 $H_1 = \{b, c, b \wedge c \Rightarrow a\}$，$h_1 = a$，$H_1$ 中的 b 是大前提，c 是小前提，$b \wedge c \Rightarrow a$ 是一个规则。Backing 是对 Warrant 的支持，可以把它当作另一条争议 $B = (H_2, h_2)$，其中 $H_2 = \{d\}$，$h_2 = c$，Exception（或称 rebuttal）是对争议 A 的攻击，可以把它当作又一条争议 $C = (H_3, h_3)$，其中 $H_3 = \{e\}$，$h_3 = \neg (b \wedge c \Rightarrow a)$。其辩论图如图 5.6 所示。

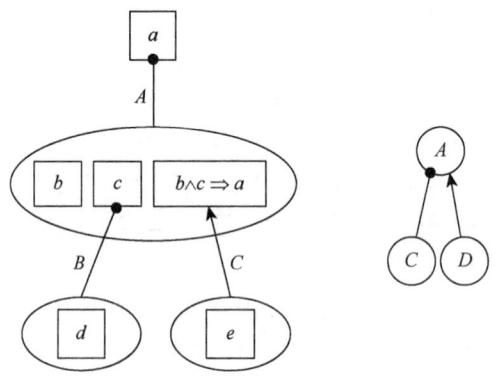

图 5.6 重建 Toulmin 模型

由图 5.6 可以得出可防卫争议集为 $\{B, C\}$，可接受陈述集为 $\{d, e, b, c\}$。可见 a 是不可接受的陈述。争议 C 是对 Toulmin 模型中的例外的表示，它的作用是削弱由 Datum 和 Warrant 得出 Claim 的力量。显然要使 a 为可接受陈述，需要另一个争议否定 e。

实例 5.2 本模型也可以用于法律辩论。下面的实例来自文献[7]，p 为原告，d 为被告。

p：

(1) 证人约翰和比尔说要约和受领已存在。(b)

(2) 约翰和比尔都是可靠证人。(c)

(3) 如果可靠证人说某事已发生，那么这事就发生了。(d)

因此，

(4) 要约和受领已存在。(e)

(5) 如果要约和受领已存在，那么合同生效。(f)

因此，

（6）合同生效。（a）

现在假定被告 d 通过提出"既然证人在其他场合说过谎，故这些证人不可靠"对原告进行攻击。

d：

（7）约翰和比尔之前说过谎。（g）

（8）如果他们之前说过谎，那他们就是不可靠证人。（h）

因此，

（9）约翰和比尔是不可靠证人。（$\neg c$）

该辩论过程的辩论图如图 5.7（a）所示，抽象辩论图如图 5.7（b）所示，对话图如图 5.7（c）所示，它只有一棵对话树。现根据定义 5.14 计算对话图的最大可防卫集：在图 5.7（c）中，C 是可防卫的，因而 A 是不可防卫的，B 也是不可防卫的。C 所支持的 $\neg c$ 是可接受的，即 c 是不可接受的，B 所支持的 e 是不可接受的，A 所支持的 a 是不可接受的。这样可接受陈述集 $S = \{f, b, d, g, h\}$，辩论结果集为 $\{\neg a\}$，即合同不能生效。

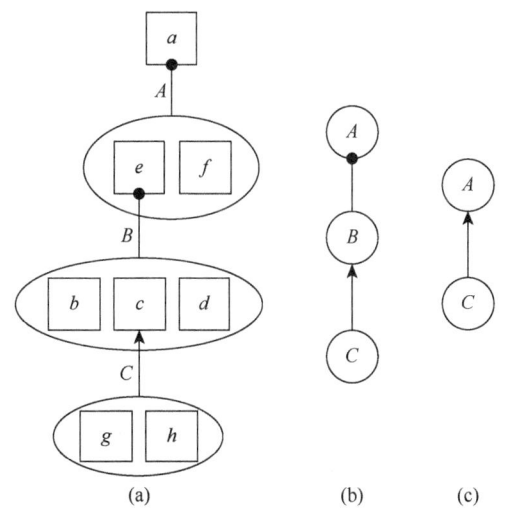

图 5.7　法律辩论建模

实例 5.3　尼克松菱形问题[4, 8]。这个问题是判断尼克松是鸽派还是鹰派。它的辩论图如图 5.8 所示。

这是一个反驳的实例，到辩论结束时，两条争议 A 和 B 都是可防卫的，因而"尼克松是鸽派"和"尼克松不是鸽派"都是可接受的，由于辩论结果存在不相容性，所以辩论结果是不可接受的。

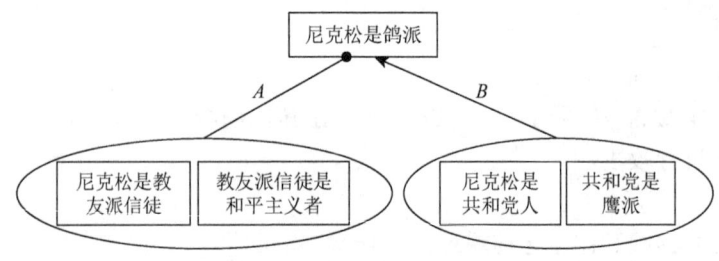

图 5.8　尼克松菱形问题建模

5.5　本章小结

本章提出了一种基于 Toulmin 模型和 Dung 的抽象辩论框架的扩展辩论模型，并提出了争议可防卫性和陈述的可接受性算法。主要工作如下。

（1）本章提出了一种扩展辩论模型，该模型用简化的 Toulmin 模型表示争议的内部结构，将争议扩展为由若干前提推出一个结论的可废止规则，并将争议之间关系扩展为攻击、支持和反驳等三种。

（2）本章提出了争议的可防卫性和陈述的可接受性算法。该方法先把辩论图中的支持节点去掉，将辩论图约简为对话图，再针对对话图确定争议的可防卫性，最后确定辩论过程中所有陈述的可接受性，从而得出辩论结果。

（3）用该模型对已有文献中的实例重新建模，结果表明该模型能够很好地表示争议内部结构和对话推演过程，并能有效地计算争议的防卫性和陈述的可接受性。

参 考 文 献

[1] Reed C, Grasso F. Recent advances in computational models of natural argument. International Journal of Intelligent Systems，2007，22（1）：1-15.

[2] 熊才权, 孙贤斌, 欧阳勇. 辩论的逻辑模型研究综述. 模式识别与人工智能，2010，23（3）：362-368.

[3] Toulmin S E. The Uses of Argument. Cambridge：Cambridge University Press，1958.

[4] Dung P M. On the acceptability of arguments and its fundamental role in nonmonotonic reasoning, logic programming and n-person games. Artificial Intelligence，1995，77（2）：321-357.

[5] Tweed C. Supporting argumentation practices in urban planing and design. Computer Environment and Urban Systems，1998，22（4）：351-363.

[6] Gordon T F, Prakken H, Walton D. The Carneades model of argument and burden of proof. Artificial Intelligence，2007，171（10）：875-896.

[7] Prakken H. On formalising burden of proof in legal argument. The 12th Conference on Legal Knowledge-based Systems JURIX, Nijmegen, 1999：85-97.

[8] Carpenter B. Skeptical and Credulous Default Unification with Applications to Templates and Inheritance. Cambridge：Cambridge University Press，1994.

第6章 基于可信度的辩论模型及争议评价算法

6.1 概　　述

Dung 的抽象辩论框架[1]将辩论系统表示为一个二元组：AF = <$\mathcal{A}$, $\mathcal{R}$>，其中 $\mathcal{A}$ 是争议集，$\mathcal{R}$ = $\mathcal{A}\times\mathcal{A}$，$\mathcal{R}\subseteq\mathcal{A}\times\mathcal{A}$ 是 $\mathcal{A}$ 上的二元关系。为了确定争议的可接受性，Dung 提出了优先扩充（preferred extension）、稳定扩充（stable extension）、完全扩充（complete extension）和基础扩充（grounded extension）等扩充语义。Dung 的抽象辩论框架把争议看作一个整体而忽视争议的内部结构，且没有表示争议之间的攻击强度，这与实际辩论存在较大差距。另外，Dung 虽然提出四种扩充语义及它们之间的关系，但没有给出求解语义扩充的方法[2, 3]。不少研究对 Dung 抽象辩论框架进行了扩展[4, 5]。文献[5]将争议扩展为 $h_1,\cdots,h_n \Rightarrow h$，其中 h_i ($i = 1$, $2, \cdots, n$)称为前提，h 称为结论。文献[6]在 Dung 的争议攻击关系基础上增加了支持关系，提出双极辩论框架。本书第 5 章提出了一种扩展辩论模型[7]，该模型用简化的 Toulmin 模型表示争议内部结构，并增加了支援和反驳关系。为了进行争议评价计算，先对辩论框架进行约简得到对话树，使该模型与 Dung 抽象辩论框架得到统一，再根据 Dung 的基础扩充语义求出对话树的可防卫争议集，最后回溯到扩展辩论框架求出可防卫争议集和可授受陈述集。文献[8]提出了一种扩展双极辩论框架增加了对争议之间的攻击和支援关系的响应，形成递归攻击和支援关系，其对辩论的刻画更加复杂。以上这些模型的一个共同特点是争议的提出者对争议的前提和争议之间的攻击或支持关系都是明确的。即争议的前提是完全可信的，争议之间关系要么是确定地支持，要么是确定地反对。

但是，在实际辩论过程中，由于知识的不确定性、不完备性，争议提出者对自己所用的前提和争议强度存在不确定性[9, 10]。因此，一个完备的辩论推理系统应该能处理前提的不确定性和争议之间攻击或支持的强度。在这方面有代表性的研究有 Amgoud 等[11]提出的基于优先序的辩论框架（preference-based argumentation framework，PAF），Bench-Capon[12]提出的基于价值的辩论框架（value based argumentation frameworks，VAF），Dunne 等[13]提出的赋权辩论框架（weighted argumentation systems，WAS），Haenni[14]提出的概率辩论系统（probabilistic argumentation systems，PAS），Tang 等[15]和 Das[16]提出的基于 Dempster-Shafer 理论的辩论模型（Dempster-Shafer based argumentation，DSA）等。这些模型用不同方式描述了辩论模型中的不确定性,其中 PAF、VAF 和 WAS 在 Dung 的抽象辩论框架基础上增加了对争议强度或争议之间的攻击强度的表示,但仍用扩充语义来表示争议的可接受性,其计算依然很复杂。PAS 和 DSA 用主观概率表示争议前提的不确定性,并通过数值计算确定争议的可接受性,但它们对辩论推演过程中层次性和树型结构刻画不充分,与 Dung 的抽象辩论框架的联系不明显。

本章提出一种基于可信度的不确定性辩论模型。其基本思想是对辩论系统从定性和定量两个方面进行刻画。定性部分主要是描述辩论推演过程;定量部分描述争议前提的可信度和争议的攻击强度,统一用可信度因子表示。在此基础上提出争议评价算法。该模型可以有效地处理不确定信息条件下辩论推理过程,其辩论算法建立在数值计算基础之上,所得出的可接受陈述集在给定可信度阈值条件下是唯一的,可以克服 Dung 的抽象辩论框架中的扩充语义的不足。

6.2 可信度方法

可信度方法是由 Shortliffe 提出的一种表示和处理不确定性推理的有效方法,简称 C-F 模型,早期在基于规则的专家系统(如医疗系统 MYCIN 系统)中得到成功应用。

定义 6.1 可信度(certainty factor,CF) 可信度是指专家根据经验对一个事物和现象判断为真的程度,它包括证据可信度和规则可信度。可信度用可信度因子表示。

可信度是一种主观经验判断,但对于某一领域的专家,他所给出的可信度可能会更接近于实际。由专家直接给出对证据、规则的可信度,再通过可信度的传递和合成来进行不确定性推理,可以避免对先验概率或条件概率的要求。不同系统对可信度的量化方法不同,主要有语言法(如绝对确定、可能、不确定、不太可能、绝对不可能等)和数字尺度(如 0~10,–1~0,或 –1~1 等)。

定义 6.2 证据可信度(certainty factor of evidence) 设 E 为证据(evidence),则 $CF(E)$ 为证据 E 的可信度因子,其取值范围为 $[-1, 1]$,即 $-1 \leq CF(E) \leq 1$。

证据分初始证据和间接证据。初始证据的可信度由专家给出。若对它的所有观察都能肯定为真,则 $CF(E) = 1$;若能肯定为假,则 $CF(E) = -1$;若它以某种程度为真,则 $0 < CF(E) < 1$;若它以某种程度为假,则 $-1 < CF(E) < 0$;若不能确定其真假,则置 $CF(E) = 0$。间接证据是指当前推理的证据是上一次推理的结论,则其可信度由上次证据的可信度通过不确定性传递而计算出来。

当证据 E 是多个单一证据的合取时,即 $E = E_1 \wedge \cdots \wedge E_n$,则 $CF(E) = \min\{CF(E_1), \cdots, CF(E_n)\}$,即取单一证据可信度的最小值。当证据 E 是多个单一证

据的析取时，即 $E = E_1 \vee \cdots \vee E_n$，则 $\mathrm{CF}(E) = \max\{\mathrm{CF}(E_1),\cdots,\mathrm{CF}(E_n)\}$，即取单一证据可信度的最大值。

定义 6.3 规则可信度（certainty factor of rule） 设有规则 IF E THEN H，其中，E 是规则前件，也称为证据，H 是结论，则规则的可信度表示为 $\mathrm{CF}(H, E)$，其取值范围为[−1, 1]。$\mathrm{CF}(H, E)$越大，表明 E 越支持结论 H 为真。$\mathrm{CF}(H, E) = 1$ 时表示由证据一定可以推出结论；$\mathrm{CF}(H, E) = 0$ 时表示缺乏证据的情况；$\mathrm{CF}(H, E) < 0$ 时表示证据的出现有利于否定结论。

定义 6.4 结论可信度（certainty factor of conclusion） 设有规则 IF E THEN H，其中，E 是证据，H 是结论，则结论可信度

$$\mathrm{CF}(H) = \mathrm{CF}(H, E) \times \max\{0, \mathrm{CF}(E)\} \tag{6.1}$$

当证据确定为真时，即 $\mathrm{CF}(E) = 1$ 时，有 $\mathrm{CF}(H) = \mathrm{CF}(H, E)$，说明当证据存在且为真时，则结论的可信度与 $\mathrm{CF}(H, E)$ 的可信度相同；当证据以某种程度为假时，即 $\mathrm{CF}(E) < 0$ 时，有 $\mathrm{CF}(H) = 0$，说明该模型没有考虑证据为假时对结论 H 的可信度所产生的影响。

定义 6.5 可信度合成（combining of certainty factor） 设有规则：

IF E_1 THEN $H(\mathrm{CF}(H, E_1))$
IF E_2 THEN $H(\mathrm{CF}(H, E_2))$

则结论 H 的综合可信度因子可由如下的组合公式计算：

$$\mathrm{CF}_{1,2}(H) = \begin{cases} \mathrm{CF}_1(H) + \mathrm{CF}_2(H) - \mathrm{CF}_1(H)\mathrm{CF}_2(H), & (\mathrm{CF}_1(H) \geq 0 \ \& \ \mathrm{CF}_2(H) \geq 0) \\ \mathrm{CF}_1(H) + \mathrm{CF}_2(H) + \mathrm{CF}_1(H)\mathrm{CF}_2(H), & (\mathrm{CF}_1(H) \leq 0 \ \& \ \mathrm{CF}_2(H) \leq 0) \\ \dfrac{\mathrm{CF}_1(H) + \mathrm{CF}_2(H)}{1 - \min\{|\mathrm{CF}_1(H)|, |\mathrm{CF}_2(H)|\}}, & ((\mathrm{CF}_1(H) > 0 \ \& \ \mathrm{CF}_2(H) < 0) \| (\mathrm{CF}_1(H) < 0 \ \& \ \mathrm{CF}_2(H) > 0)) \end{cases}$$

(6.2)

这种组合方法能保证 $\mathrm{CF}_{1,2}(H)$ 的值在区间[−1, 1]内。

6.3 基于可信度的辩论模型

6.3.1 基本辩论框架

在引入可信度方法之前，先介绍基本辩论框架。该框架建立在 Dung 的抽象辩论框架基础之上，但对其进行了扩展[7]。基本辩论框架主要描述争议内部结构以及争议之间的攻击关系，它没有考虑争议之间的支持和反驳关系，基于可信度的辩论框架将对争议的不确定性和争议之间的攻击强度统一用可信度因子表示，使攻击、支持和反驳关系统一于量值。争议可分解为前提和结论两个部分，前提和结论统称为陈述，争议之间的关系统一用对话表示。

定义 6.6 陈述（statement） 陈述是争议的基本组成单位，如果陈述是对事物的肯定性表述则称为原子陈述，如果陈述是形如 $h_1,\cdots,h_n \Rightarrow h$ 表达式，其中 h_i（$1 \leqslant i \leqslant n$）和 h 也是陈述，$\Rightarrow$ 表示推理出，则称为规则（rule）。

定义 6.7 陈述一致性（consistency of two statements） 如果两个陈述 h_i、h_j（$i \neq j$）所表述的内容在逻辑上是一致的，则记为 $h_i \equiv h_j$；如果它们所表述的内容在逻辑上是相反的，则记为 $h_i \equiv \neg h_j$。

定义 6.8 语言（language） 所有陈述的集合称为语言，记为 $\mathcal{L}$。

定义 6.9 无冲突陈述集（conflict-free subset of language） 设有一个陈述子集 $S \subseteq \mathcal{L}$，如果 $\nexists\, h_i$、$h_j \in S$，$h_i \equiv \neg h_j$，则称 S 是相容的，否则称 S 是不相容的。

定义 6.10 争议（argument） 争议是一个二元组 $A = (H, h)$，其中 $h \in \mathcal{L}$ 是一个陈述，$\mathcal{H} = \{h_1,\cdots,h_n\}$，且满足：①$H$ 是相容的；②逻辑上 H 推理出 h，记为 $H \Rightarrow h$；③$\mathcal{H}$ 是最小的，即没有 $\{h_1,\cdots,h_n\}$ 的真子集满足①和②。$\{h_1,\cdots,h_n\}$ 等称为争议的前提（premise），记为 $Pre(A) = \{h_1,\cdots,h_n\}$，即 $h_i \in Pre(A)$（$1 \leqslant i \leqslant n$）；$h$ 称为争议的结论（conclusion），记为 $Con(A) = h$。所有争议的集合记为 $\mathcal{A}$。

定义 6.11 对话（dialogue） 如果一个争议 B 的结论是另一个争议 A 的一个前提，即 $Con(B) \in Pre(A)$，则称为争议 B 对争议 A 的对话，记为 $<B, A>$，其中 $Pre(B)$ 称为对话前件，$Con(B)$ 称为对话后件。所有对话的集合记为 $\mathcal{D}$。

定义 6.12 基本辩论框架（argumentation framework） 基本辩论框架是一个三元组 $AF = (\mathcal{L}, \mathcal{A}, \mathcal{D})$，其中 $\mathcal{L}$ 是陈述集，$\mathcal{A}$ 是争议集，$\mathcal{D}$ 是对话集。

定义 6.13 首争议与尾争议（head and rear） 对于辩论框架 $AF = (\mathcal{L}, \mathcal{A}, \mathcal{D})$ 的一个争议 A，如果 $\nexists\, B \in \mathcal{A}$，$<A, B> \in \mathcal{D}$，即 A 不对任何其他争议进行响应，则称 A 为首争议（head）；如果 $\nexists\, B \in \mathcal{A}$，$<B, A> \in \mathcal{D}$，即 A 不被任何其他争议响应，则称 A 为尾争议（rear）。

例 6.1 设有一基本辩论框架有如下争议：$A = (\{a, b\}, c)$，$B = (\{d, d \Rightarrow \neg c\}, a)$，$C = (\{e \Rightarrow j\}, a)$，$D = (\{f\}, b)$，$E = (\{g, h\}, d))$，$F = (\{e, b \Rightarrow \neg h\}, e \Rightarrow j)$，则该辩论框架中陈述集 $\mathcal{L} = \{a, b, c, d, d \Rightarrow \neg c, e \Rightarrow j, f, g, h, e, b \Rightarrow \neg h\}$，争议集 $\mathcal{A} = \{A, B, C, D, E, F\}$，对话集 $\mathcal{D} = \{<B, A>, <C, A>, <D, A>, <E, B>, <F, C>\}$。图 6.1 描述了本例的辩论过程。

6.3.2 争议可信度表示

对辩论建模的目的是确定争议的可防卫性和陈述的可接受性。Dung 的抽象辩论框架及其相关研究通过定义一些语义扩充（如优先扩充、基础扩充、稳定扩充、完全扩充等）来求可防卫争议集，但语义扩充求解大多是 NP 完全问题[7]，因而在

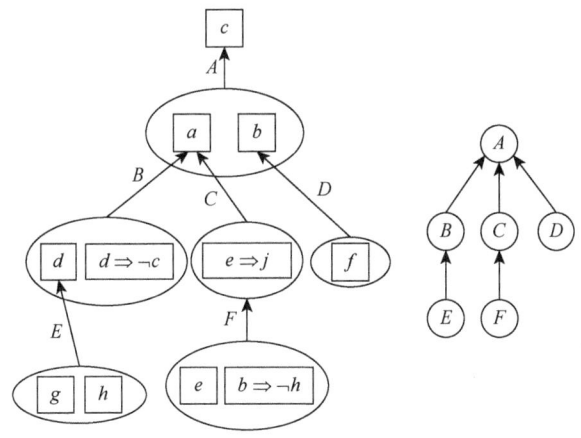

图 6.1 基本辩论框架实例

实际应用中存在较大的局限性。如果对争议前提及争议之间的攻击强度进行量化，可以将抽象辩论框架中的集合运算转化为数值计算。

可信度因子是对专家信念不确定性的自然合理的建模。考虑到专家对不同的初始陈述和争议攻击强度有不同的把握度，我们引入可信度模型，并通过设置可信度阈值确定可接受陈述集。

定义 6.14 陈述可信度（certainty factor of statement） 陈述 h 的可信度记为 $CF(h)$，若 h 肯定为真，则 $CF(h) = 1$；若 h 肯定为假，则 $CF(h) = 0$；若它以某种程度为真，则 $0 \leqslant CF(h) \leqslant 1$。

陈述可信度对应可信度方法中的证据可信度，但与证据可信度略有不同。通常专家不会使用可信度为假的证据作为争议的前提，因此我们假定所有陈述的可信度均为正值，这将为以后的争议评价算法设计带来方便。

陈述初始可信度由专家直接设定，它取决于专家的主观经验判断。在辩论过程中，陈述可能会遭到其他争议的响应（支持或反对），从而使其可信度发生改变。

定义 6.15 前提可信度（certainty factor of premise） 争议 $A = (H, h)$ 前提可信度记为 $CF(H)$，若 $H = \{h_1, \cdots, h_n\}$，则争议前提可信度取 H 中陈述可信度的最小值，即 $CF(H) = \min\{CF(h_1), \cdots, CF(h_n)\}$。

定义 6.16 争议可信度（certainty factor of argument） 争议 $A = (H, h)$ 的可信度是指争议前提 H 支持争议结论 h 的强度，记为 $CF(A)$ 或 $CF(h, H)$。

$CF(A)$ 的取值范围为 $[-1, 1]$。当 $-1 \leqslant CF(A) < 0$ 时，前提的出现有利于降低结论的可信度，特别地，当 $CF(A) = -1$，$CF(H) = 1$ 时，$CF(h)$ 降低至 0。当 $0 < CF(A) \leqslant 1$ 时，前提的出现有利于提高结论的可信度，特别地，当 $CF(A) = 1$，$CF(H) = 1$ 时，$CF(h)$ 升高到 1。当 $CF(A) = 0$ 时，前提的出现对结论的可信度没有影响。

考虑了争议可信度后,争议 $A=(H,h)$ 可以表示为 $H \xrightarrow{CF(h,H)} h$。

争议可信度由专家在给出争议时直接设定,它取决于专家的主观经验判断。争议可信度一旦给定,在研讨的过程中不再改变。

定义 6.17 基于可信度的辩论模型(certainty-factor based argumentation framework) 基于可信度的辩论模型是一个五元组($\mathcal{L}, \mathcal{A}, \mathcal{D}, CP, CA$),其中 $\mathcal{L}$ 是陈述集,$\mathcal{A}$ 是争议集,$\mathcal{D}$ 是对话集。$CP: \mathcal{L} \to R_L$ 是给争议前提赋予可信度的函数,$CA: \mathcal{A} \to R_A$ 是给争议赋予争议攻击强度的函数,R_L 的值域为[0, 1],R_A 的值域为[−1, 1]。

6.4 基于可信度的争议评价算法

在实际研讨过程中,专家给出争议时不仅要设定前提和结论,而且还要设定前提中每个陈述的可信度 $\{CF(h_1), \cdots, CF(h_n)\}$ 和争议可信度 $CF(h, H)$。争议结论的可信度依赖于其前提可信度和争议可信度。随着研讨的进行,争议前提可信度会受到其他争议的响应而发生变化,从而使争议结论可信度发生变化。争议评价算法就是计算辩论中作为争议前提和结论的各陈述的可信度。

6.4.1 争议结论可信度计算

1. 首争议的结论的可信度计算

定理 6.1 设有争议 $A=(H,h)$ 为首争议,即 h 不属于任何争议的前提,则其结论 h 的可信度为

$$CF(h) = CF(h, H)CF(H) \tag{6.3}$$

证明 根据定义 6.14,争议 $A=(H,h)$ 的前提 $H=\{h_1, \cdots, h_n\}$ 的各陈述可信度满足:$0 \leqslant CF(h_i) \leqslant 1$,$1 \leqslant i \leqslant n$。根据定义 6.15 有 $0 \leqslant CF(H) \leqslant 1$。再根据定义 6.4 有 $CF(h) = CF(h, H) \times \max\{0, CF(H)\} = CF(h, H)CF(H)$。证毕。

当争议所有前提确定为真时,即 $CF(H)=1$ 时,有 $CF(h)=CF(h,H)$,即争议结论的可信度与争议可信度相同;当 $CF(H)=0$ 时,有 $CF(h)=0$,即结论为假;当 $CF(h,H)=1$ 时,$CF(h)=CF(H)$,即结论 h 的可信度与前提 H 的可信度相同。

2. 非首争议的结论的可信度计算

如果争议 $A=(H,h)$ 不是首争议,即 h 是某个争议 B 的一个前提,由于 h 作为争议 B 的前提已经在之前设定了可信度(设为 $CF(h)^0$),则争议 A 的目的是修改 h 的可信度,因此,h 的可信度应是 $CF(h)^0$ 与 $CF(h,H)CF(H)$ 的合成。

定理6.2 设有争议 $A = (H, h)$，h 为争议 B 的一个前提，其初始可信度为 $CF(h)^0$，则 h 受到 A 响应后其可信度为

$$CF(h) = \begin{cases} CF(h)^0 + (1-CF(h)^0)CF(h,H)CF(H), & 0 < CF(h,H) \leq 1 \\ CF(h)^0, & CF(h,H) = 0 \\ CF(h)^0(1 + CF(h,H)CF(H)), & -1 \leq CF(h,H) < 0 \end{cases} \quad (6.4)$$

且 $CF(h)$ 的取值在 $[0, 1]$ 内，满足陈述可信度规定的一致性。

证明 先证明分段计算争议结论可信度的正确性。

（1）如果 $0 < CF(h, H) \leq 1$，则

①当 $CF(H)$ 不变时，$CF(h)$ 随 $CF(h,H)$ 线性增大，如图6.2（a）所示。图中直线斜率 k 随 $CF(H)$ 线性增大，当 $CF(H) = 1$ 时，k 达到最大值 $k = (1-CF(h)^0)$。此时，若 $CF(h, H) = 1$，则 $CF(h)$ 达到最大值1。当 $CF(H) = 0$ 时，不管 $CF(h, H)$ 为多少，都不能改变 h 的可信度，即 $CF(h) = CF(h)^0$，此时，$k = 0$。可见，$k = (1-CF(h)^0)CF(H)$。于是有

$$CF(h) = CF(h)^0 + kCF(h, H) = CF(h)^0 + (1-CF(h)^0)CF(h, H)CF(H)$$

②当 $CF(h, H)$ 不变时，$CF(h)$ 随 $CF(H)$ 线性增大，如图6.2（b）所示。图中直线斜率 k 随 $CF(h, H)$ 线性增大，$k = (1-CF(h)^0)CF(h, H)$。于是有

$$CF(h) = CF(h)^0 + kCF(h, H) = CF(h)^0 + (1-CF(h)^0)CF(h, H)CF(H)$$

可见，式（6.4）的第1项成立。

（2）如果 $-1 \leq CF(h, H) < 0$，则

①当 $CF(H)$ 不变时，$CF(h)$ 随 $CF(h, H)$ 的绝对值线性减小，如图6.3（a）所示。图中直线斜率随 $CF(H)$ 线性增大，当 $CF(H) = 1$ 时，直线斜率达到最大值 $k = CF(h)^0$。此时，若 $CF(h, H) = -1$，则 $CF(h)$ 达到最小值0。当 $CF(H) = 0$ 时，不管 $CF(h, H)$ 为多少，都不能改变 h 的可信度，即 $CF(h) = CF(h)^0$，此时，直线的斜率为 $k = 0$。可见，$k = CF(h)^0 CF(H)$。于是有

$$CF(h) = CF(h)^0 + kCF(h, H) = CF(h)^0 + CF(h)^0 CF(h, H)CF(h) = CF(h)^0(1 + CF(h, H)CF(H))$$

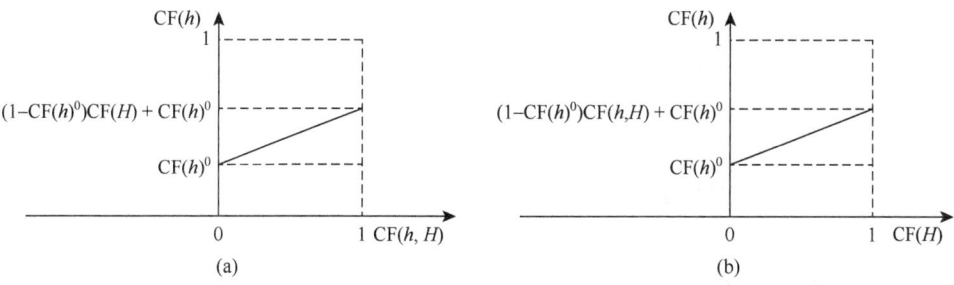

图 6.2　$CF(h)$ 变化曲线（当 $0 < CF(h, H) \leq 1$ 时）

②当 CF(h, H)不变时，CF(h)随 CF(H)线性减小，如图 6.3（b）所示。图中直线斜率 k 随 CF(h, H)线性增大，$k = $CF($h$)^{0}CF($h, H$)。于是有

CF(h) = CF(h)^0 + kCF(H) = CF(h)^0 + CF(h)^{0}CF(h, H)CF(H) = CF(h)^0(1 + CF(h, H)CF(H))

可见，式（6.4）的第 3 项成立。

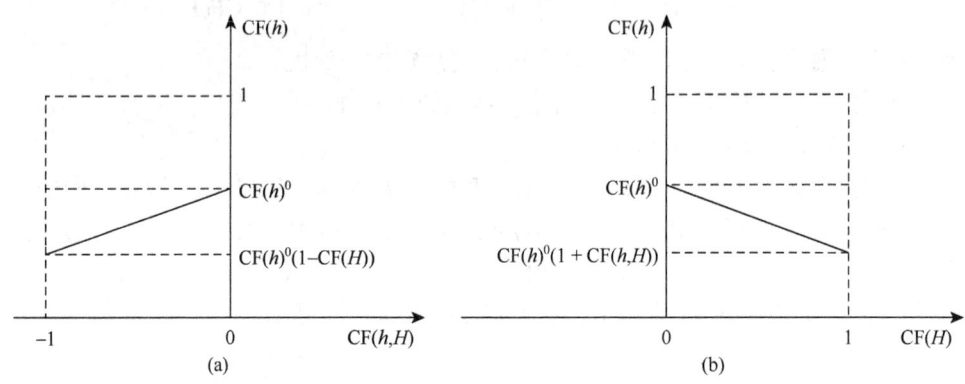

图 6.3　CF(h)变化曲线（当 $-1 \leqslant$ CF(h, H) < 0 时）

（3）如果 CF(h, H) = 0，则争议 A 虽然对争议 B 有响应，但不会改变 h 的可信度，即 CF(h) = CF(h)^0。可见，式（6.4）的第 2 项成立。

再证明 CF(h)的取值在[0, 1]内。

针对式（6.4）的第 1 项：

∵ 0 < CF(h, H) $\leqslant$ 1，0 $\leqslant$ CF(h) $\leqslant$ 1，

∴ 0 $\leqslant$ CF(h, H)CF(h) $\leqslant$ 1，

∴ 0 $\leqslant$ (1−CF(h)^0)CF(h, H)CF(h) $\leqslant$ 1−CF(h)^0，

∴ CF(h)^0 $\leqslant$ CF(h)^0 + (1−CF(h)^0)CF(h, H)CF(h) $\leqslant$ 1，即 CF(h)^0 $\leqslant$ CF(h) $\leqslant$ 1。

针对式（6.4）的第 2 项，有 CF(h)= CF(h)^0。

针对式（6.4）的第 3 项：

∵ −1 $\leqslant$ CF(h, H) < 0，0 $\leqslant$ CF(h) $\leqslant$ 1，

∴ −1 $\leqslant$ CF(h, H)CF(h) $\leqslant$ 0，

∴ 0 $\leqslant$ 1 + CF(h, H)CF(h) $\leqslant$ 1，

∴ 0 $\leqslant$ CF(h)^0(1 + CF(h, H)CF(h)) $\leqslant$ CF(h)^0，即 0 $\leqslant$ CF(h) $\leqslant$ CF(h)^0。

∵ 0 $\leqslant$ CF(h)^0 $\leqslant$ 1，

∴ 以上 3 种情况都满足 0 $\leqslant$ CF(h) $\leqslant$ 1，这与定义 6.14 的规定是一致的。证毕。

6.4.2　可信度合成

如果一个争议的某个前提受到多个争议的响应，则需要进行可信度的合成。

先考虑两个争议的情况。设有争议 $A^1=(H^1,h)$ 和 $A^2=(H^2,h)$，h 是争议 B 的一个前提，即争议 A^1 和 A^2 同时对争议 B 的前提 h 做出响应，设 h 的初始可信度为 $CF(h)^0$。可信度合成可采用以下步骤。

第 1 步：按式（6.4）分别求出争议 A^1 对 h 的可信度的更新值 $CF(h)^1$ 和争议 A^2 对 h 的可信度的更新值 $CF(h)^2$。

第 2 步：对 $CF(h)^1$ 和 $CF(h)^2$ 进行合成。可按式（6.2）中的第 1 项进行合成，因为 $CF(h)^1$ 和 $CF(h)^2$ 的值均大于等于 0，即有

$$CF(h)=CF(h)^1+CF(h)^2-CF(h)^1 CF(h)^2 \quad (6.5)$$

定理 6.3 由式（6.5）求得的可信度取值范围为[0, 1]，能保证陈述可信度计算的一致性。

证明 由定理 6.2 可知，$0 \leqslant CF(h)^1 \leqslant 1$，$0 \leqslant CF(h)^2 \leqslant 1$，

$\therefore 0 \leqslant 1-CF(h)^1 \leqslant 1$，$0 \leqslant 1-CF(h)^2 \leqslant 1$，

$\therefore 0 \leqslant (1-CF(h)^1)(1-CF(h)^2) \leqslant 1$，

$\therefore 0 \leqslant 1-(1-CF(h)^1)(1-CF(h)^2) \leqslant 1$，

$\therefore 0 \leqslant CF(h)^1+CF(h)^2-CF(h)^1 CF(h)^2 \leqslant 1$。证毕。

按式（6.5）可以计算一个争议的某个前提受到多个争议响应的情况下的可信度合成。

6.4.3 可信度传递

可信度计算具有传递性。例如，如果存在对话(A^2, A^1)，则争议 A^2 会改变争议 A^1 的某个前提的可信度，从而改变争议 A^1 的结论的可信度。随着协商研讨的进行，如果又有对话(A^3, A^2)，争议 A^3 又会改变争议 A^2 的某个前提的可信度，进而改变争议 A^2 的结论的可信度（即争议 A^1 的某个前提的可信度），最后改变争议 A^1 的结论的可信度。可见，当每增加一个新的争议时，从该争议到首争议的分支上对应的陈述的可信度都要发生改变。可信度传递算法如算法 6.1 所示。

算法 6.1 可信度传递算法。

```
Argument_Create(·)//产生争议节点
{
    While（辩论没有结束）{
        产生一个新的争议节点 P；
        置 P 的前提集 H^P = {h_1^P,…,h_n^P}；
        置 P 的各前提的初始可信度：CF(h_1^P)^0,…,CF(h_n^P)^0；
        定义数组 CF(h_i^P) [1…MAXSIZE]；
        // CF(h_i^P)[k]保存前提 h_i^P 的第 k 个子树针对 h_i^P 的可信度，
```

$1 \leq i \leq n$，$1 \leq k \leq \text{MAXSIZE}$

置 P 的各前提的子树标签初始值：$f_1^P = 0, \cdots, f_n^P = 0$；

// f_i^P 的值为数组 $\text{CF}(h_i^P)[\cdot]$ 的下标的最大值，$1 \leq i \leq n$

置 $\text{CF}(h_1^P) = \text{CF}(h_1^P)^0, \cdots, \text{CF}(h_n^P) = \text{CF}(h_n^P)^0$；// $\text{CF}(h_i^P)$ 保存前提 h_i^P 的当前可信度

设置 P 的可信度 $\text{CF}(P)$；

IF（P 是首争议）

    置 P 的结论为 C^P；

ELSE

    从已有争议中选择一个争议 Q 的某个前提 h_j^Q 作为 P 的结论；

    // 设 $Q = (\{h_1^Q, \cdots, h_m^Q\}, C^Q)$，$j = 1, \cdots, m$

    置 P 的标签为 $++f_j^Q$； // f_j^Q 是数组 $\text{CF}(h_i^Q)[\cdot]$ 的下标

    $\text{CF}(h_j^Q).\text{MAXSIZE} = f_j^Q$； // $\text{CF}(h_j^Q).\text{MAXSIZE}$ 保存数组 $\text{CF}(h_i^Q)[\cdot]$ 的下标最大值

ENDIF

Certainty-factor_revision(P);   // 调用修改争议节点可信度的函数

  }ENDWHILE

}

Certainty-factor_revision(节点 P)   // 可信度更新

{

    计算 P 的前提可信度：$\text{CF}(H^P) = \min\{\text{CF}(h_1^P), \cdots, \text{CF}(h_n^P)\}$；

    IF（P 是首争议）

        计算 P 的结论 C^P 的可信度：$\text{CF}(C^P) = \text{CF}(P) \times \text{CF}(H^P)$；

    ELSE

        读取 P 的结论 h_j^Q 的初始可信度 $\text{CF}(h_j^Q)^0$；// P 的结论是 P 的父节点 Q 的某个前提 h_i^Q

        读取 P 的标签 f_j^Q；

        读取 P 的可信度 $\text{CF}(P)$；

        IF（$0 < \text{CF}(P) \leq 1$）

            $\text{CF}(h_j^Q)[f_j^Q] = \text{CF}(h_i^Q)^0 + (1 - \text{CF}(h_j^Q)^0)\text{CF}(P)\text{CF}(H^P)$；

        ELSE

            $\text{CF}(h_j^Q)[f_j^Q] = \text{CF}(h_i^Q)^0(1 + \text{CF}(P)\text{CF}(H^P))$；

ENDIF
  for（$k = 2$；$k<=$CF(h_j^Q).MAXSIZE；$k++$）
   CF(h_j^Q)[1] = CF(h_j^Q)[1] + CF(h_j^Q)[k] − CF(h_j^Q)[1]CF(h_j^Q)[k]；
    //多分枝可信度合成
  CF(h_j^Q) = CF(h_j^Q)[1]； //重置 h_j^Q 的当前可信度
  Certainty-factor_revision(Q)； //递归调用可信度更新函数
ENDIF
}

  算法由两个函数组成：产生争议节点的函数 Argument_Create(·)和可信度更新函数 Certainty-factor_revision(·)。Argument_Create(·)的主要任务是产生一个新的争议节点，并对该争议的有关参数进行设置，包括争议前提、结论以及各前提的可信度和争议本身的可信度。如果该争议是首争议，则只需要给出一个前提，它就是一个方案，其结论为问题（ISSUE）本身；如果该争议不是首争议，则需要选择一个现有争议的某个前提作为该争议的结论。然后调用函数 Certainty-factor_revision(·)完成从该争议到首争议路径上的陈述的可信度的更新。Certainty-factor_revision(·)是一个递归函数，递归出口是首争议。在辩论过程中，每增加一个争议节点都要递归调用这个函数。可见，只要辩论没有结束，对话树中的所有陈述的可信度都有可能发生改变，这体现了辩论推理的可废止性。另外，如果一个陈述受到多个争议的响应，则其可信度值应该为多个可信度更新值的合成。

  算法的时间复杂度分析：Certainty-factor_revision(·)是一个递归函数，其递归次数为从首争议节点到该节点的分支数。Certainty-factor_revision(·)每次运行的时间频次取决于响应陈述的争议分支数。因此，整个算法的时间复杂度为 $O(mn)$，其中，m 为陈述的分支数，n 为对话树的深度。

  辩论结束时，辩论系统中的每个陈述都有一个确定的可信度值，其值域为[0, 1]。陈述的可信度越大，其可接受性就越大。

  定义 6.18 陈述的可接受性（acceptability of statements） 如果一个陈述的可信度超过了所设定的阈值，则该陈述就是可接受的。所有可接受陈述组成的集合称为研讨结果（result of argumentation）。

6.4.4 一致性与可行性分析

  基于可信度的协商研讨模型将可信度理论引入研讨建模中，能表示不确定信息条件下的辩论推理过程，是对实际协商研讨过程的合理建模。

  CFA 建立在可信度理论基础之上，但将争议前提可信度的域值区间由原来的

[−1, 1]修改为[0, 1]，既可运用式（6.1）计算争议结论的可信度，又可保证可信度传递的合理性和一致性。首先，将争议前提中的证据可信度限定为[0, 1]是合理的，因为专家一般不会用可信度为假的证据作为自己争议的前提，且[0, 1]仍可表示证据的不确定性；其次，如果将争议前提中的证据可信度限定为[−1, 1]，按式（6.1）计算的争议结论的可信度将全部为 0，不能反映争议前提可信度为假时对结论可信度的影响程度。而将争议证据可信度限定为[0, 1]能保证可信度合成和可信度传递中可信度计算的一致性，如定理 6.2 和定理 6.3 中的证明。

CFA 的争议评价算法建立在可信度合成的基础之上，而不是简单的可信度替换，这体现了意见综合和集成，适合于对协商式辩论的建模。可信度合成体现在两个方面：一是非首争议结论的可信度的计算，其可信度融合了该陈述作为另一个争议前提时的初始可信度，如式（6.4）所示；二是当一个陈述受到多个争议响应时，其最终的可信度是多个争议的结论可信度的合成，如式（6.5）所示。

因此，CFA 中的争议评价算法是可行的，且满足可信度计算的一致性。

6.5 实例分析

下面用一个例子来说明该模型的应用。假设群体就某一主题展开辩论，所产生的争议及其可信度设置见表 6.1。

表 6.1 争议及其前提可信度设置

争议	争议前提集	争议结论	争议可信度	争议前提初始可信度
A^1	$\{h_1^1, h_2^1\}$	h	0.9	$CF(h_1^1)^0 = 0.8, CF(h_2^1)^0 = 0.9$
A^2	$\{h_1^2, h_2^2, h_3^2\}$	h_1^1	0.9	$CF(h_1^2)^0 = 0.8, CF(h_2^2)^0 = 0.9, CF(h_3^2)^0 = 0.7$
A^3	$\{h_1^3, h_2^3\}$	h_2^2	0.7	$CF(h_1^3)^0 = 0.6, CF(h_2^3)^0 = 0.8$
A^4	$\{h_1^4\}$	h_1^1	0.8	$CF(h_1^4)^0 = 0.6$
A^5	$\{h_1^5, h_2^5\}$	h_2^1	0.8	$CF(h_1^5)^0 = 0.7, CF(h_2^5)^0 = 0.6$

首先（时间节点 1）产生第 1 个争议 $A^1 = (\{h_1^1, h_2^1\}, h)$，设置 $CF(h_1^1)^0 = 0.8$，$CF(h_2^1)^0 = 0.9$，$CF(A^1) = 0.9$，此时，

$$CF(h) = CF(A^1) \times (\min\{CF(h_1^1), CF(h_2^1)\}) = 0.9 \times 0.8 = 0.72。$$

此后（时间流水号 2）产生第 2 个争议 $A^2 = (\{h_1^2, h_2^2, h_3^2\}, h_1^1)$，设置 $CF(h_1^2)^0 = 0.8, CF(h_2^2)^0 = 0.9, CF(h_3^2)^0 = 0.7, CF(A^2) = -0.9$。

由于 $h_1^1 \in \text{Pre}(A^1)$，且 $CF(A^2)$是负值，所以 A^2 是对 A^1 的反对。调用可信度传递算法：

$$\mathrm{CF}(h_1^1)[1] = \mathrm{CF}(h_1^1)^0(1 + (\min\{\mathrm{CF}(h_1^2), \mathrm{CF}(h_2^2), \mathrm{CF}(h_3^2)\}) \times \mathrm{CF}(A_2))$$
$$= 0.8 \times (1 + 0.7 \times (-0.9)) = 0.296$$

然后，将 $\mathrm{CF}(h_1^1)[1]$ 保存到 $\mathrm{CF}(h_1^1)$ 中。由于 A^1 的前提的可信度被更新，所以对 A^1 的结论的可信度要重新计算，其值为 0.2664。可见，A^2 产生后，h 的可信度得以下降。但争议 A^3 产生后，A^3 的可信度也为负值，降低了争议 A^2 的前提可信度，进而降低了争议 A^2 对 A^1 反对强度，最终使争议 A^1 的结论 h 的可信度上升为 0.3817。争议 A^4 产生后，A^2, A^4 两个争议同时对 h_1^1 响应，因此，h_1^1 的当前可信度应为 $\mathrm{CF}(h_1^1)[1]$ 与 $\mathrm{CF}(h_1^1)[2]$ 的合成，其值为 0.8904，使 A^1 的前提可信度得以提高，进而又使 h 的可信度上升为 0.8013。争议 A^5 直接作用于 A^1 的前提 h_2^1，使 h_2^1 的可信度下降，进而又使 h 的可信度下降为 0.4212。各陈述可信度的计算过程如表 6.2 所示，不同时间节点各陈述的可信度的值如表 6.3 所示。

表 6.2 可信度的计算过程

时间点	调用算法	陈述当前可信度值
1.1	Argument_Create（A^1）	$\mathrm{CF}(h_1^1) = 0.8, \mathrm{CF}(h_2^1) = 0.9; \mathrm{Con}(A^1) = h$
1.2	Certainty-factor_revision（A^1）	$\mathrm{CF}(H^1) = 0.8; \mathrm{CF}(h) = 0.72$（得到结论 h 的可信度）
2.1	Argument_Create（A^2）	$\mathrm{CF}(h_1^2) = 0.8, \mathrm{CF}(h_2^2) = 0.9, \mathrm{CF}(h_3^2) = 0.7;$ $\mathrm{Con}(A^2) = h_1^1; f_1^1 = 1$
2.2	Certainty-factor_revision（A^2）	$\mathrm{CF}(H^2) = 0.7; \mathrm{CF}(h_1^1)[1] = 0.296$ $\mathrm{CF}(h_1^1) = 0.296$（$h_1^1$ 可信度被修改）
2.3	Certainty-factor_revision（A^1）	$\mathrm{CF}(H^1) = 0.296$（A^1 前提可信度被修改） $\mathrm{CF}(h) = 0.2664$（A^1 结论可信度第一次被修改）
3.1	Argument_Create（A^3）	$\mathrm{CF}(h_1^3) = 0.6, \mathrm{CF}(h_2^3) = 0.8; \mathrm{Con}(A^3) = h_2^2; f_2^2 = 1$
3.2	Certainty-factor_revision（A^3）	$\mathrm{CF}(H^3) = 0.6; \mathrm{CF}(h_2^2)[1] = 0.552$ $\mathrm{CF}(h_2^2) = 0.552$（$h_2^2$ 可信度被修改）
3.3	Certainty-factor_revision（A^2）	$\mathrm{CF}(H^2) = 0.552; \mathrm{CF}(h_1^1)[1] = 0.4242$ $\mathrm{CF}(h_1^1) = 0.4242$（$h_1^1$ 可信度再次被修改）
3.4	Certainty-factor_revision（A^1）	$\mathrm{CF}(H^1) = 0.4242$（$A^1$ 前提可信度再次被修改） $\mathrm{CF}(h) = 0.3817$（A^1 结论可信度第二次被修改）
4.1	Argument_Create（A^4）	$\mathrm{CF}(h_1^4) = 0.6; \mathrm{Con}(A^4) = h_1^1; f_1^1 = 2$
4.2	Certainty-factor_revision（A^4）	$\mathrm{CF}(H^4) = 0.6; \mathrm{CF}(h_1^1)[2] = 0.8096$ $\mathrm{CF}(h_1^1) = 0.8904$（$\mathrm{CF}(h_1^1)[1]$ 与 $\mathrm{CF}(h_1^1)[2]$ 合成）
4.3	Certainty-factor_revision（A^1）	$\mathrm{CF}(H^1) = 0.8904$（$A^1$ 前提可信度再次被修改） $\mathrm{CF}(h) = 0.8013$（A^1 结论可信度第三次被修改）
5.1	Argument_Create（A^5）	$\mathrm{CF}(h_1^5) = 0.7, \mathrm{CF}(h_2^5) = 0.6; \mathrm{Con}(A^5) = h_2^1; f_2^1 = 1$

续表

时间点	调用算法	陈述当前可信度值
5.2	Certainty-factor_revision（A^5）	$CF(H^5) = 0.6$; $CF(h_2^1)[1] = 0.468$ $CF(h_2^1) = 0.468$ （h_1^1 可信度被修改）
5.3	Certainty-factor_revision（A^1）	$CF(H^1) = 0.468$（A^1 前提可信度被修改） $CF(h) = 0.4212$（A^1 结论可信度第四次被修改）

表 6.3 不同时间节点各陈述的可信度的值

时间点	h	h_1^1	h_2^1	h_1^2	h_2^2	h_3^2	h_1^3	h_2^3	h_1^4	h_1^5	h_2^5
1	*0.72*	*0.8*	*0.9*	—	—	—	—	—	—	—	—
2	*0.2664*	*0.296*	0.9	*0.8*	*0.9*	*0.7*	—	—	—	—	—
3	*0.3817*	*0.4242*	0.9	0.8	*0.552*	0.7	*0.6*	*0.8*	—	—	—
4	*0.8013*	*0.8904*	0.9	0.8	0.552	0.7	0.6	0.8	*0.6*	—	—
5	*0.4212*	0.8904	*0.468*	0.8	0.552	0.7	0.6	0.8	0.6	*0.7*	*0.6*

表 6.3 中，斜体数字是在当前时间节点中被更新的可信度。从表 6.3 中可以看出，当产生一个新的争议并调用可信度传递算法时，只有从新产生的节点到首争议节点路径上的陈述的可信度才会被更新，而结论 h 的可信度则在每个时间节点都会被更新，其变化过程为 $0.72 \rightarrow 0.2664 \rightarrow 0.3817 \rightarrow 0.8013 \rightarrow 0.4212$，这与 6.3.3 节中的分析是一致的。如果设定陈述可信度阈值为 0.6，则在第 5 个时间节点后，即发出第 5 个争议后，可接受陈述集为

$$\{h_1^1, h_1^2, h_2^2, h_1^3, h_2^3, h_1^4, h_1^5, h_2^5\}$$

在这一时间节点上，结论 h 是不可接受的。可见，运用本方法可以正确计算陈述的可信度，并根据陈述可信度阈值确定最后的可接受陈述集。

6.6 相关工作比较

Dung 的抽象辩论框架假定所有的争议都有相同的强度，争议之间只存在单一的攻击关系，且攻击强度相同。这与实际辩论不很相符，因为在实际辩论中，有的争议建立在确定信息基础之上，而有的争议则不然。针对这种情况，不少研究者对 Dung 的抽象辩论框架进行了扩展，本节将本章工作与它们进行比较。

Amgoud 等[11]提出基于优先序的辩论框架，该模型将 Dung 抽象辩论框架[6]扩展为 AF = <AR, attacks, Pref>，其中，Pref⊆AR×AR 表示争议之间的优先序关系，即给出争议之间的攻击关系的同时，还要给出它们之间的强度比较。其基本假定是：如果被攻击争议优先于攻击者，则该攻击失败。在此基础上提出争议可

接受性算法，但这种模型只是表示了争议之间的强度比较，没有对争议强度进行量化，其争议评价方法仍然基于 Dung 的扩充语义。Bench-Capon[12]提出一种基于价值的辩论框架：VAF = <$\mathcal{A}, \mathcal{R}, \mathcal{V}$, val, $\mathcal{P}$>，其中，$\mathcal{V}$ 是争议价值集；val 是从 $\mathcal{A}$ 到 $\mathcal{V}$ 的映射函数，即不同的争议有不同的价值取向；$\mathcal{P}$ 是辩论参与者的集合。该方法用价值取向的优先序来修正扩充语义，且不同的观察者有不同的价值取向，从而使争议的可接受性与观察者的价值取向的优先序直接相关。但价值取向不是一个可量化的参数，因此其争议评价方法也不是基于数值计算。本章模型与 PAF 和 VAF 相比增加了对争议之间的攻击强度的度量，这种攻击强度也统一用可信度因子表示。

Dunne 等[13]提出了一种赋权辩论系统（weighted argument system，WAS），其基本思想是给争议之间的攻击关系赋予权重，表示攻击的强度。WAS 定义为一个三元组：WAS = <X, A, w>。其中，<X, A>对应 Dung 抽象辩论框架<AR, attacks>，$w: A \rightarrow R_{\geq}$是一个函数，它将攻击强度映射为一个大于 0 的实数。这个模型中一个关键概念是不一致预算（inconsistency budget）$\beta \in R_{\geq}$，它表示对不一致的忍受程度，当攻击强度没有达到 β 时，该攻击可以忽略不计。赋权辩论系统的争议可接受性定义如下。

（1）假设 α_1，α_2 是 X 中的两个争议，R 是 α_1 对 α_2 的攻击关系集合，α_1 对 α_2 的攻击总强度定义为

$$wt(R, w) = \sum_{\langle \alpha_1, \alpha_2 \rangle \in R} w(<\alpha_1, \alpha_2>)$$

（2）争议强度小于 β 的攻击关系子集定义为：sub(A, w, β) = {$R: R \subseteq A$ & $wt(R, w) \leq \beta$}。

（3）争议可接受集定义为：ε_σ^{WT}(<X, A, w>, β) = {$S \subseteq X: \exists R \in$ sub(A, w, β) & $S \in \varepsilon_\sigma$(<$X, A \backslash R$>)}。其中，ε_σ(<X, A>)是 Dung 的抽象辩论框架的扩充语义，σ 是可接受性标准。

可见，该方法的基本思想是：先对攻击强度没有达到 β 的攻击关系进行删除，然后再按 Dung 的方法求解扩充语义。这种方法对 Dung 的辩论框架的改进主要体现在增大 β 时，可能消除 Dung 的辩论框架中的攻击环，从而可以求得非空基础扩充。但对于优先扩充的求解仍属于 NP 完全问题，且该方法没有表示争议本身的强度。本章模型与之不同之处是：将争议前提及争议攻击都用可信度因子表示，其争议评价是基于数值计算，而不是扩充语义。

Tang 等提出了一种基于 Dempster-Shafer 的辩论模型。该模型将争议定义为一个二元组：<$h, \mathcal{E}$>，其中，h 是争议的结论，$\mathcal{E} = \{e_1, \cdots, e_n\}$是争议的前提，$h$ 以及 $\mathcal{E}$ 中的元素 $e_i(1 \leq i \leq n)$统称为公式，$\mathcal{L}$ 为公式集。为了与证据理论相一致，他们定义了一个文字集 $\mathcal{P}$，h 以及 $e_i(1 \leq i \leq n)$都可以用解释函数 $I: \mathcal{L} \rightarrow 2^\mathcal{P}$映射为 $\mathcal{P}$ 中的一个子集，$\Omega = 2^\mathcal{P}$称为识别框架。如果有公式 $\theta \in \mathcal{L}$，则有 $I(\theta) \subseteq \Omega$。然后定义

概率分配函数 $m(E)$：$E \to [0, 1]$，并约定 $\sum_{i=1}^{n} m(E: e_i) = 1$。对于所有不属于 E 的证据 $\varnothing$，$m(E: \varnothing) = 0$。在此基础上，定义信任函数 $b(h)$、不信任函数 $d(h)$ 和不确定函数 $u(h)$ 对争议结论 h 的信任值进行计算，其中，

$$b(h) = \sum_{I(e_i) \subseteq I(h)} m(E, e_i), d(h) = \sum_{I(e_i) \cap I(h) = \varnothing} m(E, e_i), u(h) = \sum_{I(e_i) \cap I(h) \neq \varnothing} m(E, e_i)$$

在此基础上，提出证据合成方法。辩论框架定义为 $<h, <V^r, E^r>>$，其中 h 是最终结论，$<V^r, E^r>$ 是规则网络。规则网络中至少有一个规则的结论是 h，所有规则的前提要么是知识库中一个公式，要么是另一个规则的结论，因此规则网络可以表示辩论推演过程。这种方法给出了将 Dung 的抽象辩论框架与 Dempster-Shafer 理论相结合的思路，通过数值计算对争议进行评价。Subrata Das 也提出将 Dempster-Shafer 理论应用于辩论模型，但它是基于 Toulmin 模型[8]的，该方法没有表示辩论推演过程。本章引入可信度方法，直接对第 5 章提出的扩展辩论模型的争议前提和争议之间的攻击强度进行量化。与 DAS 相比，本章模型对辩论推演过程的表示更为直观。

6.7 本章小结

不确定条件下的辩论模型应该考虑辩论空间构造（即争议及争议之间的关系表示），争议前提和争议之间的攻击强度的不确定性表示，以及争议评价算法等三个因素。本章提出了一种基于可信度的辩论模型（CFA）及相应的争议评价算法，并通过设定陈述可信度阈值求解可接受陈述集。在辩论空间构造方面，将争议表示为一种可废止规则，即 $h_1, \cdots, h_n \Rightarrow h$，其中，$h_1, \cdots, h_n$ 等为争议的前提，h 为争议的结论。除首争议外，其他争议的结论均为另一争议的一个前提，这样就构成了一棵对话树，它是对辩论推理过程的刻画。为了反映不确定性辩论推理，用可信度因子表示争议前提的不确定性和争议前提对争议结论的支持强度（即争议本身的可信度）。随着辩论的进行，新增争议节点将递归改变其父争议节点某个前提的可信度，最终改变首争议的结论的可信度。争议评价算法包括争议结论可信度计算、可信度合成和可信度传递等 3 个方面。本章提出的算法建立在 Shortliffe 的可信度理论基础之上，能保证可信度计算的可靠性和完备性。

本章提出的模型与建立在"击败"概念上的 Dung 的抽象辩论框架的扩充语义有本质区别：首先，将争议进行了结构化分解，考虑了多个不确定性前提对结论的论证；其次，既能表示争议前提的不确定性，又能表示争议前提对结论的支持强度（可信度为正值）和反对强度（可信度为负值），反映了智能主体的理性思

维；最后，争议评价算法建立在可信度合成基础之上，能够融合不同智能主体的意见，使辩论结果更合理，比较适合于对协商对话的建模。

参 考 文 献

[1] Dung P M. On the acceptability of arguments and its fundamental role in nonmonotonic reasoning, logic programming and n-person games. Artificial Intelligence, 1995, 77 (2): 321-357.

[2] Dunne P E, Bench-Capon T J M. Coherence in finite argument systems. Artificial Intelligence, 2002, 141 (1/2): 187-203.

[3] Baroni P, Giacomin M. A general schema for argumentation semantics. Artificial Intelligence, 2005, 168 (1/2): 165-210.

[4] Baroni P, Cerutti F, Giacomin M, et al. AFRA: Argumentation framework with recursive attacks. International Journal of Approximate Reasoning, 2011, 52 (1): 19-37.

[5] Caminada M, Amgoud L. On the evaluation of argumentation formalisms. Artificial Intelligence, 2007, 171 (5): 286-310.

[6] Cayrol C, Lagasquie-Schiex M C. Gradual valuation for bipolar argumentation frameworks. Proceedings of the 8th European Conference on Symbolic and Quantitative Approaches to Reasoning and Uncertainty, Berlin, 2005: 366-377.

[7] 熊才权, 李德华. 一种研讨模型. 软件学报, 2009, 20 (8): 2181-2190.

[8] 陈俊良, 王长春, 陈超. 一种扩展双极辩论模型. 软件学报, 2012, 23 (6): 1444-1457.

[9] 熊才权, 欧阳勇, 梅清. 基于可信度的辩论模型及争议评价算法. 软件学报, 2014, 25 (6): 1225-1238.

[10] Xiong C, Zhan Y, Chen S. An argumentation model based on evidence theory. Proceedings of the 10th International Conference on Computer Science and Education, Cambridge, 2015: 451-454.

[11] Amgoud L, Vesic S. A new approach for preference-based argumentation frameworks. Annals of Mathematics and Artificial Intelligence, 2011, 63 (2): 149-183.

[12] Bench-Capon T J M. Persuasion in practical argument using value-based argumentation frameworks. Journal of Logic and Computation, 2003, 13 (3): 429-448.

[13] Dunne P E, Hunter A, McBurney P, et al. Weighted argument systems: Basic definitions, algorithms, and complexity results. Artificial Intelligence, 2011, 175 (2): 457-486.

[14] Haenni R. Probabilistic argumentation. Journal of Applied Logic, 2009, 7 (2): 155-176.

[15] Tang Y, Hang C W, Parsons S, et al. Towards argumentation with symbolic Dempster-Shafer evidence. Computational Models of Argument-Proceedings of COMMA 2012, Vienna, 2012: 462-469.

[16] Das S. Symbolic Argumentation for decision making under uncertainty. Proceedings of the 7th International Conference on Information Fusion (FUSION), Philadelphia, 2005: 1001-1008.

第 7 章 基于 IBIS 的协商研讨模型

7.1 概 述

协商研讨是综合集成研讨环境的一种重要的研讨模式。协商研讨的目标是探寻群体共同行动方案，如"我们一起到哪里旅游？""面对气候变暖，我们的对策是什么？"等。群体成员在协商研讨过程中利益目标一致，责任共担，不存在谈判对话中的利益分割问题。协商研讨一般要经过确定问题、提出方案和对方案进行论证等三个阶段，其中提出方案是群体发散思维，而对方案进行论证是群体收敛思维。在协商研讨之初，个体思维有限，有的还没有形成自己的方案，通过协商研讨可以激活思维，促进方案的形成；而在协商研讨后期，则要对众多方案进行论证，促进思维收敛，以便形成最终的为群体共同接受的方案。在协商研讨过程中，参与者都是以谨慎、探寻和反省的态度与其他参与者交换意见[1, 2]，而不是以击败对手为目标，在发言中往往会用"肯定""可能""不可能"等模态词，因而协商对话中存在一些不确定性信息。在协商研讨中，每个研讨参与人虽然没有自己的个体目标，但有自己的信念，因而在协商研讨过程中仍然存在矛盾和冲突，即在协商研讨过程中会引发劝说研讨[3]，通过辩论推理使观点得到论证[4]。因此，协商研讨模型需要描述从发散到收敛的群体思维过程，并引入不确定性推理及辩论推理方法，其内容包括发言信息结构化分解、对话推演过程表示，以及争议评价算法等。

现有辩论模型大多只描述了协商研讨过程中的某个阶段或某部分信息，没有提供对协商研讨过程的全面刻画。例如，Toutmin 模型[5]重在对争议结构的描述，但没有描述争议之间的攻击和支持关系。Dung 的抽象辩论框架[6, 7]描述了争议之间的攻击关系，并提出了相应的扩充语义，但它把争议抽象为一个节点而忽视争议的内部结构，且没有考虑争议之间的攻击强度，不能反映协商研讨的全部内容。Carneades 模型[8]对抽象辩论框架进行扩展，采用 Toutmin 模型对争议进行结构化分解，但它没有描述协商研讨过程中的提出方案阶段，只适合于对劝说研讨的建模。IBIS 模型[9]描述了针对问题（issue）提出方案（也称为主张，position），并给出方案的理由（argument）的决策过程，最适合于对协商研讨过程的建模，很多协商研讨模型或协商研讨系统都是建立在 IBIS 模型基础之上。Gordon 等[10]提出的 Zeno 模型是一个完整可计算 IBIS 模型，它允许对问题进行特化和泛化，并通过增加对争议节点的优先序关系确定争议的可接受性,但没有考虑针对方案的多层论证结构。Karacapilidis 等[11]的 HERMES、Baroni 等[12, 13]的 QuAD 模型、Liu 等的基于模糊集的协商模型[14, 15]都对 IBIS 模型进行了扩展,增加了对方案的多层论证结构和争议评价量化计算,但它们没有对争议进行结构化分解,不能反映协商研讨的完整逻辑关系。

针对以上问题,本章提出一种基于 IBIS 模型的协商研讨模型(deliberation framework,DF),先对 IBIS 模型进行简化处理,不考虑 IBIS 模型中的问题的特化、泛化等衍生处理,然后用可信度因子表示争议前提的不确定性和争议论证强度。为了确定方案可信度值,提出一种基于模糊 Petri 网的争议评价方法,用模糊 Petri 网对 DF 进行重构,将模糊争议映射为变迁,将争议前提和结论映射为库所,用托肯值表示陈述的可信度值,通过矩阵迭代运算求解各库所的托肯值,得出最终的协商研讨结果。

7.2 协商研讨框架

协商研讨框架建立在 IBIS 模型基础之上,即对 IBIS 模型进行约简、扩展和量化。约简是指只针对单一问题进行协商,不考虑问题的泛化、特化和替换等处理,这样处理的目的是使该模型便于在计算机系统中实现。扩展是指增加对争议的结构化表示,并增加针对方案立场(position)的多层论证结构。量化是指对争议前提不确定性和争议论证强度统一用可信度因子表示。

协商研讨是通过对话进行的[16, 17],对话的基本单元是发言(utterance)。按照发言目的,可以把发言分为以下 4 种类型:

(1)针对问题(issue)提出方案(position);
(2)对方案或其他发言进行论证(argument);
(3)提出质询;
(4)回答质询。

其中提出质询不增加任何决策信息,而回答质询可以看作对前一发言的补充。除此之外,协商对话模型中不考虑与决策无关的其他发言信息。这样所有发言都应该是针对问题或之前的其他发言的响应,整个协商研讨将形成一棵以问题为根的树形结构。

定义 7.1 陈述(statement)　陈述是对事物的肯定性描述,它是发言的基本组成单位。设有两陈述 h_1、h_2,如果它们逻辑上相同,则记为 $h_1 \equiv h_2$,如果它们逻辑上相反,则记为 $h_1 \equiv \neg h_2$。所有陈述的集合记为 $\mathcal{L}$。

定义 7.2 问题(issue)　问题是协商研讨的对象,整个协商对话只针对一个问题,记为 t。问题一般是用陈述表述的,因此有 $t \in \mathcal{L}$。

本定义是对 IBIS 模型进行简化，即不考虑由问题、方案和争议衍生出来的其他问题。

定义 7.3 方案（position） 方案是问题求解的备选答案，所有方案的集合记为 $\mathcal{P}$。方案也是用陈述表述的，因此有 $\mathcal{P} \subseteq \mathcal{L}$。方案也称为立场或主张。

定义 7.4 争议（argument） 有明确主张和相应根据的发言称为争议。争议可以表示为一个二元组 $A = <H, h>$，其中 $H = \{h_1, \cdots, h_n\}$，$h_i \in \mathcal{L}$（$1 \leqslant i \leqslant n$）称为争议的前提，$h \in \mathcal{L}$ 称为争议的结论，且满足当 $h_1, \cdots, h_n$ 都成立时，结论 h 成立。所有争议的集合记为 $\mathcal{A}$。

争议可以有零个或多个前提，多个前提之间存在与关系，但至多只能有一个结论。争议可以转换成产生式规则。

（1）只有一个前提的争议，$A = <\{h_0\}, h>$，其产生式规则为 R：if h_0 then h。

（2）有多个前提的争议，$A = <\{h_1, \cdots, h_n\}, h>$，其产生式规则为 R：if h_1 and $\cdots$ and h_n then h。

本定义是对 IBIS 模型进行扩展，即对争议进行结构化处理，支持多个前提对一个结论的论证。

定义 7.5 对话（dialogue） 设有两个争议 $A_1 = <H_1, h_1>$，$A_2 = <H_2, h_2>$，如果 $h_1 \in H_2$，则称 A_1 是对 A_2 的对话，记为 $<A_1, A_2>$。对话实际上是一个争议对另一个争议的响应。所有对话的集合记为 $\mathcal{D}$。

方案是一个针对问题的只有一个前提的特殊争议，称为根争议或方案争议（root argument）。根争议可以表示为 $A_p = <\{p\}, t>$，其中 $p \in \mathcal{P}$ 表示一个方案，t 是协商对话的问题。

在某一时刻，如果一个争议没有受到其他争议的响应，则称为叶子争议（leaf argument）。如果一个争议没有前提，即 $H = \varnothing$，表示为 $<-, h>$，其中 $h \neq t$，则称为表决争议。表决争议的作用是对方案或其他争议的前提表明态度，其他争议无法对其进行响应。

在实际协商对话中，争议具有不确定性。可以用模糊争议来表示这种不确定性。

定义 7.6 模糊争议（fuzzy argument） 模糊争议是一个四元组 $A = <H, h, cf, d>$，其中 $H = \{h_1, \cdots, h_n\}$，$h_i \in \mathcal{L}(1 \leqslant i \leqslant n)$ 称为争议的前提，$h \in \mathcal{L}$ 称为争议的结论，cf 是一个映射，它给每个前提赋予一个可信度值；d 是争议的论证强度，表示争议前提 H 支持结论 h 的强度。

对于前提 h_i，$cf(h_i) \in [0, 1]$，即争议前提的可信度均为正值，因为争议提出者不会使用可信度为负的陈述作为争议的前提。$d \in [-1, 1]$，如果 $d > 0$，则表示争议的前提对结论是支持的，如果 $d < 0$，则表示争议的前提对结论是反对的，当 $d = 0$ 时，则表示争议在协商对话中不起作用。

模糊争议可以转换成模糊产生式规则。$A = <\{h_1,\cdots,h_n\}, h, \{cf_1,\cdots,cf_n\}, d>$ 对应的模糊产生式规则为 R：IF $h_1(cf_1)$ and $\cdots$ and $h_n(cf_n)$ THEN $h(d)$。

本定义是对 IBIS 模型进行量化，有了量化就可以计算方案的共识值，并依共识值确定方案的可接受性。

定义 7.7 协商研讨框架（deliberation framework） 协商研讨框架是一个 4 元组：DDT $=(\mathcal{L}, t, \mathcal{A}, \mathcal{D})$，其中 $\mathcal{L}$ 是陈述集，t 是协商对话的问题，$\mathcal{A}$ 是争议集，$\mathcal{D} \subseteq \mathcal{A} \times \mathcal{A}$ 是对话集。

协商研讨框架可以用一个对话图表示（图 7.1）。图中矩形表示陈述，圆圈表示争议。由争议指向陈述的带箭头的连线表示争议与陈述之间的论证关系，这里的陈述是争议的结论。连接陈述与争议的无向边表示陈述对争议的支持关系，这里的陈述是争议的前提。陈述分问题、方案和一般陈述 3 类，一般陈述可以作为争议的前提，也可以作为争议的结论。方案只能作为根争议的前提。问题只能作为根争议的结论。

IBIS 模型对方案的论证只有一层，因而无法实现对论证的论证。对 IBIS 模型的扩展的关键是增加对方案的多重论证，即辩论结构，这样就形成了一个以方案为根的对话树。如果针对问题提出多个方案，则产生多个对话树，从而构成对话森林。

定义 7.8 对话树（dialogue tree） 对话树是以根争议为根节点的 $n(n \geq 1)$ 个争议的有限集合。在任意一棵对话树中，有且仅有一个争议 A_0 称为根。当 $n>1$ 时，除根之外的其余争议可以分为 $m(m>0)$ 个互不相交的有限集 $T_1,\cdots,T_m$，其中 $T_i(1 \leq i \leq m)$ 本身又是一棵对话树，称为 A_0 的子树（subtree），且有 $<A_i, A_0> \in \mathcal{D}$，其中 A_i 是 T_i 的根争议。

对话树根节点是方案争议，方案争议只有一个前提，它就是专家提出的一个方案。

定义 7.9 对话森林（dialogue forest） $n(n \geq 0)$ 棵互不相交的对话树的集合称为对话森林。

对话森林是对整个协商研讨过程的抽象描述，协商研讨对话图见图 7.1。图 7.1 对应的对话树和对话森林如图 7.2 所示。对话森林由若干对话树组成，每棵对话树描述了对某个方案的辩论推理过程。对话森林中有几棵对话树，就表明在对话过程中产生了几种方案。如果能够计算每棵对话树的方案争议的前提（即方案）的可信度值，并根据可信度值对方案进行排序，就可以确定整个协商对话的结果。

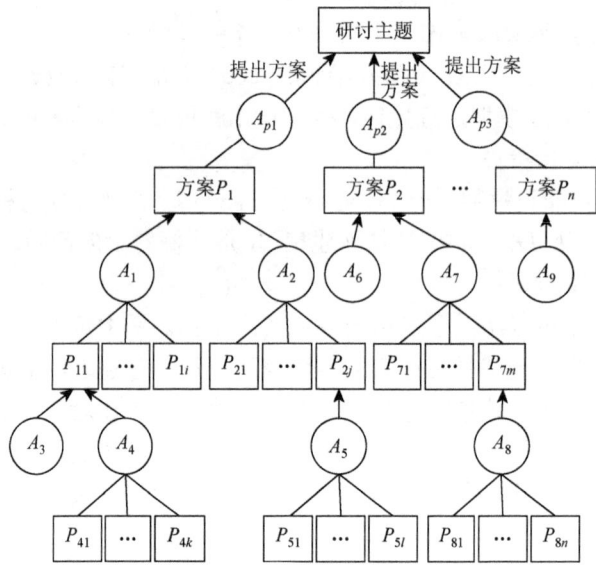

图 7.1　协商研讨对话图

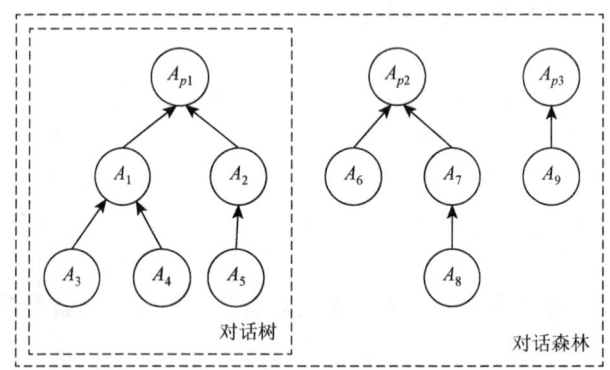

图 7.2　对话树和对话森林

7.3　协商研讨模糊 Petri 网

7.3.1　辩论推理与模糊 Petri 网

在辩论系统中,争议可以表示为一个产生式规则,一个争议的前提可能又成为另一个争议的结论,从而形成多重论证结构。因此,辩论系统可以看作一种特殊的基于规则的推理系统。基于规则的推理方法大致上可分为两种,即正向推理[18]和反向推理[19]。正向推理又称为事实证据驱动推理,它从一组事实证据出发,使用已有规则推理出新的结论,并将该结论作为新的事实证据加入到数据库中,如果新推出的事实证据包含目标命题,则目标命题得证,其推理方向是从事实证据到结论。逆向推理又称目标驱动推理,它是由目标命题出发,从规则库中查找结论为目标命题的规则,然后逐一验证这条规则的前件(新的目标命题)是否成立,直到规则前件存在于数据库中,其推理方向是从结论到事实证据。从推理方式上看,辩论类似于反向推理,它首先悬挂目标命题,然后构造争议对目标命题或其他争议的前提进行响应。与反向推理不同的,辩论系统中的争议之间既有支持关系也有攻击关系。

Petri 网是一种图形化系统建模工具[20],适合描述具有并发或并行行为的系统。Petri 网也可以用来对基于规则的推理系统建模,它既可以表示正向推理[18],也可以表示反向推理[19]。因此,也可以用 Petri 网对辩论系统建模,并用 Petri 网的并行计算优势求解争议可接受性。将 Petri 网用于辩论建模已有一些研究。Martinez 等[21]用 Petri 网对 Dung 的抽象辩论框架建模,将抽象辩论框架映射为辩论 Petri 网(Argnet)。Argnet 将 AAF 的争议映射为库所,而将争议之间的关系映射为变迁。Argnet 的变迁分为两种类型,一种是攻击变迁,它针对争议之间的攻击关系,如 AAF 中的攻击关系 (A, B) 对应一个攻击变迁 tAB,它与争议库所之间用三条弧连接,即 (A, tAB)、(B, tAB)、(tAB, A)。即当攻击变迁点火时,争议 A 和 B 托肯值减 1,同时 A 的托肯值加 1。另一种是恢复变迁,它针对争议本身,如争议 A 的恢复变迁为 tA,当攻击 A 的所有争议的托肯值都为 0 时,tA 点火,并将 A 的托肯值恢复为 1。依据这个定义,他们利用 Petri 网的并行性和异步性对抽象辩论框架中的辩论扩充语义进行了重新定义与计算。

模糊 Petri 网(FPN)是 Petri 网与模糊理论的结合,可以用于模糊知识表示和推理。模糊推理的主要目的是确定命题成立的可能性。协商研讨是一种特殊辩论推理,其陈述及争议之间的响应关系存在不确定性,因此协商研讨与基于模糊 Petri 网的逻辑推理有相似之处,可以将协商研讨框架映射为模糊 Petri 网,再利用 Petri 网同步、并发能力,采用矩阵变换的方法求解方案的共识值。

7.3.2 将协商研讨框架映射为模糊 Petri 网

模糊 Petri 网是对普通 Petri 网的模糊化。与普通 Petri 网相比,模糊 Petri 网的变迁 t 的点火取决于变迁的阈值 $\tau(t)$($\tau(t)$ 是一个非负实数值),而不是库所中的标记;库所的标记数不再是一个正整数,而可以是任意正实数 t_k;输入弧和输出弧上标有权值,它根据不同应用代表不同意义,也称为连接强度。在模糊 Petri 网运行之前,先进行初始化,即给每个库所节点赋一个大于等于 0 的正实数,称为库所节点的托肯值。运行时,对于变迁节点,先计算变迁的各输入弧上的输入强度。输入强度是输入弧上的输入量 i_k 与连接强度 a_k 的一个非负函数 $S(i_k,a_k)$。输入量或者是额定输入量,或者是 0,记为 i_k,它小于等于相应输入节点中当前的托肯值 t_k,输入强度满足 $0 \leqslant S(i_k,a_k) \leqslant i_k$。然后计算变迁的总输入量 IN,它与变迁的各输入弧的输入强度有关,即 $\text{IN} = f(S(i_1,a_1),\cdots,S(i_k,a_k))$,并将 IN 与 $\tau(t)$ 进行比较以决定是不是点火。点火的结果是分别从它的第 k 个输入节点中的托肯值 t_k 中减去 i_k,即 $t_k = t_k - i_k$。然后给它的所有输出弧发出相应的额定输出量。对于库所节点,如果它的第 j 条输入弧上存在输入量 i_j,并且相应输入连线的连接强度为 β_j,则其标记数增加 $R(i_j,\beta_j)$,即 $t_k = t_k + R(i_j,\beta_j)$,其中 $R(i_j,\beta_j)$ 为一个实数值函数,满足 $0 \leqslant R(i_j,\beta_j) \leqslant i_j$。如此不断改变库所节点的状态。

将协商研讨框架映射为模糊 Petri 网的方法是将争议的前提和结论映射为库所,将模糊争议映射为变迁,并对陈述可信度和争议论证强度进行量化,其中陈述可信度映射为标记数(托肯值),将争议论证强度映射为变迁的输出弧的连接强度。其中将模糊争议映射为变迁是映射过程的关键。可以先将模糊争议转换为模糊产生式规则,再将模糊产生式规则映射为变迁。设有模糊争议 $A = <H,h,cf,d>$,其模糊产生式的规则为

$$R: \text{IF } h_1(cf_1) \text{ and } \cdots \text{ and } h_n(cf_n) \text{ THEN } h(d)$$

式中,$cf_1\cdots cf_n$ 分别为模糊产生式规则中的前提的可信度,对应争议前提 $h_1,\cdots,h_k$ 的可信度,d 为模糊产生式规则的可信度,它对应模糊争议的争议论证强度。其模糊 Petri 网如图 7.3 所示。

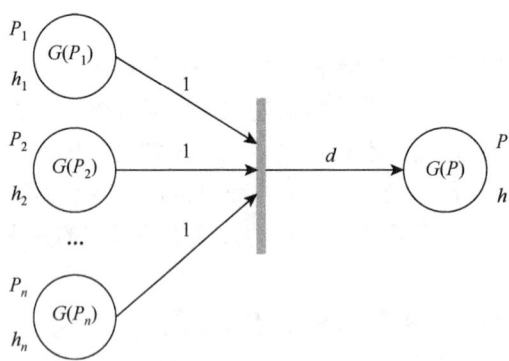

图 7.3 模糊争议映射为模糊 Petri 网

定义 7.10 协商研讨模糊 Petri 网(fuzzy petri net for deliberation,FPND) 将协商研讨框架转换为模糊 Petri 网,称该 Petri 网为协商研讨模糊 Petri 网。FPND 是一个 7 元组:FPND = $(P,T,D,I,O,\tau(t),G)$,其中,$P = \{p_1,\cdots,p_m\}$ 表示有限库所

集合，它是对协商研讨框架中陈述（争议的前提和结论）的映射。$T=\{t_1,\cdots,t_n\}$ 表示有限变迁集合，它是对协商研讨框架中的模糊争议的映射，它反映了从前提到结论的论证。$D=\{d_1,\cdots,d_m\}$ 表示有限陈述集合，它与 P 有一一对应的关系，即 $|P|=|D|$。$X \subseteq P \times T$，表示从库所到变迁的带权值的连接关系，它对应模糊 Petri 网中的连接强度。$X(P_i,T_j)\in\{0,1\}$，如果 $X(P_i,T_j)=1$，表示 P_i 是 T_j 的一个前提，如果 $X(P_i,T_j)=0$，表示 P_i 不是 T_j 的前提。$Y \subseteq T \times P$，表示从变迁到库所的带权值的连接关系，它对应模糊 Petri 网中的连接强度，且满足 $-1 < Y(T_i,P_j) \leq 1$。在协商对话框架中，它对应模糊争议的可信度 d。如果 $Y(T_i,P_j)=0$，表示 P_i 不是 T_j 的结论。$\tau(t)$ 是变迁 t 的阈值，一般规定点火阈值为大于等于 0。$G: P \rightarrow [0,1]$ 库所 p 的托肯值，它是对协商研讨框架中的前提或结论的可信度的映射。$G_0(p)$ 表示库所的初始托肯值。

当变迁的总输入量函数 IN 大于变迁阈值 $\tau(t)$ 时，变迁点火，即变迁输出弧所连接的库所的托肯值将发生改变。为了与实际协商对话一致，FPND 与模糊 Petri 网有一些不同的规定。

（1）变迁节点的各输入弧上的输入量与该弧所连的库所的托肯值一致，不再另设输入量，即 $i_k = t_k$。

（2）变迁点火后，只改变变迁输出库所的托肯值，而输入库所的托肯值不变，即不执行 $t_k = t_k - i_k$。

7.4 基于模糊 Petri 网的争议评价算法

FPND 是随着研讨的进行而逐步构造起来的，新产生的争议所对应的变迁的输出库所是前一争议所对应的变迁的输入库所，如果新产生的变迁点火，则会引起前一变迁的输入库所托肯值的更新，这种更新进而传递到根节点。与基于模糊 Petri 网的逻辑推理不同[22]，非叶子节点争议的前提对应的库所的托肯值不为 0，因而变迁点火后需要对响应链上的库所托肯值进行合成，这种合成一直要传递到根节点。因而 FPND 中托肯值的计算包括托肯值合成和托肯值传递两个方面。

7.4.1 托肯值合成计算

设有模糊争议 $A = <H, h, cf, d>$，其中 $H = \{h_1,\cdots,h_n\}$，$h_i \in L$（$1 \leq i \leq n$），争议论证强度为 d，争议前提陈述 $h_1,\cdots,h_n$ 对应的库所分别为 $P_1,\cdots,P_n$，其初始托肯值分别为 $cf_1, cf_2, \cdots, cf_n$，它对应库所的输入量 $i_k = t_k$；输入库所到变迁的连接强度分别为 $x_1, x_2, \cdots, x_n$。连接强度可以理解为输入库所的权重。争议 A 对应 FPND 中的变迁 T，争议论证强度 d 对应 FPND 的变迁 T 的输出强度 β_j。

每个输入弧的输入强度为 $S(i_i, a_i) = (cf_i \times x_i) \in [0,1]$,变迁的总输入量为 $\text{IN} = \min\{cf_1 \times x_1, \cdots, cf_n \times x_n\}$,其中 $cf_i \times x_i > 0$。如果 $\text{IN} > \tau(t)$,则变迁点火,这时变迁的输出量 OUT = IN,否则变迁不能点火,变迁的输出量 OUT = 0。这里,变迁的总输入量取非零输入强度的最小值。

变迁点火后,变迁输出弧弧头所连接的库所 P_j 的托肯值将发生变化。其计算方法如下所示。

首先计算该库所的所有输入弧的输入量,如果该库所的第 j 条输入弧对应变迁存在输出量 i_j,并且相应的从变迁到输出库所的连接强度为 β_j,则该变迁施加给库所的输入量为

$$R(i_j, \beta_j) = i_j \cdot \beta_j \tag{7.1}$$

由于 β_j 就是争议论证强度,其值为 $[-1, 1]$,所以变迁点火后,$R(i_j, \beta_j)$ 可能为正,也有可能为负。

然后将库所 P 的所有输入量进行集结。假设库所 P 的输入量为 R_1、R_2,则集结后的输入量 R_{12} 为[23]

$$R_{12} = \begin{cases} R_1 + R_1(1 - R_2), & R_1 \geqslant 0, \quad R_2 \geqslant 0 \\ R_1 + R_1(1 + R_2), & R_1 < 0, \quad R_2 < 0 \\ \dfrac{R_1 + R_2}{1 - \min\{|R_1|, |R_2|\}}, & R_1 \text{、} R_2 \text{异号} \end{cases} \tag{7.2}$$

当库所 P 的输入量有多个时,即 $\{R_1, R_2, \cdots, R_n\}$,按式(7.2)先将 R_1、R_2 集结为 R_{12},再将 R_{12} 和 R_3 集结为 R_{123},以此直到 R_n,得到库所 P 的总输入量 R。集结后,库所 P 的总输入量可能为正值,也可能为负值。

最后进行托肯值合成:将库所 P_j 的总输入量 R 与它的原托肯值 S 进行合成,其合成公式为

$$S' = \begin{cases} S + R(1 - S), & 0 < R \leqslant 1 \\ S, & R = 0 \\ S(1 + R), & -1 \leqslant R < 0 \end{cases} \tag{7.3}$$

式(7.3)的一个重要性质是保证了合成后库所的托肯值的取值范围为[0, 1]。

7.4.2 托肯值更新算法

一个新的争议产生后,从该争议到根争议的响应链上的所有库所的托肯值都要更新,我们采用矩阵迭代运算对托肯值的更新进行计算。矩阵定义如下。

(1) $X = (x_{ij})_{n \times m}$ 为输入矩阵。若库所 S_i 到变迁 T_j 有输入弧,则 x_{ij} 为输入库所

到变迁的连接强度,由于连接强度可以折算到库所的托肯值,所以为了简化起见,将连接强度一律设为 1;否则 $x_{ij}=0$。其中:$i=1,2,\cdots,n$;$j=1,2,\cdots,m$。n 是库所的个数,m 是变迁的个数。

(2)$Y=(y_{ij})_{n\times m}$ 为输出矩阵。$y_{ij}\in[-1,1]$,表示变迁 T_j 到库所 S_i 的输出强度,它对应争议论证强度。若变迁 T_j 到库所 S_i 没有输出弧,则 $y_{ij}=0$。其中:$i=1,2,\cdots,n$;$j=1,2,\cdots,m$。

(3)$S=[S_1,S_2,\cdots,S_n]^T$ 表示各库所的托肯值。$S_i\in[-1,1]$,$i=1,2,\cdots,n$。$S_0=[S_{10},S_{20},\cdots,S_{n0}]$ 表示库所的初始托肯值。

(4)$\Gamma=[\tau_1,\tau_2,\cdots,\tau_m]^T$ 表示各变迁点火的阈值,$0\leq\tau_j\leq 1$,$j=1,2,\cdots,m$。

算子定义如下。

(1)连接算子 Δ:$C=A\Delta B$,其中 A 是 $m\times n$ 矩阵,B 是 n 维列向量,C 是 $m\times n$ 矩阵,其中 C 的元素 $c_{ij}=a_{ij}\times b_j$,其中 $i=1,\cdots,m$,$j=1,\cdots,n$。该算子将矩阵 A 中的每行各元素对应乘以列向量 B 中的元素。该算子可用在两处,一是根据输入矩阵和库所的托肯值向量计算各变迁输入弧的输入强度,这时 A 是输入矩阵的转置矩阵,B 是各库所的托肯值向量;二是根据输出矩阵和变迁点火值向量计算各库所输入弧的输入强度,这时 A 是输出矩阵,B 是各变迁的点火值向量。

(2)行最小算子 ∇:$B=\nabla A$,其中 A 是 $m\times n$ 矩阵,B 是 m 维列向量,$b_i=\min(a_{i1},a_{i2},\cdots,a_{in})$,其中 $i=1,\cdots,m$,且 $a_{ik}\neq 0$,$k=1,\cdots,n$。该算子求 A 矩阵各行的非零元素的最小元素,其作用是求各变迁的总输入量。这里采用 Shortliffe[23] 的可信度方法,即模糊命题合取式的真值取各子式真值的最小值。

(3)比较算子 ∂:$C=A\partial B$,其中 A、B、C 都是 m 维列向量,若 $a_i\geq b_i$,则 $c_i=a_i$,否则 $c_i=0$,其中 $i=1,\cdots,m$。该算子用于计算变迁的点火值,当变迁的输入量大于点火阈值时,点火值为 a_i,表明能点火,当变迁的输入量小于阈值,点火值为 0,表明不能点火。

(4)集结算子 Φ:$B=\Phi A$,其中 A 是 $m\times n$ 矩阵,B 是 m 维列向量。该算子的作用是根据式(7.2)对 A 的每一行各元素进行集结。

(5)合成算子 $\oplus$:$C=A\oplus B$,其中 A、B、C 都是 n 维列向量,$c_i=a_i\oplus b_i$,其中 $i=1,\cdots,n$。该算子的作用是根据式(7.3)进行可信度合成,其中 A 对应协商研讨框架中的库所原托肯值向量,B 对应变迁点火后产生的各库所的新增托肯值向量。

假设有 n 个库所,m 个变迁,托肯值更新算法 Token_revision() 描述如下。

INPUT:协商对话树(FPND),包括输入矩阵 X,输出矩阵 Y,库所的初始托肯值向量 S_0,变迁点火阈值向量 Γ。

OUTPUT：各库所的托肯值。

设 k 的初值为 0，k 是迭代次数。

步骤 1。计算各变迁输入弧的输入强度，$E_k = X^T \Delta S_k$，E_k 是一个 $m \times n$ 矩阵。

步骤 2。计算各变迁的总输入量：$F_k = \nabla E_k$，F_k 是一个 m 维的列向量。

步骤 3。将变迁输入量与变迁阈值比较，得到各变迁的有效总输入量：$G_k = F_k \partial \Gamma$。

步骤 4。计算变迁点火后各库所的输入强度：$H_k = Y \Delta G_k$。

步骤 5。计算变迁点火后各库所的托肯值的增加量：$S^k = \Phi H_k$。

步骤 6。计算当次迭代后各库所的托肯值：$S_{k+1} = S_0 \oplus S^k$。

步骤 7。用 S_{k+1} 代替步骤 1 中的 S_k，重复进行步骤 1～步骤 6，直到所有库所的托肯值不再发生变化，则算法结束。

7.4.3 算法讨论

托肯值更新函数 Token_revision () 的迭代次数与对话树的高度相同，当迭代到根节点时，所有库所的托肯值将不再发生变化。假设对话树的高度为 h，则算法 Token_revision () 的执行次数为 h。Token_revision () 的主要时间消耗是矩阵运算，假设协商对话树的库所的个数为 n，变迁的个数为 m，则矩阵运行的时间复杂度为 $O(mn)$，再将托肯值更新函数的调用次数考虑进去，则整个算法的时间复杂度为 $O(mnh)$。由于考虑了变迁的点火阈值，有些矩阵运算可能不执行，这样还可以进一步提高效率。

协商对话结果是方案所对应的库所的托肯值，这个结果称为对话共识值。方案共识值的取值范围为[0, +1]。共识值越大，说明群体成员对此方案的支持程度越大；共识值越小，说明群体成员对此方案的支持程度越小。

7.5 实 例 分 析

假设群体就某一问题进行协商对话，对话过程中，共提出三个方案 P_1^1、P_1^2、P_1^3，再对这三个方案进行论证，形成三个协商对话树，相应的 FPND 协商对话图如图 7.4 所示，相应的初始值如表 7.1 所示。

假设所有变迁的点火阈值都为 0，具体计算如下。

（1）针对方案 P_1^1，共有 11 个库所和 5 个变迁，算法输入分别为

第 7 章 基于 IBIS 的协商研讨模型

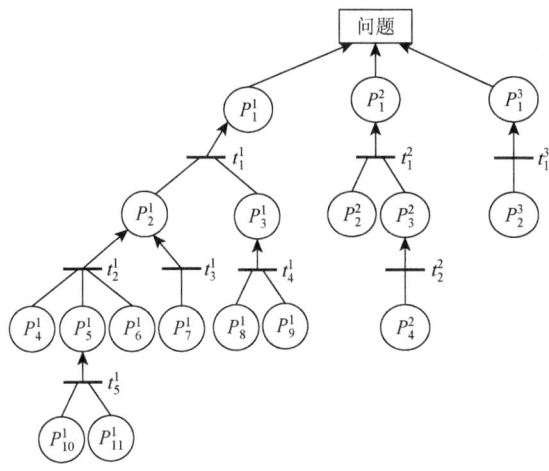

图 7.4 相应的 FPND 协商对话图

表 7.1 对话图的初始值

变迁	输入库所	输出库所	变迁可信度	输入库所托肯值
t_1^1	$\{P_2^1, P_3^1\}$	$\{P_1^1\}$	0.9	0.5, 0.9
t_2^1	$\{P_4^1, P_5^1, P_6^1\}$	$\{P_2^1\}$	−0.9	0.8, 0.9, 0.7
t_3^1	$\{P_7^1\}$	$\{P_2^1\}$	0.8	0.6
t_4^1	$\{P_8^1, P_9^1\}$	$\{P_3^1\}$	−0.8	0.7, 0.6
t_5^1	$\{P_{10}^1, P_{11}^1\}$	$\{P_5^1\}$	−0.7	0.6, 0.8
t_1^2	$\{P_2^2, P_3^2\}$	$\{P_1^2\}$	0.7	0.8, 0.3
t_2^2	$\{P_4^2\}$	$\{P_3^2\}$	−0.8	0.5
t_1^3	$\{P_2^3\}$	$\{P_1^3\}$	0.5	0.8

① 输入矩阵为 $X = \begin{bmatrix} 0 & 1 & 1 & 0 & 0 & 0 & 0 & 0 & 0 & 0 & 0 \\ 0 & 0 & 0 & 1 & 1 & 1 & 0 & 0 & 0 & 0 & 0 \\ 0 & 0 & 0 & 0 & 0 & 0 & 1 & 0 & 0 & 0 & 0 \\ 0 & 0 & 0 & 0 & 0 & 0 & 0 & 1 & 1 & 0 & 0 \\ 0 & 0 & 0 & 0 & 0 & 0 & 0 & 0 & 0 & 1 & 1 \end{bmatrix}^T$

②输出矩阵为 $Y = \begin{bmatrix} 0.9 & 0 & 0 & 0 & 0 \\ 0 & -0.9 & 0.8 & 0 & 0 \\ 0 & 0 & 0 & -0.8 & 0 \\ 0 & 0 & 0 & 0 & 0 \\ 0 & 0 & 0 & 0 & -0.7 \\ 0 & 0 & 0 & 0 & 0 \\ 0 & 0 & 0 & 0 & 0 \\ 0 & 0 & 0 & 0 & 0 \\ 0 & 0 & 0 & 0 & 0 \\ 0 & 0 & 0 & 0 & 0 \\ 0 & 0 & 0 & 0 & 0 \end{bmatrix}$

③变迁阈值向量为

$$\Gamma = [0 \quad 0 \quad 0 \quad 0 \quad 0]^T$$

④库所初始托肯值向量为

$$S_0 = [0 \quad 0.5 \quad 0.9 \quad 0.8 \quad 0.9 \quad 0.7 \quad 0.6 \quad 0.7 \quad 0.6 \quad 0.6 \quad 0.8]^T$$

第一次迭代。

步骤1。计算各变迁输入弧的输入强度，$E_0 = X^T \Delta S_0$，

$$E_0 = X^T \Delta S_0 = \begin{bmatrix} 0 & 0.5 & 0.9 & 0 & 0 & 0 & 0 & 0 & 0 & 0 & 0 \\ 0 & 0 & 0 & 0.8 & 0.9 & 0.7 & 0 & 0 & 0 & 0 & 0 \\ 0 & 0 & 0 & 0 & 0 & 0 & 0.6 & 0 & 0 & 0 & 0 \\ 0 & 0 & 0 & 0 & 0 & 0 & 0 & 0.7 & 0.6 & 0 & 0 \\ 0 & 0 & 0 & 0 & 0 & 0 & 0 & 0 & 0 & 0.6 & 0.8 \end{bmatrix}$$

步骤2。计算各变迁的总输入量：$F_0 = \nabla E_0$，

$$F_0 = \nabla E_0 = [0.5 \quad 0.7 \quad 0.6 \quad 0.6 \quad 0.6]^T$$

步骤3。将变迁输入量与变迁阈值比较，得到各变迁的有效总输入量为

$$G_0 = F_0 \partial \Gamma = [0.5 \quad 0.7 \quad 0.6 \quad 0.6 \quad 0.6]^T$$

步骤4。计算变迁点火后各库所的输入强度：$H_0 = Y \Delta G_0$；

第7章 基于IBIS的协商研讨模型

$$H^0 = Y\Delta G_0 = \begin{bmatrix} 0.45 & 0 & 0 & 0 & 0 \\ 0 & -0.63 & 0.48 & 0 & 0 \\ 0 & 0 & 0 & -0.48 & 0 \\ 0 & 0 & 0 & 0 & 0 \\ 0 & 0 & 0 & 0 & -0.42 \\ 0 & 0 & 0 & 0 & 0 \\ 0 & 0 & 0 & 0 & 0 \\ 0 & 0 & 0 & 0 & 0 \\ 0 & 0 & 0 & 0 & 0 \\ 0 & 0 & 0 & 0 & 0 \\ 0 & 0 & 0 & 0 & 0 \end{bmatrix}$$

步骤5。计算变迁点火后各库所的托肯值的增加量：$S^0 = \Phi H_0$；

$S^0 = \Phi H_0 = [0.45 \quad -0.2885 \quad -0.48 \quad 0 \quad -0.42 \quad 0 \quad 0 \quad 0 \quad 0 \quad 0 \quad 0]^T$

步骤6。计算本次迭代后各库所的托肯值：$S_1 = S_0 \oplus S^0$；

$S_1 = S_0 \oplus S^0 = [0.45 \quad 0.3558 \quad 0.468 \quad 0.8 \quad 0.522 \quad 0.7 \quad 0.6 \quad 0.7 \quad 0.6 \quad 0.6 \quad 0.8]^T$

第二次迭代后，$S_2 = [0.3202 \quad 0.5096 \quad 0.468 \quad 0.8 \quad 0.522 \quad 0.7 \quad 0.6 \quad 0.7 \quad 0.6 \quad 0.6 \quad 0.8]^T$。

第三次迭代后，$S_3 = [0.4212 \quad 0.5096 \quad 0.468 \quad 0.8 \quad 0.522 \quad 0.7 \quad 0.6 \quad 0.7 \quad 0.6 \quad 0.6 \quad 0.8]^T$。

以后库所托肯值不再发生变化，最后得到 p_1 的可信度值为 0.4212。

（2）针对方案 P_1^2，共有4个库所和2个变迁，依照以上方法计算，第一次迭代的结果为

$S_1 = S_0 \oplus S^0 = [0 \quad 0.8 \quad 0.3 \quad 0.5]^T \oplus [0.21 \quad 0 \quad -0.4 \quad 0]^T = [0.21 \quad 0.8 \quad 0.18 \quad 0.5]^T$

第二次迭代的结果为 $S_2 = S_0 \oplus S^1 = [0.126 \quad 0.8 \quad 0.18 \quad 0.5]^T$。

以后库所托肯值不再发生变化，最后得到 P_1^2 的可信度值为 0.108。

（3）针对方案 P_1^3，共有2个库所和1个变迁，算法经过一次迭代即停止，结果为

$$S_2 = S_0 \oplus S^1 = [0 \quad 0.8]^T \oplus [0.4 \quad 0]^T = [0.4 \quad 0.8]^T$$

对应 P_1^3、P_{17} 的托肯值为分别为 0.4，0.8。

在本例中，P_1^1、P_1^2、P_1^3 为针对问题的三个备选方案。在方案 P_1^1 的对话树中，第一次迭代，P_1^1 的托肯值因为变迁 t_1^1 的支持由原来的 0 上升为 0.45；t_2^1 和 t_3^1 的共同作用于 P_2^1，t_2^1 以 -0.63 的值反对 P_2^1，而 t_3^1 以 0.48 的值支持 P_2^1，先把支持值与反对值进行集结，得到 -0.2885，再与 P_2^1 的原值进行合成使 P_2^1 的托肯值由原来的 0.5 降为 0.3558；P_3^1 的托肯值因为变迁 t_4^1 的反对由原来的 0.9 下降为 0.468；P_5^1 的托

肯值因为变迁 t_5^1 的反对由原来的 0.9 下降为 0.522。第二次迭代，变迁 t_1^1 的输入库所 P_2^1，P_3^1 的托肯值由于第一次迭代作用分别由原来的 0.5、0.9 变为 0.3558、0.468，t_1^1 的总输入量由 0.5 降为 0.3558，致使 P_1^1 的托肯值由原来的 0.45 下降为 0.3202；变迁 t_2^1 的输入库所 P_5^1 的托肯值由于第一次迭代作用由原来的 0.9 变为 0.522，P_2^1 重新集结合成后其托肯值 0.3558 变为 0.5096，本次迭代 P_3^1、P_5^1 的托肯值不变。第三次迭代，变迁 t_1^1 的输入库所 P_2^1 的托肯值由于第二次迭代作用由原来的 0.3558 变为 0.5096，重新计算 P_1^1 的托肯值为 0.4212。以后迭代停止。

在方案 P_1^2 的对话树中，第一次迭代，P_1^2 的托肯值因为变迁 t_1^2 的支持由原来的 0 上升为 0.21；P_3^2 的托肯值由于变迁 t_2^2 的反对由原来的 0.3 降为 0.18。第二次迭代，变迁 t_1^2 的输入库所 P_3^2 的托肯值由于第一次迭代作用由原来的 0.3 降为 0.18，t_1^2 的总输入量降为 0.18，致使 P_1^2 的托肯值由原来的 0.21 下降为 0.126。其他的库所的托肯值不变。以后迭代停止。

在方案 P_1^3 的对话树中，只经过一次迭代，使 P_1^3 的托肯由原来的 0 上升为 0.4。

整个对话树的库所的托肯值按时间变化如表 7.2 所示。P_4^1、P_6^1、P_7^1、P_8^1、P_9^1、P_{10}^1、P_{11}^1、P_2^2、P_4^2、P_2^3 因为没有受到其他争议的响应，其托肯值不变，表 7.2 没有列出它们的托肯值。从表 7.2 可以看出，库所的托肯值随着算法的进行不断发生变化，方案 P_1^1、P_1^2、P_1^3 的最终托肯值分别为 0.4212、0.126、0.4。对方案进行排序即得最优方案为 P_1^1。

表 7.2 托肯值变化表

时间节点	P_1^1	P_1^2	P_1^3	P_2^1	P_3^1	P_3^2	P_5^1
0	—	—	—	0.5	0.9	0.3	0.9
1	0.45	0.21	0.4	0.3558	0.468	0.18	0.522
2	0.3202	0.126	0.4	0.5096	0.468	0.18	0.522
3	0.4212	0.126	0.4	0.5096	0.468	0.18	0.522

7.6 相关工作比较

对 IBIS 模型[24]进行改进的研究一直都在持续。Zeno[10]是第一个基于 IBIS 的计算机辩论模型。Zeno 模型对应的辩论图是一个以问题（issue）为根的树，除根节点外其他节点都称为 position，其内容是陈述（term）。直接针对（choice）问题的节点称为备选方案。支持争议表示为 Pro(P_1, P_2)，反对争议表示为 Con(P_1, P_2)，P_1、P_2 都是 position，其中 P_1 是前提，P_2 是结论，而且规定争议前提和结论都只有一个 position。由问题（issue）还可以引发（constraint）一个约束，它给出 choice

下的 position 的优先关系。每个备选方案可以作为一个内部 issue，并引发新的辩论，从而使辩论呈现多层结构。Zeno 用 IN 和 OUT 表示是否满足举证标准，所有不在 issue 下的主张都是 IN，然后根据 constraint 表给出的优先序关系确定备选方案的 IN 或 OUT 值。Zeno 只计算了备选方案的可接受性，没有考虑争议的强度。另外，Zeno 通过对内部 issue 的辩论来体现论证的多层结构，单从一个 issue 来看，它仍是单层结构。gIBIS[25]是第一个以 Zeno 为理论基础的计算机辩论支持系统，它用计算机可视化技术将辩论图呈现给用户，包括问题、争议和立场的图形化表示。

HERMES[11]也是一个基于 Zeno 的计算机辩论支持工具，它提供多层辩论结构，即针对争议还可以提出争议，并通过设定争议之间的优先序关系确定争议的可接受性。HERMES 提出了三种争议评价标准，一是点滴证据（scintilla of evidence，SoE），即一个争议是有效的，如果存在一个支持它的有效的直接下级争议，即 $active(P_i) \Leftrightarrow \exists P_j(active(P_j) \land in\_favor(P_j, P_i))$；二是毋庸置疑（beyond reasonable doubt，BRD），即一个争议是有效的，如果不存在攻击它的有效的直接下级争议，即 $active(P_i) \Leftrightarrow \neg \exists p_j(active(p_j) \land against(p_j, p_i))$；三是优势证据（preponderance of evidence，PoE），即一个争议是有效的，如果支持它的有效争议的权值之和比反对它的有效争议的权值之和大，即 $active(p_i) \Leftrightarrow score(p_j) \geq 0$，其中

$$score(e_i) = \sum_{in\_favor(p_j, e_i) \land active(p_j)} weight(p_j) - \sum_{against(p_k, e_i) \land active(p_k)} weight(p_k)$$

优势证据计算争议节点得分值时需要计算争议节点的权值。设定初始权值为 min-weight = 0，max-weight = 10，则 weight = (max-weight + min-weight)/2，如果存在优先序关系（constraint），则争议节点的 weight 值会发生改变，例如，如果 P_1 优先于 P_2，则 P_1 的 min-weight 增 1，而 P_2 的 max-weight 减 1。按照这种方法，HERMES 能够确定每个备选方案的分值，并对方案的优劣进行排序。在这种方法中，争议节点之间的优先顺序来自专家的主观判断，其争议节点 weight 值的设定和改变也存在很大的主观性。

Liu 等[15]提出一个基于模糊集的模型，它包括问题、立场和争议三个部件，并考虑了论证的多层结构和争议之间的论证强度。论证强度用模糊语言值（强支持、中支持、中立、中攻击、强攻击）表示，然后用梯形隶属函数转换成为 -1～1 的量化值。如果是正值表明是支持，如果是负值表明是反对。该模型的核心思想是采用模糊推理机对多层辩论结构进行约简，直到所有争议都直接针对方案。他们提出了 4 个辩论启发式规则：

（1）如果争议 B 支持争议 A，且争议 A 支持立场 P，则争议 B 支持立场 P；

（2）如果争议攻击争议 A，且争议 A 支持立场 P，则争议 B 攻击立场 P；

（3）如果争议 B 支持争议 A，且争议 A 攻击立场 P，则争议 B 攻击立场 P；

（4）如果争议 B 攻击争议 A，且争议 A 攻击立场 P，则争议 B 支持立场 P。

由于用于表示争议之间响应强度值的模糊语言评价值有 5 种，这 4 个辩论启发式规则扩展为 25 个辩论启发式规则，用这些模糊规则通过模糊推理机可以将所有的争议归结为直接针对方案节点（position）的论证，最后根据参与人的权重将所有争议节点的攻击强度集结为方案的支持度（favorability factor）。其集结公式为 $\text{Fav}(P) = \dfrac{\sum_{j=1}^{N_A} w_j s_j}{M}$，其中 $\text{Fav}(P)$ 是方案 P 的支持度，N_A 是争议节点的总数，w_j 是第 j 个争议的提出者的权重，s_j 是第 j 个争议的攻击强度，M 是所有参与人提出争议的个数的最大值。他们证明该公式能保证 $\text{Fav}(P) \in [-1, +1]$。但这个支持度实际是约简后的争议响应强度值的加权和，显然他们没有考虑可信度的合成。另外，该方法设定每个非根争议节点的支持度为 0，每个争议都有一个对其父争议的响应强度。这样除方案节点外，所有争议只有响应强度值而没有支持度值，因此不能实现对所有争议的支持度的评价。

Baroni 等[12]提出了一种称为 QuAD 的基于 IBIS 模型的量化辩论框架，并将其应用于他们开发的 DesignVUE 系统[12]中。该方法首先给每一个争议 a 赋予一个初始值 $\text{BS}(a)$，辩论结束后，一个争议 a 的得分为 $\text{SF}(a) = g(\text{BS}(a), F_{att}(\text{BS}(a), \text{SEQ}_{SF}(R^-(a))), F_{supp}(\text{BS}(a), \text{SEQ}_{SF}(R^+(a))))$，其中 $F_{att}(\text{BS}(a), \text{SEQ}_{SF}(R^-(a)))$ 是攻击 a 的所有争议赋予 a 的得分值，$F_{supp}(\text{BS}(a), \text{SEQ}_{SF}(R^+(a)))$ 是支持 a 的所有争议赋予 a 的得分值，$g()$ 是一个函数，根据争议 a 的初始值（该值由专家给定，其值域为[0, 1]）、攻击值和支持值确定争议 a 的最后的得分值，具体计算公式如下：

$g(v_0, v_a, v_s) = v_a$，如果 $v_s = \text{nil}$ 且 $v_a \neq \text{nil}$；

$g(v_0, v_a, v_s) = v_s$，如果 $v_a = \text{nil}$ 且 $v_s \neq \text{nil}$；

$g(v_0, v_a, v_s) = v_0$，如果 $v_a = v_s = \text{nil}$；

$g(v_0, v_a, v_s) = (v_a + v_s)/2$，其他。

式中，$v_s = \text{nil}$ 表示支持 a 的争议为空，$v_a = \text{nil}$ 表示攻击 a 的争议为空。该方法的关键是 $F_{att}(\text{BS}(a), \text{SEQ}_{SF}(R^-(a)))$ 和 $F_{supp}(\text{BS}(a), \text{SEQ}_{SF}(R^+(a)))$ 的计算，Baroni 等[12]提出了一种基于三角范数的算法，保证了攻击值和支持值的归一化，有较好的数学基础。但最后总得分值的合成简单取了支持值与反对值的平均值，其合理性有待证明。另外在计算结果值时用到了递归算法，其时间复杂度较高。

本章工作与以上工作不同的是对争议进行了结构化分解，即把争议扩展为由若干前提和一个结论组成的可废止规则，并对前提的可信度和争议之间的论证强度进行量化。如果一个争议只有一个前提和一个结论，则本书的模型就退化成 Liu 等[26]和 Baroni 等[12]提出的模型。从争议评价来看，本章工作与 Baroni 等[12]的工作更接近，但算法更合理。一是当一个争议受到多个争议响应时，Baroni 等[12]的方法是分别计算支持值和反对值，再求它们的平均值。本章采用的方法要求有较好的数学基础，先是采用 Shortliffe 等[23]的可信度合成方法将针对争议前提（库所）的支持值和反对值进行集结，再运用式（7.3）（本书第 6 章对该公式进行了证明）将合成后的值与争议前提（库所）原共识值（托肯值）进行合成。二是将协商对话映射为 Petri 网，通过矩阵迭代运算求各个库所的最终托肯值，并有效地发挥了 Petri 网的并行计算能力，提高了算法效率。

在多 Agent 系统研究中，主要关注于协商对话协议[27]，而有关争议评价算法的研究很少。例如，McBurney 等[3]第一次运用辩论理论对多 Agent 的协商对话进行形式化的描述，把对话内容抽象为符号语言（symbolic language），并提出了多 Agent 系统中的协商对话协议（DDF protocol）。符号语言包括行动（actions）、目标（goals）、约束（constraints）、视角（perspectives）、事实（facts）和评价（evaluations）等 6 种，这些符号语言都是协商模型的原子单位，对应本模型中的陈述。协商对话协议规定了对话过程和发言规则，其中协商对话过程由开启（open）、通告（inform）、提议（propose）、认定（consider）、修正（revise）、推荐（recommend）、确认（confirm）和结束（close）等 8 阶段组成，并定义了阶段之间的先后次序。一个协商对话中可能嵌入到另一个协商对话中。其他相似研究还有 Tolchinsky 等[27]和 Tang 等[28]提出的协商对话模型，这些研究也是重点针对对话协议和对话过程进行描述，而对相应的争议评价算法没有做深入研究。

7.7　本章小结

本章提出了一种基于 IBIS 的协商研讨模型（DF）。先对 IBIS 模型进行简化处理，不考虑 IBIS 模型中的问题的特化、泛化等衍生处理，然后对 IBIS 模型进行拓展处理，增加对争议节点的多层论证结构，最后对 IBIS 模型进行量化处理，用可信度因子表示争议前提的不确定性和争议论证强度。为了计算方案共识值，提出了一种基于模糊 Petri 网的争议评价方法，先用模糊 Petri 网对 DF 进行重构，将模糊争议映射为变迁，将争议前提和结论映射为库所，用托肯值表示陈述的可信度值，通过矩阵迭代运算求解各库所的托肯值，得出最终的协商研讨结果。最后用一个实例验证该方法的有效性和合理性。

参 考 文 献

[1] Kok E M，Meyer J J C，Prakken H，et al. A formal argumentation framework for deliberation dialogues. The 7th International Workshop on Argumentation in Multi-Agent Systems，Berlin，2011：31-48.

[2] van Gelder T. Enhancing deliberation through computer supported argument visualization//Visualizing Argumentation：

Software Tools for Collaborative and Educational Sense-Making. London: Springer, 2003: 97-115.

[3] McBurney P, Hitchcock D, Parsons S. The eightfold way of deliberation dialogue. International Journal of Intelligent Systems, 2007, 22 (1): 95-132.

[4] Amgoud L, Maudet N, Parsons S. Modelling dialogues using argumentation. The 4th International Conference on Multi-Agent Systems, Boston, 2000: 7-12.

[5] Toulmin S E. The Uses of Argument. Cambridge: Cambridge University Press, 1958.

[6] Heras S, Jordán J, Botti V, et al. Case-based strategies for argumentation dialogues in agent societies. Information Sciences, 2013, 223 (2): 1-30.

[7] Dung P M. On the acceptability of arguments and its fundamental role in nonmonotonic reasoning, logic programming and n-person games. Artificial Intelligence, 1995, 77 (2): 321-357.

[8] Gordon T F, Prakken H, Walton D. The Carneades model of argument and burden of proof. Artificial Intelligence, 2007, 171 (10): 875-896.

[9] Kunz W, Rittel H W J. Issues as Elements of Information Systems. Berkeley: University of California, Berkeley, 1970.

[10] Gordon T F, Karacapilidis N. The Zeno argumentation framework. Proceedings of the 6th International Conference on Artificial Intelligence and Law, Melbourne, 1997: 10-18.

[11] Karacapilidis N, Papadias D. Computer supported argumentation and collaborative decision making: The Hermes system. Information Systems, 2001, 26 (4): 259-277.

[12] Baroni P, Romano M, Toni F, et al. Automatic evaluation of design alternatives with quantitative argumentation. Argument & Computation, 2015, 6 (1): 24-49.

[13] Baroni P, Romano M, Toni F, et al. An argumentation-based approach for automatic evaluation of design debates. Proceedings of the 14th International Workshop on Computational Logic in Multi-Agent Systems-Volume 8143, Corunna, 2013: 340-356.

[14] Arvapally R S, Liu X. Collective assessment of arguments in an online intelligent argumentation system for collaborative decision support. International Conference on Collaboration Technologies and Systems (CTS), San Diego, 2013: 411-418.

[15] Liu X F, Sigman S. A computational argumentation methodology for capturing and analyzing design rationale arising from multiple perspectives. Information and Software Technology, 2003, 45 (3): 113-122.

[16] Walton D N, Krabbe E C W. Commitment in Dialogue: Basic Concepts of Interpersonal Reasoning. Albany: State University of New York Press, 1995.

[17] Fox J, Glasspool D, Grecu D, et al. Argumentation-based inference and decision making: A medical perspective. IEEE Intelligent Systems, 2007, 22 (6): 34-41.

[18] Chen S M, Ke J S, Chang J F. Knowledge representation using fuzzy Petri nets. IEEE Transactions on Knowledge and Data Engineering, 1990, 2 (3): 311-319.

[19] Chen S M. Fuzzy backward reasoning using fuzzy Petri nets. IEEE Transactions on System, Man, and Cybernetics, Part B, 2000, 30 (6): 846-856.

[20] Murata T. Petri nets: Properties, analysis and applications. Proceedings of the IEEE, 1989, 77 (4): 541-580.

[21] Martinez D, Cobo M, Simari G. A Petri Net Model of Argumentation Dynamics. Berlin: Springer, 2014: 237-250.

[22] Ming W W, Xun P, Niu Z G, et al. Dynamic representation of fuzzy knowledge based on fuzzy Petri net and genetic-particle swarm optimization. Expert Systems with Applications, 2014, 41 (4): 1369-1376.

[23] Shortliffe E H, Buchanan B G. A model of inexact reasoning in medicine. Mathematical Biosciences, 1975, 23 (3/4): 351-379.

[24] Baroni P, Romano M, Toni F, et al. Automatic evaluation of design alternatives with quantitative argumentation. Argument & Computation, 2015, 6 (1): 24-49.

[25] Conklin J, Bergman M. gIBIS: Ahypertext tool for exploratory policy discussion. ACM Transactions on Office Information System, 1988, 6 (4): 303-331.

[26] Liu X, Raorane S, Leu M C. A web-based intelligent collaborative system for engineering design//Collaborative Product Design and Manufacturing Methodologies and Applications. London: Springer, 2007: 37-58.

[27] Tolchinsky P, Modgil S, Atkinson K, et al. Deliberation dialogues for reasoning about safety critical actions. Autonomous Agents and Multi-Agent Systems, 2012, 25 (2): 209-259.

[28] Tang Y, Parsons S. Argumentation-based dialogues for deliberation. Proceedings of the 4th International Joint Conference on Autonomous Agents and Multiagent Systems, New York, 2005: 552-559.

第8章 研讨文本分析方法

8.1 概 述

在协商研讨环境中,专家意见多以发言(speech text)文本的形式展现。专家发言时可以明确给出该发言的针对性(支持或反对某发言)和模态值(支持或反对的强度),从而形成发言节点之间的辩论图。但很多时候专家并不显式给出发言节点之间的关系,发言节点之间的支持或反对关系隐藏在文本内容之中,因此有必要对发言文本内容进行分析[1]。

发言文本内容分析属于文本挖掘的研究范畴[2,3]。文本挖掘大致可以分为两类,一是单文本挖掘,包括文本摘要、文本翻译等;二是多文本挖掘,如分析文本之间的关系[4,5]、文本聚类、文本分类、多文本摘要等。研讨发言文本内容分析也可分为单发言文本分析和多发言文本分析两个方面。单发言文本分析的主要研究内容是提取发言文本摘要,或者从发言文本中提取争议(称为争议挖掘,argument mining)[1]。多发言文本分析的研究内容包括发言文本关系挖掘[4,5]和多发言文本理解两个方面。发言文本之间的关系挖掘包括:一是通过提取发言文本模态词,分析发言文本之间的支持反对关系,或支持反对的强度,其目标是重构辩论图,再采用抽象辩论理论求解发言节点的可接受性或共识值[6,7];二是对发言文本集进行聚类分析,识别发言文本内容的相似度;三是利用发言节点之间关系分析和发言文本集聚类分析的结果对抽象辩论图进行重构或简化。多发言文本挖掘的研究内容主要是提取相似文本集的共同摘要,即多发言文本摘要。本章的研究重点是多发言文本的聚类分析和多文本摘要。

在发言文本聚类分析方面,白冰等[8]提出了一种基于研讨主题聚类的热点提取方法,利用文本聚类算法提取热门主题和热门观点来辅助专家研讨,推动最终决策的产生。李嘉等[9]提出了一种基于自组织神经网络(self-organization map,SOM)的聚类方法,该方法能自动产生一系列有意义的研讨主题,以可视化的方式展示给用户,帮助用户更快了解群体研讨内容。李欣苗等[10]针对研讨系统中的短文本特征,运用 AntSA 算法对发言文本进行聚类分析,并对聚类结果的主题标签进行定量识别,从而识别并构建出研讨主题的层次结构。但是这些方法都是对发言文本进行聚类分析,并没有对聚类得到的文本簇做进一步的分析[11]。

对聚类得到的文本簇做进一步分析的目的是提取它们的共同主题,即多文本摘要[12]。大量的有关多文本摘要的研究来自 Web 文本挖掘。Qumsiyeh 等[13]提出了一种用于提取 Web 搜索结果聚类集的共同摘要的方法,这种方法允许用户快速识别 Web 文本集的共同主题;Zhang 等[14]提出了"聚类-摘要"两步法对 Web 搜索结果进行分析,该方法分为两步,第一步采用聚类方法,将 Web 页分为不同的聚簇,并确定其主题;第二步分别计算各个聚簇的共同摘要。Wenerstrom 等[15]提出了一种结合查询无关和查询偏差相结合的摘要技术,来改进用户期望的准确性。文本摘要技术还用于客户投诉分析[12]和新闻分析[16]等。多文本摘要建立在单文本摘要基础上,它的方法有两大类:基于抽取的方法和基于语义理解的方法[17]。基于抽取的方法主要是抽取文本中的关键句子组成摘要。基于理解的方法则要对句子进行重写,它需要更加深入的自然语言理解技术,因而难度更大。目前大部分的研究集中于基于抽取的方法。Lin 等[18]开发一个称为 NeATS 的多文本摘要系统,该系统借鉴单文本摘要中的一些技术,如词频统计、句子位置等一些特征信息提取关键句子,并对它们进行排序,生成最终的摘要。Mckeown[19]提出了一种面向新闻的多文本摘要提取工具,能实时地对每天的新闻提取出相应的文本摘要。Hearst[20]提出了一种称为 TextTilling 算法,该算法通过确定主题边界和位置来提取文本摘要。Yan 等[21]提出了一种增强的图排序 SRRank 算法来计算最终摘要,在实际的应用中取得了不错的效果。Gambhir 等[17]利用神经网络和序列学习的方法来生成最终的摘要。然而,以上方法并不能直接运用于在线研讨系统中。在发言文本摘要方面,王艾等[22]提出了一种基于混合概率模型的专家话题抽取方法,并根据话题的演变来生成摘要,该方法可以促进专家之间的互动,起到辅助会议决策的作用。

本章提出一种研讨文本分析方法,并将其运用于综合集成研讨环境的研讨文本分析子系统中。首先,通过聚类计算把文本内容相似的发言文本聚集在一起,形成发言文本簇。然后,对形成的发言簇进行提取摘要处理。最后,利用 D3 可视化工具将文本分析结果进行可视化展示。实验结果表明,该方法可以有效地提高专家研讨效率,促进决策的形成。

8.2 文本预处理

研讨是通过互动对话进行的。在研讨过程中,会产生大量的专家发言文本信息。在这些研讨文本中,有些文本内容是相似的,有些文本内容则不相似,利用文本聚类算法可以得到不同的相似文本集,群体共识隐藏在大的相似文本集中。研讨文本分析过程分为三个阶段:第一阶段是发言文本预处理,第二部分是使用文本聚类算法获取相似文本聚类簇,第三阶段是使用改进的 TextRank 算法抽取多文本摘要,获取文本集的共同内容,如图 8.1 所示。

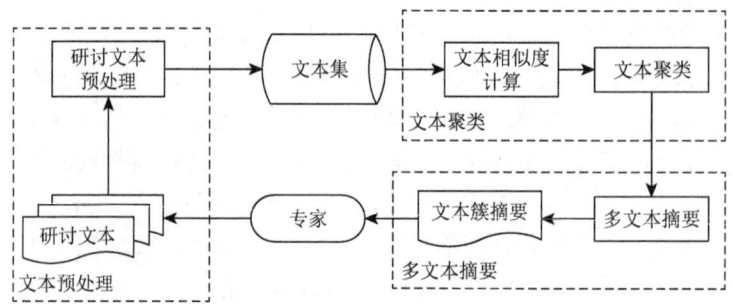

图 8.1　研讨文本分析流程图

专家发言文本结构复杂，计算机无法直接处理。因此，有必要对这些发言文本信息进行预处理。发言文本预处理分为三个步骤。

第一步：文本分词。把文本切分成词是自然语言处理的先决条件，分词质量的好坏将直接影响到文本相似度的计算。本章所使用的文本分词工具是 StandardAnalyzer 分词工具，与其他分词工具相比，StandardAnalyzer 分词自带许多模块可以方便开发者调用。

第二步：去除停用词。在实际研讨过程中，专家发言文本中存在一些出现频率很高却没有实际含义的词，称为停用词。使用停用词典中的词汇来过滤掉一些在发言文本中出现频率很高但实际意义不大的词可以有效地降低文本向量的维度，提高文本处理的效率。

第三步：生成文本向量。提取特征词，并给特征词赋予权值，将发言文本转换为可被计算机识别和处理的信息。

TF-IDF[23]方法是经典的基于统计的特征提取方法。该算法通过计算单词在文档中出现的次数以及单词在文本集中出现的次数来确定特征词的权重。

对某一文本 d_j 中的单词 q_i 来说，它的 TF 值可以表示为

$$tf_{ij} = \frac{w_{ij}}{\sum_k w_{kj}} \tag{8.1}$$

式中，w_{ij} 表示单词 q_i 在文本 d_j 中的词频；$\sum_k w_{kj}$ 表示文本 d_j 所有词的词频总和。单词 q_i 的 IDF 指标计算公式如下：

$$\text{IDF}_i = \log \frac{|D|}{|\{j: q_i \in d_j\}+1|} \tag{8.2}$$

式中，$|D|$ 表示的文本集中的文本个数，$|\{j: q_i \in d_j\}+1|$ 表示含有单词 q_i 的文本个数。单词 q_i 的 TF-IDF 值的计算公式为

$$\text{TF-IDF} = tf_{ij} \times \text{IDF}_i \tag{8.3}$$

式（8.3）用来确定文本中单词的重要性，它是文本向量的一个维度。

如果使用向量表示文本[24]，则向量的每个维度对应一个单词，其值为TF-IDF。文本被向量化后，文本内容的相似性可以通过计算文本向量之间的距离来获得。设 D 为文本集，$d_i \in D(i=1,2,\cdots,m)$ 表示第 i 个文本；T 为特征项，$t_j \in T(j=1,2,\cdots,n)$ 表示第 j 个特征项；w_{ij} 表示第 i 个文本的第 j 个特征项的权值。文本向量可以用下面的矩阵 $D_{m \times n}$ 表示。

$$D_{m \times n} = \begin{bmatrix} w_{11} & w_{12} & \cdots & w_{1n} \\ w_{21} & w_{22} & \cdots & w_{2n} \\ \vdots & \vdots & & \vdots \\ w_{m1} & w_{m2} & \cdots & w_{mn} \end{bmatrix}$$

8.3 文本聚类分析

文本聚类之前要先计算文本相似度。文本 d_i 和文本 d_j 的相似度计算公式为

$$\mathrm{sim}D(d_i, d_j) = \frac{\sum_{k=1}^{n}(w_k^i \times w_k^j)}{\sqrt{\left(\sum_{k=1}^{n}(w_k^i)^2\right)\left(\sum_{k=1}^{n}(w_k^j)^2\right)}} \qquad (8.4)$$

式中，n 表示文本向量的长度；w_k^i 表示文本 d_i 中单词 q_k 的特征值；w_k^j 表示文本 d_j 中单词 q_k 的特征值，$1 \leqslant k \leqslant n$。$\mathrm{sim}D(d_i, d_j)$ 为文本 d_i 和文本 d_j 的相似度，简记为 S^{ij}，$0 \leqslant \mathrm{sim}D^{ij} \leqslant 1$。$\sum_{k=1}^{n}(w_k^i \times w_k^j)$ 为文本 d_i 和文本 d_j 的向量内积，$\sqrt{\left(\sum_{k=1}^{n}(w_k^i)^2\right)}$ 与 $\sqrt{\left(\sum_{k=1}^{n}(w_k^j)^2\right)}$ 分别为 d_i 和 d_j 的长度。

文本聚类算法很多[25]，这里使用文献[26]的文本聚类算法。算法的伪代码如下所示。

INPUT：The text set $D = \{d_1, d_2, \cdots, d_m\}$（$m \geqslant 2$）and the similarity threshold δ。
OUTPUT：The text cluster set $C = \{C_1, C_2, \cdots, C_p\}$，$1 \leqslant p \leqslant m$。
BEGIN
  $k = 1$；
  $C_k = \{d_1\}$；//Put the text d_1 in the first cluster
  FOR $i = 2$ to m
    FOR $r = 1$ to k//Calculates the average similarity between the text d_i and the texts in the text cluster C_r
      $S^r = 0$；
      FOR $j = 1$ to $|C_r|$
        IF（$S^{ij} \geqslant \delta$）

$S^r = S^r + S^{ij}$;
ELSE
　　$S^r = 0$; //If a similarity is less than the threshold, then put
　　$S^r = 0$
　　break;
END IF
$S^r = S^r/|C_r|$; //Calculate the average similarity
　END FOR
END FOR
$S^t = \max(S^r)$; //Get the text cluster with the highest average similarity
IF ($S^t != 0$)
　　$C_t = C_t \cup d_i$; //Incorporate d_i into C_t
ELSE
　　$k = k + 1$;
　　$C_k = \{d_i\}$; //Generate a new text cluster C_k and incorporate the text d_i into it
END IF
END FOR
END

算法的思想是：给定研讨文本集合 $D=\{d_1,d_2,\cdots,d_m\}(m \geqslant 2)$ 和相似度阈值 δ，该算法可以将发言文本集划分为 k 个文本簇。算法的过程如下，首先，将第一个文本 d_1 放入第一个文本簇 C_1 中，并从 D 中移除 d_1；接下来，从 D 中取元素 d_i，并检查现有的文本簇。如果存在一个文本簇 C_t，d_i 与 C_t 中任何元素之间的相似度大于 δ，并且平均相似度最大，则将 d_i 合并到 C_t 中，并从 D 中移除 d_i，否则创建一个新簇并将 d_i 放入其中。直到 D 为空，聚类结束。该算法需要对文本集 D 进行两次扫描，算法的时间复杂度为 $O(m^2)$。

8.4　文本摘要算法

8.4.1　基于 TextRank 的文本摘要算法

基于 TextRank[27]的文本摘要技术，其基本思想是根据文本中的句子的重要性来提取句子，然后用这些句子组成摘要。其步骤如下。

步骤1：对文本进行分句处理，构造句子集，并采用 TF-IDF 模型构造句子的特征向量空间。

步骤 2：计算句子相似度。可以通过计算向量距离的函数（如欧氏距离、Jaccard 或余弦函数等）计算句子间的相似度。这里采用余弦相似度函数，如式（8.5）所示。

$$\text{sim}V(v_i, v_j) = \frac{\sum_{k=1}^{n}(w_k^i \times w_k^j)}{\sqrt{\left(\sum_{k=1}^{n}(w_k^i)^2\right)\left(\sum_{k=1}^{n}(w_k^j)^2\right)}} \tag{8.5}$$

$\text{sim}V(v_i, v_j)$ 表示句子 v_i 和 v_j 的相似度，简记为 sv_{ij}，w_k^i 表示第 i 句子中第 k 个单词的特征值。文本中两两句子之间的相似度可以用矩阵 $V_{n \times n}$ 表示：

$$V_{n \times n} = \begin{bmatrix} sv_{11} & sv_{12} & \cdots & sv_{1n} \\ sv_{21} & sv_{22} & \cdots & sv_{2n} \\ \vdots & \vdots & & \vdots \\ sv_{1n} & sv_{1n} & \cdots & sv_{nn} \end{bmatrix}$$

式中，sv_{ij} 表示句子 v_i 与句子 v_j 间的相似度。$V_{n \times n}$ 是一个对称矩阵，对角线上元素的值均为 1。

步骤 3：构造 TextRank 带权无向图，计算各个句子的权值，并根据句子的权值对文本中的句子进行递减排序。

句子 v_i 的权值计算公式为

$$\text{WS}(v_i) = (1-d) + d \times \sum_{v_j \in \ln(v_i)} \frac{sv_{ij}}{\sum_{v_k \in \text{out}(v_j)} sv_{jk}} \text{WS}(v_j) \tag{8.6}$$

式中，d 是阻尼系数，一般定义为 0.85，sv_{ij} 表示句子 v_i 和 v_j 之间的相似度，$\text{WS}(v_i)$ 表示句子 v_i 的权重，而 $\text{WS}(v_j)$ 表示上一次迭代后 v_j 的权重，$\ln(v_i)$ 表示指向 v_i 的句子集合，$\text{out}(v_j)$ 表示句子 v_j 所指向的句子集合。式（8.6）左边表示句子 v_i 的权重，而右侧的求和表示每个相邻句子对本句子的贡献程度。在计算句子的权重时需要用到句子本身的权重，因此需要进行迭代计算。为了计算的方便，把句子的权值初始化为 $\frac{1}{|V|}$，即 $P_0 = \left(\frac{1}{|V|}, \cdots, \frac{1}{|V|}\right)^{\text{T}}$。迭代公式为

$$P_i = V_{n \times n} \times P_{i-1} \tag{8.7}$$

当两次迭代的结果 P_i 和 P_{i-1} 差别非常小并接近于零时就停止迭代计算，此时算法结束。当迭代收敛后，就可以根据句子的权重对文本中的句子进行递减排序。

步骤 4：选择 N 个句子构造文本摘要，$1 \leqslant N \leqslant n$，其中 n 是文本中句子的总数。

8.4.2 TextRank 算法改进

经典 TextRank 算法只考虑句子间的相似度，而忽略句子位置、关键句和句子长度等特殊信息。改进的 TextRank 算法中增加了以下因子。

1）句子在段落中的位置

Baxendale[28]的实验结果表明，人们选取每段的第一句作为文摘句的概率为 85%，选取段尾句作为摘要的概率为 7%。由此可知，段首句应该被赋予更高的权重。由此可以用 $VScore$ 表示为句子权重得分，句子 v_i 的 $VScore$ 的计算公式如下：

$$VScore(v_i) = \begin{cases} 0.8, & v_i\text{为首句} \\ 0.07, & v_i\text{为末句} \\ 0, & \text{其他} \end{cases} \quad (8.8)$$

式中，当句子 v_i 为首句时，$VScore(v_i)$ 赋值为 0.8；当句子 v_i 为末句时，$VScore(v_i)$ 赋值为 0.07；当句子 v_i 为其他位置时，$VScore(v_i)$ 赋值为 0。

2）关键句处理

关键句是指含有对重要信息进行提示的关键词的句子，例如，"由此得出""综上所述"等，所以有必要增加这些句子的权重。可以使用 $CScore$ 来表示关键句子的权重。句子 v_i 的 $CScore$ 的计算公式如下：

$$CScore(v_i) = \begin{cases} 0.8, & v_i\text{含有关键词} \\ 0.2, & \text{其他} \end{cases} \quad (8.9)$$

式中，当句子 v_i 含有关键词时，$CScore(v_i)$ 赋值为 0.8；当句子 v_i 不含关键词时，$CScore(v_i)$ 赋值为 0.2。

3）句子长度的过滤

应该抽取长度适中并尽量包含重要信息的句子作为文摘句。本章采用正态分布模型来计算每个文摘句的得分，就是让每个句子与文本簇中的句子的平均长度相比，接近平均长度的句子得分较高，超过或者低于平均长度的句子得分较低。

$$L_i = \frac{1}{\sigma\sqrt{2\pi}}\exp\left(-\frac{(x-\mu)^2}{2\sigma^2}\right) \quad (8.10)$$

$$\sigma^2 = \frac{\sum_1^n(x_i-\mu)^2}{n} \quad (8.11)$$

式（8.10）中 L_i 表示句子 v_i 的句子长度得分，μ 为同一个文本簇中所有句子的平均长度，x 为句子 v_i 中包含单词的个数；式（8.11）中 σ 为句子长度均方差，x_i 为文本集中第 i 个句子的长度，n 为文本集中句子的总数。

最后得到的句子权值为

$$W(v_i) = WS(v_i) + \alpha \times VScore(v_i) + \beta \times CScore(v_i) + L_i \qquad (8.12)$$

式中，$WS(v_i)$ 是经典 TextRank 算法计算得到的句子权值，α 和 β 是调节系数，$\alpha + \beta = 1$。如果将句子位置权重和关键句权重视为同等重要，则 α 和 β 的取值均为 0.5。

运用以上方法得到的句子权重不仅包含句子的整体信息，还包含了句子本身的特征信息，可以提高文本摘要的准确性。

多文本摘要主要针对聚类后的发言文本簇提取共同摘要，其方法是将多个发言文本组合成一个大文本，再针对大文本采用改进的 TextRank 算法进行摘要提取。

8.5 应用效果分析

8.5.1 实验设计

本方法已经应用于综合集成研讨环境的研讨文本分析子系统中。现设计案例，利用本系统进行研讨发言文本分析，测试本方法的有效性。研讨文本分析子系统由三个模块组成：研讨文本预处理模块，研讨文本聚类模块和多文本摘要模块。系统有三类角色：系统管理员、研讨室管理员和专家（即研讨参与人）。实验流程如下。

步骤 1：系统管理员创建研讨室，确定研讨的主题，添加研讨参与人。

步骤 2：研讨室管理员开启研讨室，控制研讨进程；专家进入研讨室，并提交他们的发言文本。

步骤 3：将研讨文本发送到文本预处理模块，过滤掉一些无用的信息，提取文本特征，形成文本向量。

步骤 4：将经过预处理的文本传送到文本聚类分析模块，计算文本之间的相似度，对文本进行聚类。

步骤 5：将聚类后的文本簇传送到研讨文本摘要提取模块，形成文本簇的摘要。

系统采用 D3 可视化技术将聚类结果和文本摘要实时展示给专家，使专家快速有效地把握研讨现状和研讨趋势，促进专家思维收敛。

本次实验主题为"2017 年暑期旅行计划"，8 名学生参加了研讨实验。每个学生都针对主题发表研讨文本。研讨文本以他们自己的姓名命名。暑期旅行计划可分为四类：滇池（Lake Dian）、黄山（Huang Shan）、莫高窟（Mogao Caves）和香格里拉（Shangri-La），如表 8.1 所示。

表 8.1 研讨文本信息

编号	类别	提交者
00	Lake Dian	Gan Shenglu
01	Lake Dian	Zhang Xue
02	Huang Shan	Liu Jian
03	Huang Shan	Wang FeiLing
04	Mogao Caves	Wang GanWen
05	Mogao Caves	Zhang Heng
06	Shangri-La	Li JunTian
07	Shangri-La	Luo Meng

8.5.2 实验过程

实验分为三个阶段。首先，研讨室管理员创建研讨室，将其主题设置为"2017年暑期旅行计划"，并邀请 8 名学生参与研讨。然后，研讨参与人登录系统，提交研讨文本。最后，研讨管理员通过设置文本相似度阈值 δ 获得不同的聚类簇，提取各文本簇的摘要，并与人工摘要进行比较。当研讨室管理员将文本相似性阈值设定为 $\delta = 0.01$ 时，所有文本聚类为一个文本簇，如图 8.2 所示。单击 summary 按钮，可以看到所有文本的共同摘要，如图 8.3 所示。

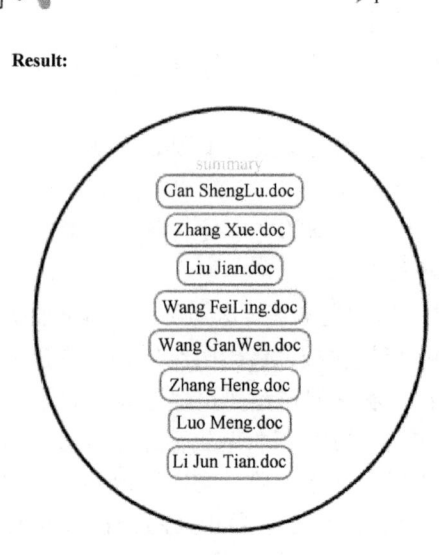

图 8.2　$\delta = 0.01$ 时聚类结果

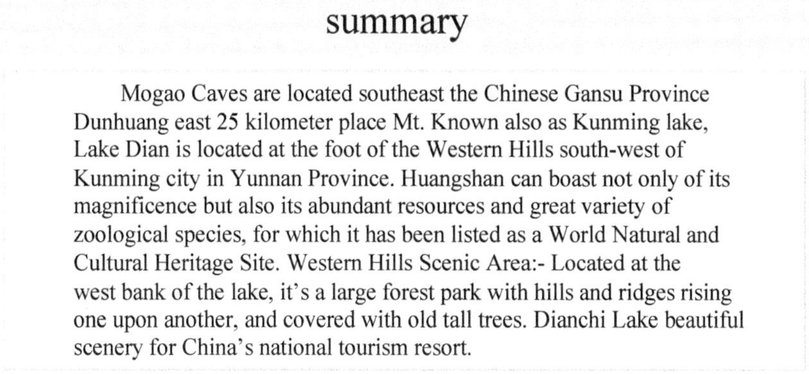

summary

Mogao Caves are located southeast the Chinese Gansu Province Dunhuang east 25 kilometer place Mt. Known also as Kunming lake, Lake Dian is located at the foot of the Western Hills south-west of Kunming city in Yunnan Province. Huangshan can boast not only of its magnificence but also its abundant resources and great variety of zoological species, for which it has been listed as a World Natural and Cultural Heritage Site. Western Hills Scenic Area:- Located at the west bank of the lake, it's a large forest park with hills and ridges rising one upon another, and covered with old tall trees. Dianchi Lake beautiful scenery for China's national tourism resort.

图 8.3 $\delta = 0.01$ 时聚类摘要

当研讨室管理员将文本相似度阈值调整为 $\delta = 0.12$ 时，所有文本聚类成 4 个簇，如图 8.4 所示。这个结果与手动聚类结果一致。可以单击各个文本簇中的 summary 按钮查看它们的摘要，图 8.5 显示的是滇池文本簇的摘要。

图 8.4 $\delta = 0.12$ 时聚类结果

研讨室管理员继续调整文本相似度阈值。当阈值设置为 $\delta = 0.5$ 时，形成了 8 个文本簇，每个簇只有一个文本，如图 8.6 所示。此时，多文本摘要变成了单文本摘要。图 8.7 显示的是滇池单文本的摘要。当研讨室管理员继续加大阈值时，聚类结果不再改变。表明当文本相似度阈值大于 0.5 时，任何两个文本都不能聚集在一起。

summary

With picturesque and its location on the Yungui Plateau, the lake has a reputation as 'A Pearl on the Plateau'.Unfortunately, the lake has been polluted.Dianchi Lake, located in the central bank of Kunming dam, east of Chenggong area next to the west of the Western Hills of the foot, north of Grand View Park, south into Jinning County.Looking to the south, one has a fascinating view of the spectacular Lake Dian, and the graceful and full shape of the distant.Along its 150 kilometers long winding bank, lies numerous scenic spots and historical sites such as the Grand View Pavilion, West Garden, the Lake Embankment.

图 8.5 $\delta = 0.12$ 时滇池文本簇的摘要

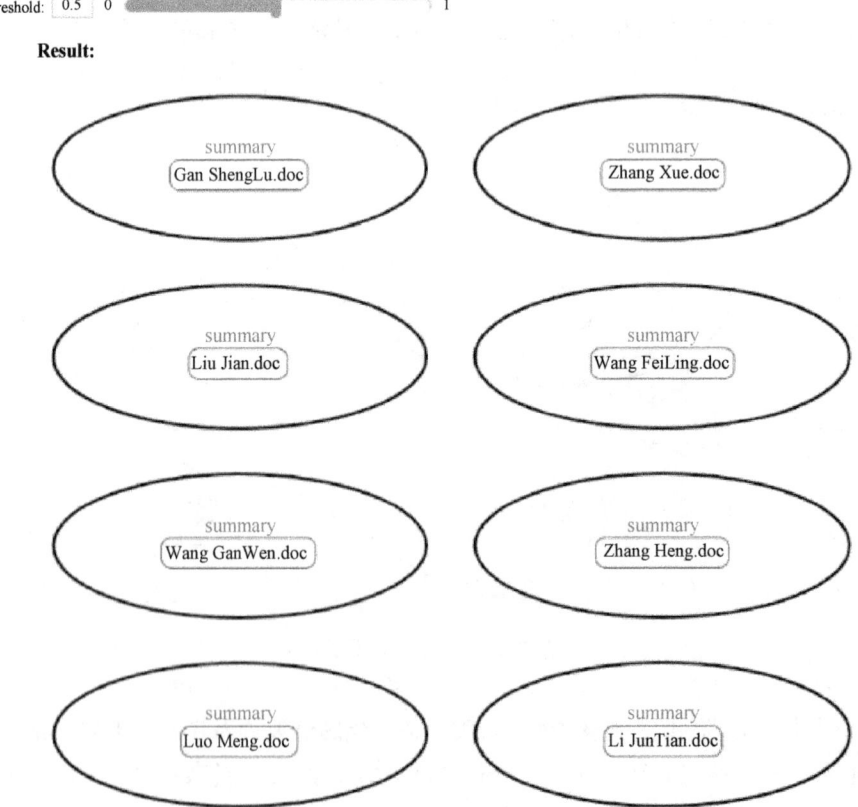

图 8.6 $\delta = 0.5$ 时聚类结果

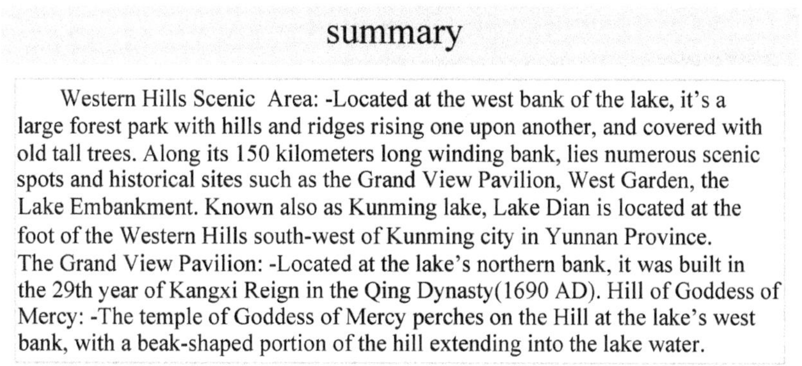

summary

Western Hills Scenic Area: -Located at the west bank of the lake, it's a large forest park with hills and ridges rising one upon another, and covered with old tall trees. Along its 150 kilometers long winding bank, lies numerous scenic spots and historical sites such as the Grand View Pavilion, West Garden, the Lake Embankment. Known also as Kunming lake, Lake Dian is located at the foot of the Western Hills south-west of Kunming city in Yunnan Province. The Grand View Pavilion: -Located at the lake's northern bank, it was built in the 29th year of Kangxi Reign in the Qing Dynasty(1690 AD). Hill of Goddess of Mercy: -The temple of Goddess of Mercy perches on the Hill at the lake's west bank, with a beak-shaped portion of the hill extending into the lake water.

图 8.7 $\delta = 0.05$ 时滇池单文本的摘要

8.5.3 效果评估

为了验证本方法的有效性,现将本方法的摘要结果与用 TextRank 方法生成的摘要结果进行对比分析。采用召回率 R、准确率 P、F-measure 和用户反馈等 4 个指标来评估摘要。召回率是指由文本分析模块生成的摘要对参考摘要的覆盖率;准确性是指由文本分析模块生成的摘要中句子的准确性;F-measure 是召回率 R 和准确率 P 的调和平均值,当 F-measure 较多时则说明方法有效。用户反馈是指用户对摘要质量的反馈。参考摘要由专家手动生成,且规定专家提取摘要时仅从文本中提取句子,不能根据自己的理解重新编写句子。设 T_p 是专家生成的参考摘要中的句子数,T_n 是文本分析模块生成的摘要中的句子数,T_{pn} 是为专家和系统同时选中的句子数。可以使用以下公式计算参数:

$$R = T_{pn}/T_p \tag{8.13}$$

$$P = T_{pn}/T_n \tag{8.14}$$

$$F\text{-measure} = (2 \times P \times R)/(P + R) \tag{8.15}$$

先将以上 8 个文本进行聚类分析,得到文本簇。然后,由 4 位研究生手动编写某个文本簇的摘要,这些手动摘要称为参考摘要。在这些数据的基础上进行两次实验。在第一个实验中,摘要与原始文本的长度比率为 20%,而在第二个实验中则为 30%。平均召回率、准确率和 F-measure 如表 8.2 和图 8.8、图 8.9 所示。

表 8.2 文本摘要评估结果

摘要比例	摘要方法	P	R	F-measure	用户反馈
20%	本书方法	0.698	0.698	0.698	Good
	TextRank 方法	0.581	0.581	0.581	Fair
30%	本书方法	0.648	0.648	0.648	Good
	TextRank 方法	0.563	0.563	0.563	Fair

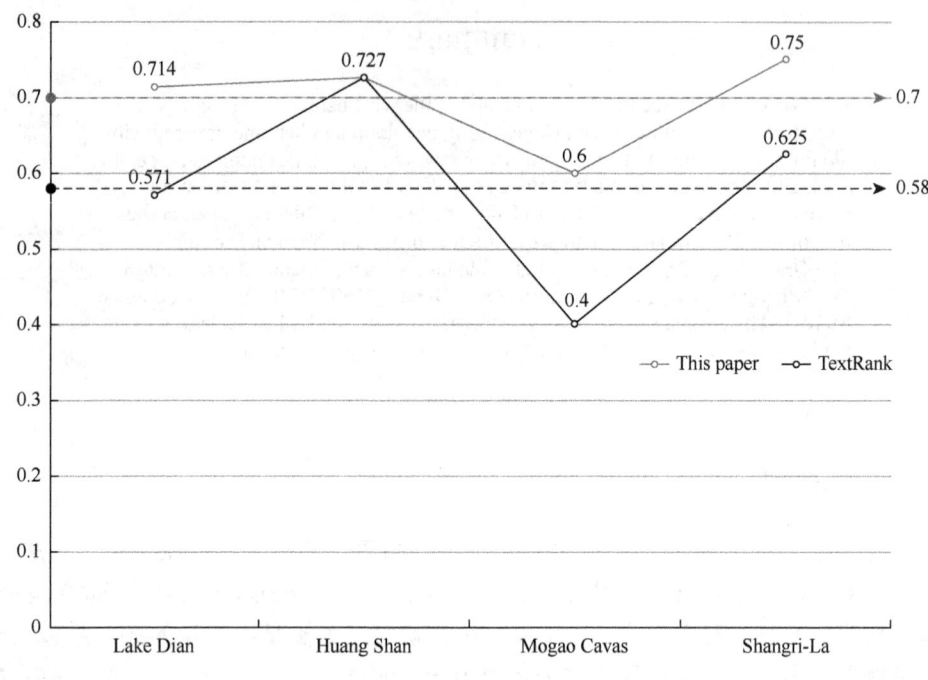

图 8.8　20%摘要比例时评估结果

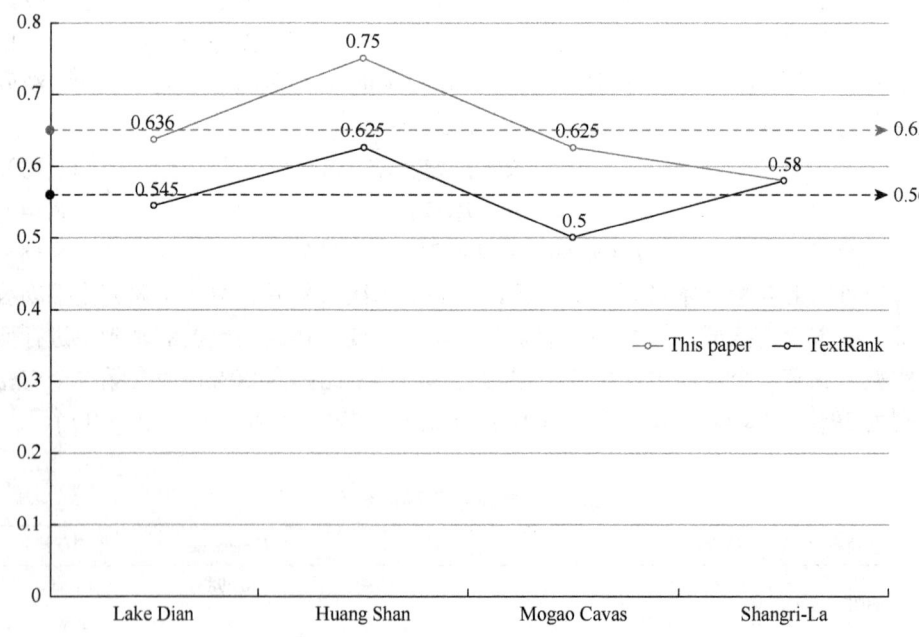

图 8.9　30%摘要比例时评估结果

如上面所示，本章提出的文本摘要方法在召回率、准确性和 *F*-measure 方面优于 TextRank 算法。专家可以通过查看文本聚类和文本簇摘要，快速掌握研讨进程，从而提高研讨的效率。

8.6 本章小结

研讨文本分析是协商研讨环境和劝说研讨环境中的一个重要功能，通过研讨文本分析可以发现发言文本之间的相似度、发言文本摘要和发言文本之间的关系，帮助专家快速阅读和理解研讨文本，提高研讨效率。本章对研讨文本分析方法进行研究。首先将研讨文本分析分为文本预处理、特征词提取、特征词加权及文本向量生成、文本聚类和多文本摘要等五个阶段，并阐述了各阶段的目标任务。然后重点介绍了文本聚类算法和文本摘要算法。文本聚类采用启发式聚类算法，通过计算文本相似度，依次将每个文本分配到最相近的文本簇中，调整文本相似度阈值，可以得到不同的聚类结果，并采用 D3 技术可视化展现聚类结果。文本摘要采用改进的 TextRank 算法。TextRank 算法的基本思想是，先计算句子的相似度；然后以句子为顶点，以两个句子间的相似度为权值构造带权无向图；最后根据句子之间的链接关系和句子之间的相似度计算句子的权值，并根据句子权值对句子进行递减排序，将排在前列的句子抽取出来构造文本摘要。对 TextRank 算法的改进主要是增加了句子在段落中的位置、句子中是否含有关键词和句子的长度等三个因子对句子的权值进行重新调整，使句子权值计算更为合理。最后，用一个研讨环境中的案例验证了本章提出的研讨文本分析方法的有效性。实验表明，本章提出的研讨文本分析是有效的，其中文本摘要方法在召回率、准确性和 *F*-measure 方面均优于 TextRank 算法。本章对研讨文本分析还处于初步阶段，文本摘要采用传统的基于统计的方法，其智能性有待提高。未来的工作将侧重于文本语义分析，以提高摘要的准确性，同时要进行发言文本的争议挖掘研究，通过发言文本分析，确定发言文本之间的支持或攻击关系，将文本研讨转化为抽象辩论框架，再借助抽象辩论框架的理论计算研讨文本的可接受性。

参 考 文 献

[1] Lippi M, Torroni P. MARGOT: A web server for argumentation mining. Expert Systems with Applications, 2016, 65: 292-303.

[2] Ashrafi M Z, Taniar D, Smith K. A new approach of eliminating redundant association rules. The 15th International Conference on Database and Expert Systems Applications, Heidelberg, 2004: 465-474.

[3] Ashrafi M Z, Taniar D, Smith K. Redundant association rules reduction techniques. International Journal of Business Intelligence and Data Mining, 2007, 2 (1): 29-63.

[4] Tan L, Taniar D. Adaptive estimated maximum-entropy distribution model. Information Sciences, 2007, 177 (15): 3110-3128.

[5] Ashrafi M Z, Taniar D, Smith K. Redundant association rules reduction techniques. The 18th Australian Joint Conference on Advances in Artificial Intelligence, Heidelberg, 2005: 254-263.

[6] Klein M, Garcia A C B. High-speed idea filtering with the bag of lemons. Decision Support Systems, 2015, 78 (C): 39-50.

[7] Dung P M. On the acceptability of arguments and its fundamental role in nonmonotonic reasoning, logic programming and n-person games. Artificial Intelligence, 1995, 77 (2): 321-357.

[8] 白冰, 李德华, 熊才权. 研讨支持系统中基于主题聚类的热点提取. 计算机与数字工程, 2010, 38 (11): 81-85.

[9] 李嘉, 张朋柱, 蒋御柱. 群体研讨支持系统中研讨主题的自动可视化聚类研究. 管理科学学报, 2009, 12 (3): 1-11, 43.

[10] 李欣苗, 李靖, 张朋柱. 开放式团队创新研讨主题识别方法及其可视化. 系统管理学报, 2015, 24 (1): 1-7, 21.

[11] Xiong C, Li X, Li Y, et al. Multi-documents summarization based on TextRank and its application in online argumentation platform. International Journal of Data Warehousing & Mining, 2018, 14 (3): 69-89.

[12] Roussinov D, Zhao J L. Text clustering and summary techniques for CRM message management. Journal of Enterprise Information Management, 2004, 17 (6): 424-429.

[13] Qumsiyeh R, Ng Y K. Searching web documents using a summarization approach. International Journal of Web Information Systems, 2016, 12 (1): 83-101.

[14] Zhang Y, Milios E, Zincir-Heywood N. Topic-based web site summarization. International Journal of Web Information Systems, 2010, 6 (4): 266-303.

[15] Wenerstrom B, Kantardzic M. ReClose: Web page summarization combining summary techniques. International Journal of Web Information Systems, 2011, 7 (4): 333-359.

[16] Ou S, Khoo C S G, Goh D H. Multi-document summarization of news articles using an event-based framework. Aslib Proceedings New Information Perspectives, 2006, 58 (3): 197-217.

[17] Gambhir M, Gupta V. Recent automatic text summarization techniques: A survey. Artificial Intelligence Review, 2017, 47 (1): 1-66.

[18] Lin C Y, Hovy E. From single to multi-document summarization: A prototype system and its evaluation. Proceedings of the 40th Annual Meeting on Association for Computational Linguistics, Philadelphia, 2002: 457-464.

[19] Mckeown K R, Barzilay R, Evans D, et al. Tracking and summarizing news on a daily basis with Columbia's Newsblaster. Proceedings of the 2nd International Conference on Human Language Technology Research, San Diego, 2002: 280-285.

[20] Hearst M A. TextTiling: Segmenting text into multi-paragraph subtopic passages. Computational Linguistics, 1997, 23 (1): 33-64.

[21] Yan S, Wan X J. SRRank: Leveraging semantic roles for extractive multi-document summarization. IEEE/ACM Transactions on Audio Speech & Language Processing, 2014, 22 (12): 2048-2058.

[22] 王艾, 李耀东. 一种面向研讨环境的摘要生成方法. 计算机科学, 2011, 38 (2): 191-209.

[23] Salton G, Mcgill M J. Introduction to Modern Information Retrieval. New York: McGraw-Hill, 1983.

[24] Barnes E, Liu X. Text-based clustering and analysis of intelligent argumentation data. The 26th International Conference on Software Engineering and Knowledge Engineering, Vancouver, 2014: 422-425.

[25] Boyinbode O, Le H, Takizawa M. A survey on clustering algorithms for wireless sensor networks. International Journal of Space-Based and Situated Computing, 2011, 1 (2/3): 130-136.

[26] 熊才权, 李德华, 张玉. 研讨厅专家意见聚类分析及其可视化. 模式识别与人工智能, 2009, 22 (2): 282-287.

[27] Mihalcea R, Tarau P. TextRank: Bringing order into texts. Proceedings of Conference on Empirical Methods in Natural Language Processing, Barcelona, 2004: 404-411.

[28] Baxendale P B. Machine-made index for technical literature: An experiment. IBM Journal of Research and Development, 1958, 2 (4): 354-361.

第9章 决策研讨模型

9.1 概　　述

在协商研讨阶段所形成的提案共识只是复杂问题求解或决策的备选方案,要得到最终的决策方案或决策意见还必须经过两个阶段,一是对各个备选方案采取建模与仿真等手段进行验证,二是采用群决策方法对备选方案进行分类排序,提取最有价值的方案。前者属于综合集成研讨过程的异步研讨,在这个阶段中,专家调用综合集成研讨厅的模型与工具对提案共识进行深入分析,得出个人的见解;后者属于综合集成研讨过程的同步研讨,系统集结各专家意见形成群体的最终决策意见。本章主要讨论同步研讨中的决策共识达成过程与方法。

决策共识达成可以借用群决策的一些技术与方法,但与一般群决策存在较大区别,主要表现在以下几方面。

(1) 偏好表达方式更加多样化。由于问题的复杂性,以及专家知识背景、思维方式不同,专家可能采用不同的偏好表达方式对各备选方案的重要性给出自己的意见。

(2) 各专家意见是公开透明的。在综合集成研讨厅中专家群体是相互信任、目标一致的,因此系统应该公开每个专家的偏好信息,使专家之间互相启发、互相激活。当然,有时为了避免极权效应或利益冲突,也可以采用匿名方式进行研讨。

(3) 更加强调成员之间的交互性。群决策的重点是将个体偏好集结为群体偏好,决策过程中缺少用户互动,社会选择尤其如此。而决策共识达成则要考虑群体中每个成员的偏好信息,并通过成员之间的交互消除偏好的不一致性。

(4) 更加强调群体一致性分析。由于综合集成研讨厅是面向复杂问题求解的,所得出的最终求解方案必须科学合理,或得到大多数专家的一致同意,因此必须对决策共识的一致性进行分析,不能采用群决策中的一般社会选择方法。

在国内已有的对综合集成研讨厅的研究中,由于过去没有将综合集成研讨过程分为提案共识与决策共识达成两个阶段,因而对决策共识达成的过程与方法的研究很少。王丹力等[1,2]和刘春梅等[3]在这方面做了一些工作。王丹力等[1,2]提出用群体一致性算法,使专家群体思维不断趋于收敛,并最终达到群体一致性,得出方案的排序及决策结果。但是他们没有对备选方案的来源进行阐述,同时对偏好信息的表达只考虑了层次分析法(即互反判断矩阵)一种情况。刘春梅等[3]提出采用 Isomap 算法将综合集成研讨厅中专家对备选方案评价意见的多维数据集进行降维,并将降维后的结果在低维数据空间中进行可视化展示。这个工作的前提也是必须有现成的备选方案,因而也属于决策共识达成的范畴,但他们的工作仅停留在高维数据可视化上,对群体一致性分析和最终研讨结果提取并没有进行深入研究。

对于决策共识达成研讨过程的研究可以借鉴群决策和国外共识达成(consensus building)的一些理论和方法。在不同偏好信息表达及集结方面,文献[4]阐述了研究不同形式偏好信息表达的重要性,并将三类不同偏好信息(偏好次序型、效用值型、互反判断矩阵型)进行一致化处理,然后采用(ordered weighted geometric)算子[4]对其进行集结,得到方案排序结果;文献[5]给出了群决策中具有语言判断矩阵和数值判断矩阵两种形式偏好信息的集结方法;文献[6]研究了次序型、效用值型、互补判断矩阵型以及互反判断矩阵型等四类偏好信息之间的转化和共识达成方法。国内在这方面也做了一些工作,文献[7]分析了 AHP 判断矩阵和模糊偏好关系矩阵等两类偏好信息的一致化方法,文献[7]~[10]研究了次序型、效用值型、互补判断矩阵型以及互反判断矩阵型等四类偏好信息之间的相互转化关系,文献[11]给出了在群决策中决策者可能给出的效用值、序关系值、互反判断矩阵、区间数评价值、模糊语言评价值和模糊互补判断矩阵等六种不同形式的偏好信息的转换关系。偏好信息的集结方法一般有两种[8],一种是先对各种偏好信息分别求出排序向量,再对排序向量进行集结;另一种方法是先把各类不同的偏好信息转化为同类偏好信息(通常转化为互补判断矩阵型或互反判断矩阵型),再对同类偏好信息进行集结并得出最后的排序向量。一般来说,后一种方法更能体现群体的统一意志[12],前面提到的研究基本上是采用后一种方法,如文献[11]是将其他偏好转换为互补判断矩阵型,然后采用加权几何平均(ordered weighted averaging)算子[13,14]对转换后的各偏好信息进行集结,并对备选方案进行排序,文献[10]、[15]、[16]是将其他偏好转换为互反判断矩阵型,然后采用加权几何平均法对备选方案进行排序。然而这些方法在综合集成研讨环境中并不适用,因为在决策共识达成过程中,群体一致性分析是一个必不可少的步骤,如果对各个不同的互补判断矩阵之间或者对各个不同的互反判断矩阵之间做一致性分析则难度很大,目前还没有这方面的研究。因此可以考虑将不同的偏好信息转换为归一化的偏好矢量,再通过计算矢量相似度做一致性分析。

决策研讨的另一个重要问题是群体一致性分析。当群体一致性没有达到预先设置的指标时就要求专家重新研讨并提交新的偏好信息,这个过程称为共识达成[17,18]。国外对共识达成的研究已很深入,首先提出了共识度量(consensus measure）[19-21]的概念，用来计算专家之间意见的相合程度和存在的差距。比较有代表性的工作有 Bryson 等[22-24]提出的群体强一致性（group strong agreement quotient）、群体强不一致性（group strong disagreement quotient）、个体强一致性（individual strong agreement quotient）和个体强不一致性（individual strong disagreement quotient）的概念，这些指标不仅计算群体意见一致性程度，还计算每个个体与群体意见之间的一致性程度；Herrera-Viedma 等[6]提出了共识度量和邻近度量两个概念，共识度量计算所有专家的一致性达成状态，邻近度量用来计算个体偏好与群体平均偏好之间的差距。其次对共识达成反馈机制进行了研究，Bryson[22]将共识达成过程分为个人偏好表达、群体一致性指标计算、研讨结果确定等几个阶段，并设定研讨轮数（MAXCYCLE）和群体一致性阈值，当研讨轮数还没有用完，而群体一致性指标还没有达到阈值时，则促进专家重新研讨或谈判；Herrera-Viedma 等[25]将共识达成过程分为共识过程（consensus process）和选择过程（selection process），前者的目的是获得最大的群体一致性，后者的目的是在共识过程基础上从已有方案选择最佳方案。他们还在研讨反馈机制中设计了一个称为指导建议系统（guidance advice system）的部件，该部件定义了一组建议规则，当群体一致性没有达到阈值时，就向专家提出偏好修改意见，促使群体取得一致性意见。

本章研究决策共识达成一般过程与方法，对综合集成研讨厅中专家偏好信息表达、不同偏好信息集结和群体一致性分析方法等关键问题进行深入研究。首先分析综合集成研讨环境的决策共识达成过程中专家可能使用的不同形式的偏好表达方式，并考虑到群体一致性分析的需要，将不同偏好信息统一转换成归一化偏好矢量，然后提出了群体一致性分析指标体系和研讨反馈机制，最后用实例说明该方法的应用过程。

9.2 偏好信息表达

9.2.1 问题描述

决策共识达成研讨过程可以描述为，专家群体 $E=\{e_1,e_2,\cdots,e_m\}(m\geq 2)$ 对有限备选方案集 $T=\{t_1,t_2,\cdots,t_n\}(n\geq 2)$ 中的各方案的重要性做出判断，如果专家意见不一致，则要求群体重新研讨，直到意见达成一致，或用完预定的研讨轮数。系统集结各专家的判断达成决策共识 $DC=\{t_{\sigma 1},t_{\sigma 1},\cdots,t_{\sigma n}\}$，$t_{\sigma 1},t_{\sigma 1},\cdots,t_{\sigma n}$ 是对 T 进行排序后得到的方案序列。设专家的信任值（权威值）为 $A=\{\alpha_1,\alpha_2,\cdots,\alpha_m\}(m\geq 2)$，其中 $\alpha_k(1\leq k\leq m)$ 表示第 k 个专家的信任值，$\sum_{k=1}^{m}\alpha_k=1$。

9.2.2 常见偏好信息表达形式

偏好信息形式通常有如下几种[26]。

1) 单选/多选

专家从 n 个备选方案中选取若干个可行的方案,对其他方案可明确表示反对,即将备选方案分为两个互不相交的子集,其中一个子集为可选集,另一个子集为不可选集,同一子集内方案的重要程度不加以评价。单选是多选的特例,专家从 n 个方案中选取一个他认为最好的方案,认为其他方案都不合适。

单选/多选是一种简单的偏好表达方式,在社会选择中有广泛应用,如民主选举等。在决策共识达成的初期可用单选/多选方式表达偏好,但如果需要深入分析,则需要采用以下的其他方法。

2) 序关系值

序关系值就是专家 $e^k(1 \leqslant k \leqslant m)$ 将 n 个备选方案赋予不可重复的从 $1 \sim n$ 的序号,σ_i^k 表示专家 e^k 对方案 $t_i(1 \leqslant i \leqslant n)$ 给出的序号,σ_i^k 是 $1 \sim n$ 的整数,这样就得到一个整数型偏好矢量 $O^k = (\sigma_1^k, \sigma_2^k, \cdots, \sigma_n^k)$,方案和序号一一对应。不失一般性,假设序值 σ_i^k 越小,对应的方案 t_i 越优。

3) 实数型效用值

专家对每个方案给出一个用实数表示的效用值,不失一般性,假设效用值越大,则对应的方案越优。设专家 $e^k(1 \leqslant k \leqslant m)$ 针对方案 $t_i(1 \leqslant i \leqslant n)$ 给出的效用值为 u_i^k。对所有方案给出评价后,可得到一个偏好矢量 $U^k = (u_1^k, u_2^k, \cdots, u_n^k)$。

4) 区间数评价值

专家对每个方案给出的是具有某种不确定性的效用值,它是一个实数区间。设专家 $e^k(1 \leqslant k \leqslant m)$ 针对方案 $t_i(1 \leqslant i \leqslant n)$ 给出的效用值为 $\tilde{u}_i^k$,表示为 $[(u_i^k)^L, (u_i^k)^U]$,$(u_i^k)^L \leqslant (u_i^k)^U$,即 $\tilde{u}_i^k = [(u_i^k)^L, (u_i^k)^U]$,专家 e^k 的偏好矢量为 $I^k = (\tilde{u}_1^k, \tilde{u}_2^k, \cdots, \tilde{u}_n^k)$。特别地,当 $(u_i^k)^L = (u_i^k)^U$ 时,$\tilde{u}_i^k$ 就退化为一个点。因此,当所有区间都退化为点时,偏好矢量 $\tilde{u}^k$ 即退化为 u^k,故实数型效用值是区间数评价值的一个特例。

5) 互反判断矩阵

专家针对备选方案给出一个两两比较的判断矩阵,设专家 $e^k(1 \leqslant k \leqslant m)$ 给出的判断矩阵为 $A^k = [a_{ij}^k]_{n \times n}$,$1 \leqslant i \leqslant n$,$1 \leqslant j \leqslant n$,其中 a_{ij}^k 表示在专家 e^k 看来方案 t_i 对方案 t_j 的相对重要程度。一般 a_{ij} 采用 Saaty[27]提出的 $1 \sim 9$ 标度法表示。A^k 有如下性质。

(1) 互反性,即 $a_{ij}^k = 1/a_{ji}^k$。

（2）非负性，即 $a_{ij}^k > 0$。

（3）对称性，即 $a_{ij}^k = 1$。

6）互补判断矩阵

专家针对备选方案给出两两比较的模糊偏好信息，用 0~1 的实数值表示。具体来说，专家 $e^k(1 \leqslant k \leqslant m)$ 给出的偏好信息可由一个矩阵 $P^k \subseteq T \times T$ 来描述，相应的隶属函数为 $\mu_p: T \times T \to [0, 1]$，其中 $\mu_p(t_i, t_j) = p_{ij}^k$，$1 \leqslant i \leqslant n$，$1 \leqslant j \leqslant n$，$p_{ij}^k$ 可以被理解为在专家 e^k 看来方案 t_i 优于方案 t_j（即 $t_i \succ t_j$）的程度，规定：

（1）$p_{ij}^k = 0.5$ 表示方案 t_i 与方案 t_j 同等重要，记为 $t_i \sim t_j$。

（2）$0 \leqslant p_{ij}^k \leqslant 0.5$ 表示方案 t_j 优于方案 t_i，记为 $t_i \prec t_j$，p_{ij}^k 越小，方案 t_j 越优。

（3）$0.5 < p_{ij}^k \leqslant 1$ 表示方案 t_i 优于方案 t_j，记为 $t_i \succ t_j$，p_{ij}^k 越大，方案 t_i 越优。

矩阵 $P^k = [p_{ij}^k]_{n \times n}$ 具有互补性和非负性，即满足：

（1）互补性，即 $p_{ij}^k + p_{ji}^k = 1$。

（2）非负性，即 $p_{ij}^k \geqslant 0$。

（3）对称性，即 $p_{ii}^k = 0.5$。

7）语言判断矩阵

专家从一个预先定义好的自然语言或自然语言符号集中选择一个元素作为对某个方案的评价值。记 $U = \{0, 1, \cdots, R\}$，自然语言或自然语言符号集表示为 $S = \{S_r | r \in U\}$。例如，有 9 个元素的自然语言集 S 可描述为：$S = \{S_0 = DD$（非常差），$S_1 = HD$（很差），$S_2 = MD$（差），$S_3 = LD$（稍差），$S_4 = M$（一般），$S_5 = LP$（稍好），$S_6 = MP$（好），$S_7 = HP$（很好），$S_8 = DP$（非常好）$\}$。S 中的元素 $S_a(a \in U)$ 表示两两方案好坏比较的一种程度。S 具有以下性质。

（1）S 是有序的：当 $a < b$ 时，评价 S_a 劣于 S_b，记为 $S_a < S_b$。

（2）存在一个逆运算 neg：$\text{neg}(S_a) = S_b$，$b = R - a$。

（3）极大化运算：当 $S_a \geqslant S_b$ 时，有 $\max(S_a, S_b) = S_a$。

（4）极小化运算：当 $S_a \leqslant S_b$ 时，有 $\min(S_a, S_b) = S_a$。

语言判断矩阵是指专家 $e^k(1 \leqslant k \leqslant m)$ 针对备选方案给出的偏好信息是一个矩阵 $P^k \subseteq T \times T$，相应的隶属函数为 $\mu_p: T \times T \to S$，其中 $\mu_p(t_i, t_j) = p_{ij}^k = S_l \in S$，$1 \leqslant i \leqslant n$，$1 \leqslant j \leqslant n$，$p_{ij}^k$ 可理解为从预先定义好的语言短语集 S 中选择一个元素作为对方案 t_j 与方案 t_i 的比较的描述，规定：

（1）$p_{ij}^k = S_{R/2}$ 表示方案 t_i 与方案 t_j 同等重要，记为 $t_i \sim t_j$。

（2）$S_0 \leqslant p_{ij}^k < S_{R/2}$ 表示方案 t_j 优于方案 t_i，记为 $t_i \prec t_j$，p_{ij}^k 越小，方案 t_j 越优。

（3）$S_{R/2} < p_{ij}^k \leqslant S_R$ 表示方案 t_i 优于方案 t_j，记为 $t_i \succ t_j$，p_{ij}^k 越大，方案 t_i 越优。

语言判断矩阵 P^k 具有互补性，即当 $p_{ij}^k=S_{R/2}$ 时，必有 $p_{ji}^k=S_{R/2}$；如果 $p_{ij}^k \neq S_{R/2}$，当 $p_{ij}^k \in \{S_0,S_1,\cdots,S_{R/2-1}\}$ 时，则必有 $p_{ji}^k \in \{S_{R/2+1},S_{R/2+2},\cdots,S_R\}$。

9.2.3 偏好信息规范化

为了便于进行群体一致性分析，我们这里不是把所有偏好信息转换为互补判断矩阵或互反判断矩阵[7, 8, 10, 11, 16, 28]，而是转换为较为简捷的归一化偏好矢量，即统一将评价值规范化为各分量之和为 1 的偏好矢量 $w^k=(\omega_1^k,\omega_2^k,\cdots,\omega_n^k)^T$，$w^k$ ($1 \leq k \leq m$) 是专家 e^k ($1 \leq k \leq m$) 的归一化偏好矢量，评价值 ω_i^k 的数值类型为精度 0.001 的浮点数。相关算法如下。

1. **单选和多选的规范化**

假设选中的备选方案的数目为 m，则选中的备选方案的评价值为

$$\omega_i^k = 1/m, \quad 1 \leq k \leq m, \quad 1 \leq i \leq n \tag{9.1}$$

其余项为 0。

2. **序关系值的规范化**

首先将序关系值 σ_i^k 转换为效用值 u_i^k ($1 \leq k \leq m$, $1 \leq i \leq n$)，转换函数为

$$u_i^k = n - \sigma_i^k + 1 \tag{9.2}$$

再对由效用值构成的偏好矢量进行归一化处理。

3. **效用值评价的规范化**

设专家 e^k ($1 \leq k \leq m$) 的效用值评价矢量为 $u^k=(u_1^k,u_2^k,\cdots,u_n^k)$，则

$$\omega_i^k = \frac{u_i^k}{\sum_{j=1}^n u_j^k}, \quad 1 \leq k \leq m, \quad 1 \leq i \leq n \tag{9.3}$$

4. **互反判断矩阵的规范化**

在确定归一化偏好矢量之前，先要对互反判断矩阵的一致性进行分析。对于专家 e^k ($1 \leq k \leq m$) 给出的判断矩阵 $A^k=[a_{ij}^k]_{n \times n}$ ($1 \leq i \leq n$, $1 \leq j \leq n$)，如果专家能够准确估计 a_{ij}，则有 $a_{ij}^k=1/a_{ji}^k$，$a_{ij}^k=a_{il}^k \times a_{lj}^k$，$a_{ii}^k=1$，这时的偏好矢量为 $w^k=(\omega_1^k,\omega_2^k,\cdots,\omega_n^k)^T$，它满足 $(A^k-nI)w^k=0$。

如果 A^k 的估计不够准确,则有

$$A^k w^k = \lambda_{\max} w^k \quad (9.4)$$

式中,$\lambda_{\max}$ 是矩阵 A^k 的最大特征值。一般来说$(\lambda_{\max}-n) \geqslant 0$,当 $\lambda_{\max} = n$ 时,专家判断完全一致。可以用$(\lambda_{\max}-n)$来度量 A^k 的一致性。为此引入一致性指标(consistence index,CI):

$$\mathrm{CI} = \frac{\lambda_{\max} - n}{n-1} \quad (9.5)$$

CI 越大,判断矩阵的一致性越差。CI 与判断矩阵的维数 n 有关,判断矩阵的维数 n 越大,越难达到好的判断一致性,因此应放宽对高维判断矩阵一致性的要求。于是引入随机指标(random index,RI),它是从 1/9, 1/8, ⋯, 1, 2, ⋯, 9 这些数字中随机抽样构成判断矩阵而求得的平均一致性指标,其值随 n 的变化情况如表 9.1 所示。通常检验判断矩阵一致性的指标为相对一致性指标(consistence rate,CR),即

$$\mathrm{CR} = \mathrm{CI}/\mathrm{RI} \quad (9.6)$$

比率 CR 可以用来判定矩阵 A^k 能否被接受。若 CR>0.1,则说明判断矩阵 A^k 中各元素 a_{ij}^k 的估计一致性太差,应重新估计。若 CR<0.1,则可认为 A^k 中 a_{ij}^k 的估计基本一致,这时可以用式(9.4)求得 w^k,它就是专家 e^k 给出的偏好矢量。由 CR = 0.1 和表 9.1 中的 RI 值,用式(9.5)和式(9.6),可以求得与 n 相应的临界特征值:

$$\lambda'_{\max} = \mathrm{CI} \times (n-1) + n = \mathrm{CR} \times \mathrm{RI} \times (n-1) + n = 0.1 \times \mathrm{RI} \times (n-1) + n \quad (9.7)$$

由式(9.7)算得的 $\lambda'_{\max}$ 见表 9.1。一旦从矩阵 A^k 求得最大特征值 $\lambda_{\max}$ 大于 $\lambda'_{\max}$,说明决策人给出的矩阵 A^k 中各元素 a_{ij} 的一致性太差,不能通过一致性检验,需要决策人仔细斟酌,调整矩阵 A^k 中元素 a_{ij} 的值后重新计算 $\lambda_{\max}$,直到 $\lambda_{\max}$ 小于 $\lambda'_{\max}$。

表 9.1 n 阶矩阵的随机指标 RI 和相应的临界本征值 $\lambda'_{\max}$

n	2	3	4	5	6	7	8	9	10
RI	0.00	0.58	0.90	1.12	1.24	1.32	1.41	1.45	1.49
$\lambda'_{\max}$	—	3.116	4.27	5.45	6.62	7.79	8.99	10.16	11.34

求 $\lambda_{\max}$ 要解 n 次方程,当 $n \geqslant 3$ 时计算比较麻烦,可以用近似算法。我们采用 Saaty[27]给出的求 $\lambda_{\max}$ 近似值的方法,这种近似算法的精度相当高,误差在 10^{-3} 数量级。Saaty 给出的求 $\lambda_{\max}$ 近似值的算法如下。

(1) 计算 A^k 中每行所有元素的几何平均值得到矢量 $w^{k*}=(\omega_1^{k*},\omega_2^{k*},\cdots,\omega_n^{k*})^\mathrm{T}$，其中

$$\omega_i^{k*} = \left(\prod_{j=1}^n a_{ij}^k\right)^{\frac{1}{n}} \tag{9.8}$$

(2) 对 ω_i^{k*} 进行归一化，即计算：

$$\omega_i^k = \frac{\omega_i^{k*}}{\sum_{j=1}^n \omega_j^{k*}} \tag{9.9}$$

(3) A^k 中各列元素求和：

$$S_j^k = \sum_{i=1}^n a_{ij}^k \tag{9.10}$$

(4) 计算 $\lambda_{\max}$ 的值：

$$\lambda_{\max}^k = \sum_{i=1}^n \omega_i^k S_i^k \tag{9.11}$$

如果 $\lambda_{\max}^k$ 小于 $\lambda'_{\max}$，则 $w^k=(\omega_1^k,\omega_2^k,\cdots,\omega_n^k)^\mathrm{T}$ 为最后的归一化矢量。

5. 互补判断矩阵的规范化

对于互补判断矩阵，也要先对其本身的一致性进行分析。对于互补判断矩阵 $P^k=[p_{ij}^k]_{n\times n}(1\leqslant k\leqslant m,1\leqslant i\leqslant n,1\leqslant j\leqslant n)$，若满足

$$p_{il}^k + p_{lj}^k = p_{ij}^k + 1/2,\ 1\leqslant l\leqslant n \tag{9.12}$$

则称 P^k 为一致性互补判断矩阵或具有完全一致性。

如果 $P^k=[p_{ij}^k]_{n\times n}$ 不能满足式（9.12），则需要重新进行调整。如果 $P^k=[p_{ij}^k]_{n\times n}$ 满足式（9.12），则可按照以下方法求由它决定的矢量。

设 $\omega^k=(\omega_1^k,\omega_2^k,\cdots,\omega_n^k)^\mathrm{T}$ 为互补判断矩阵 $P^k=[p_{ij}^k]_{n\times n}$ 的一个矢量，其中 ω_i^k 表示在专家 e^k 看来方案 t_i 的重要性，且有 $\omega_i^k\geqslant 0$，$\sum_{i=1}^n \omega_i^k=1$。$\omega_i^k$ 的计算公式为[29]

$$\omega_i^k = \frac{2}{n^2}\sum_{j=1}^n p_{ij}^k \tag{9.13}$$

定理 9.1 由式（9.13）计算得到的矢量 $\omega^k=(\omega_1^k,\omega_2^k,\cdots,\omega_n^k)^\mathrm{T}$ 是归一化矢量。

证明 归一化矢量的条件是矢量中各分量值大于等于 0 小于等于 1，各分量之和为 1。

先看各分量 $\omega_i^k = \frac{2}{n^2}\sum_{j=1}^n p_{ij}^k$，根据互补判断矩阵的定义，因为 $p_{ij}^k \geq 0$，所以 $\omega_i^k \geq 0$，又因为 p_{ij}^k 的最大值为1，$n \geq 2$，所以 $\max(\omega_i^k) = \frac{2}{n^2}n = \frac{2}{n} = 1$。

下面看各分量之和。因为 P^k 是互补判断矩阵，其对角线元素值均为0.5，而其余元素两两之和为1，便有

$$\sum_{i=1}^n \omega_i^k = \frac{2}{n^2}\sum_{i=1}^n\sum_{j=1}^n p_{ij}^k = \frac{2}{n^2}\left(0.5n + \frac{1}{2}n(n-1)\right) = 1 。$$

所以 $\omega^k = (\omega_1^k, \omega_2^k, \cdots, \omega_n^k)^T$ 是归一化矢量。证毕。

6. 语言判断矩阵的规范化

对于语言判断矩阵，也要先对其本身的一致性进行分析。在语言判断矩阵 $P^k = [p_{ij}^k]_{n\times n} (1\leq k\leq m, 1\leq i\leq n, 1\leq j\leq n)$ 中，判断值 $p_{ij}^k = S_r \in S$ 与其下标 r 有一一对应关系。定义函数[30] $I: S\to U$，且有 $I(p_{ij}^k) = I(S_r) = r$。如果语言判断矩阵 P^k 满足 $I(p_{il}^k) + I(p_{lj}^k) = I(p_{ij}^k) + R/2$，则称 P^k 是完全一致性的。由于人的判断的不确定性，要达成完全一致性是十分困难的。为此定义满意一致性，即当 $p_{il}^k \geq S_{R/2}$ 和 $p_{lj}^k \geq S_{R/2}$ 时，有 $p_{ij}^k \geq S_{R/2}$，或当 $p_{il}^k \leq S_{R/2}$ 和 $p_{lj}^k \leq S_{R/2}$ 时，有 $p_{ij}^k \leq S_{R/2}$，则称 P^k 是满意一致性的[31, 32]。在实际工作中，要达到完全一致性是几乎不可能的，一般只要满足满意一致性就可以了。

对于满意一致性判断，可以采用文献[31]、[33]提出的基于图论理论的方法，先构造一个相应的偏好矩阵 $R = [r_{ij}]_{n\times n}$，式中

$$r_{ij} = \begin{cases} 1, & p_{ij}^k \in \{S_{R/2+1}, S_{R/2+2}, \cdots, S_R\} \\ 0, & 其他 \end{cases} \tag{9.14}$$

然后计算 R 的可达矩阵

$$T = R \dot{+} R^2 \dot{+} \cdots \dot{+} R^n \tag{9.15}$$

式中，矩阵 R 的乘幂运算满足布尔运算规则，$\dot{+}$ 是布尔或运算符，其运算规则定义如下：$0\dot{+}0=0$，$0\dot{+}1=1$，$1\dot{+}0=1$，$1\dot{+}1=1$。若语言判断矩阵 P^k 所对应的可达矩阵 T 中的对角线上存在为1的元素，则矩阵 P^k 是不一致的，否则就称 P^k 具有满意一致性。

为了得到归一化矢量，需要对语言判断矩阵进行数值化转换。参照文献[30]的方法，将 $P^k = [p_{ij}^k]_{n\times n}$ 转换为导出矩阵 $Q^k = [q_{ij}^k]_{n\times n}$，转换规则为

$$q_{ij}^k = \left(\frac{R}{2}\right)^{\frac{I(P_{ij})-R}{R/2}+1} \tag{9.16}$$

由于 $R/2 \geqslant 1$，所以 q_{ij}^k 具有单调递增性。q_{ij}^k 与 $p_{ij}^k = S_l$ 的语义具有如下一一对应关系，即当 $p_{ij}^k = S_l$ 的 l 值越大，则 q_{ij}^k 的值也越大，当 $p_{ij}^k = S_R$ 时，$q_{ij}^k = R/2$，当 $p_{ij}^k = S_0$ 时，$q_{ij}^k = 2/R$。导出矩阵具有如下性质。

（1）Q^k 为正矩阵，即其元素满足 $q_{ij}^k > 0$。
（2）Q^k 为互反矩阵，即其元素满足 $q_{ij}^k = 1/q_{ji}^k$，$q_{ii}^k = 1$。

这样就可以借用互反判断矩阵的规范化的方法对具有语言判断矩阵进行规范化处理。

9.3 群体一致性分析

将不同形式的偏好信息进行规范化后，所有专家偏好实际上是一个 n 维空间（设有 n 个备选方案）的矢量，对群体一致性分析实际上是对 m 个矢量（设有 m 个专家）的一致性进行分析。

9.3.1 偏好矢量相似度

对群体一致性分析一般建立在对两两偏好矢量相似度的计算基础上。对矢量相似度的计算已有很多，如 Cook 等[34]提出了用 Euclid 距离法，Cook 和 Kress[35]提出了利用 $L1$ 空间的模范数法，Hamer 等[36]提出了两矢量夹角的余弦法，Styan[37]提出了用两矢量夹角的正弦法等。Herrera-Viedma 等[6]还提出了一种根据各专家给出的偏好矢量中各备选方案的序关系差异确定偏好相似度的方法，它克服了偏好量纲上的差异。在这些方法中求两矢量的夹角余弦即使在矢量不归一化的前提下仍有较好的几何意义，因而使用较为广泛。本书用求两矢量夹角余弦法计算矢量的相似度。

设有两偏好矢量：$W^i = (w_1^i, w_2^i, \cdots, w_n^i)$，$W^j = (w_1^j, w_2^j, \cdots, w_n^j)$，定义偏好矢量的相似度为

$$S(W^i, W^j) = (W^i, W^j)/(\|W^i\| \cdot \|W^j\|) \tag{9.17}$$

式中，$(W^i, W^j) = \sum_{k=1}^{n} w_k^i w_k^j$ 为矢量内积；$\|W^i\| = \left(\sum_{k=1}^{n}(w_k^i)^2\right)^{1/2}$，$\|W^j\| = \left(\sum_{k=1}^{n}(w_k^j)^2\right)^{1/2}$ 为矢量的 2 范数（长度）。将 $S(W^i, W^j)$ 简记为 S^{ij}。S^{ij} 取值为 0～1，W^i 与 W^j 越相似，S^{ij} 取值越靠近 1，W^i 与 W^j 越不相似，S^{ij} 取值越靠近 0。

9.3.2 群体一致性定义

定义 9.1 群体一致性（group agreement quotient，GAQ）是指专家群体两两偏好矢量的相似度的算术平均值：

$$\text{GAQ} = \left(\sum_{i=1}^{m-1}\sum_{j=i+1}^{m} S^{ij}\right) \Big/ C_m^2 \tag{9.18}$$

式中，$C_m^2 = m(m-1)/2$。GAQ 越小，表明群体一致性越差。

定义 9.2 个体一致性（individual agreement quotient，IAQ）是指某一专家 e_i 的偏好矢量与其他专家的偏好矢量的相似度的算术平均值：

$$\text{IAQ}_i = \left(\sum_{j=1(j\neq i)}^{n} S^{ij}\right) \Big/ (m-1) \tag{9.19}$$

IAQ_i 越小，表示专家 e_i 的意见与群体平均偏好矢量相差越大。

在实际研讨过程中，设定群体一致性阈值作为研讨结束条件，当群体一致性没有达到指定阈值时，则由协调员（主持人）提请专家重新思考并给出新的决策意见。个体一致性指标用来识别导致群体一致性差的个体，如果采用多数人原则，主持人则提请个体一致性差的专家重新思考，并修改自己的偏好信息；如果采用少数人意见原则，主持人则提请其他专家参考个体一致性差的专家的意见重新思考并修改自己的偏好。

9.4 决策共识达成过程

决策共识达成不同于一般的群决策，其最终目的是使专家决策意见趋于一致，因此当群体一致性较差时，需要一种反馈机制将专家个体意见和群体一致性状态实时展现给专家，并促使专家重新思考再做决策。研讨过程如下。

第 1 步：由主持人给出决策研讨主题，选择专家 $E = \{e_1, e_2, \cdots, e_m\}(m \geq 2)$，并设置专家信任值 $A = \{\alpha_1, \alpha_2, \cdots, \alpha_m\}(m \geq 2)$，确定决策备选方案集 $T = \{t_1, t_2, \cdots, t_n\}$ ($n \geq 2$) 及相关初始值，设置群体一致性阈值 η 和最大研讨轮数 MAXCYCLE，研讨轮数初始值置为 CYCLE = 0。

第 2 步：每个专家独立思考，提出自己的决策意见。专家可以使用不同的偏好表达方式，如简单排序法、效用值法、互反判断矩阵法、互补判断矩阵法、区间数法、语言判断矩阵法等。

第 3 步：专家偏好规范化处理，即不管专家使用什么偏好关系，最后都统一转换为偏好矢量 $W^i = (w_1^i, w_2^i, \cdots, w_n^i)$，$W^i$ 是第 i 个专家给出的偏好矢量，其中 $\sum_{j=1}^{k} w_j^i = 1$，$w_j^i \geq 0$。

第 4 步：计算群体一致性，CYCLE = CYCLE + 1。

第 5 步：若群体一致性指标小于 η，且 CYCLE<MAXCYCLE，计算个体一致性，展现群体一致性和个体一致性各项指标，转向第 2 步。

第 6 步：集结各专家的偏好矢量，得出群体偏好矢量。

这个过程如图 9.1 所示。

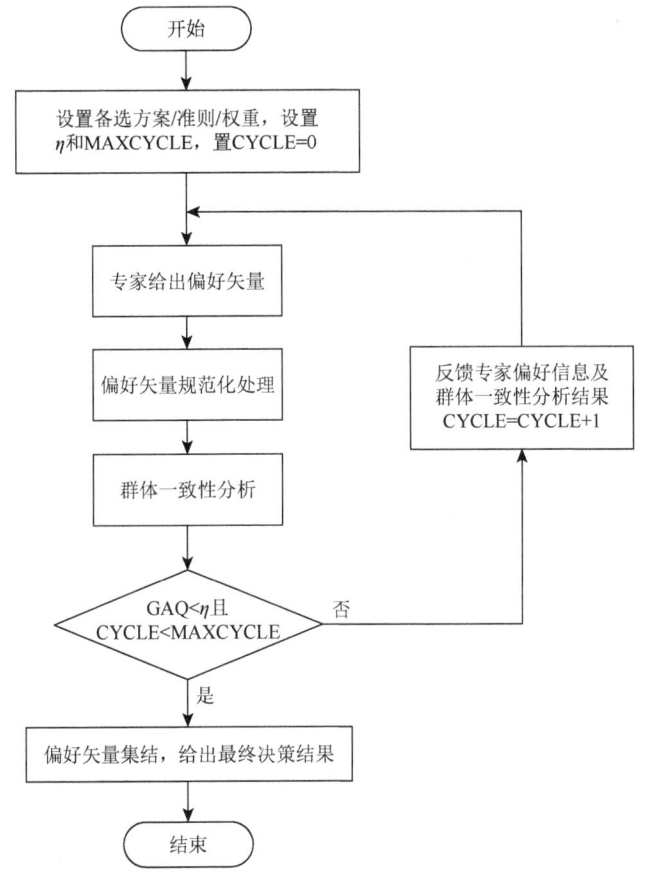

图 9.1 决策共识达成研讨过程

9.5 实 例 分 析

下面我们用一个战略决策的实际案例来说明该方法的应用过程。设有 6 个来自不同领域的专家一起研讨战略部署问题。假设备选方案有以下 5 个，t_1 为增加空中打击力度；t_2 为地面部队向北推进；t_3 为扩大海防范围；t_4 为削减南方地面部队供给；t_5 为增加东南沿海军力。这个问题可以简单描述为由 6 名专家组成的专家群体针对 5 个备选方案进行决策研讨。

第 1 步：确定群体一致性阈值为 $\eta = 0.85$，研讨轮数 MAXCYCLE = 3。

第 2 步：6 名专家分析用不同形式的偏好信息表达自己的初步意见，假设 e^1 采用序关系值，e^2 采用效用函数，e^3 采用多选方法，e^4 采用互反判断矩阵，e^5 选择互补判断矩阵，e^6 采用语言判断矩阵。

各个专家的偏好信息分别如下：

$$O^1 = (5, 3, 2, 4, 1)$$

$$U^2 = (35, 23, 89, 41, 76)$$

$$R^3 = (0, 0, 1, 0, 1)$$

$$A^4 = \begin{bmatrix} 1 & 1/5 & 1/7 & 1/3 & 1/9 \\ 5 & 1 & 3 & 3 & 1/5 \\ 7 & 1/3 & 1 & 1/9 & 1/7 \\ 3 & 1/3 & 9 & 1 & 5 \\ 9 & 5 & 7 & 1/5 & 1 \end{bmatrix}$$

$$P^5 = \begin{bmatrix} 1/2 & 1/4 & 3/8 & 3/4 & 5/8 \\ 3/4 & 1/2 & 5/8 & 1 & 7/8 \\ 5/8 & 3/8 & 1/2 & 7/8 & 3/4 \\ 1/4 & 0 & 1/8 & 1/2 & 3/8 \\ 3/8 & 1/8 & 1/4 & 5/8 & 1/2 \end{bmatrix}$$

$$V^6 = \begin{bmatrix} M & HD & LD & DD & LD \\ HP & M & HP & HP & DD \\ LP & HD & M & DD & HD \\ DP & HD & DP & M & HP \\ LP & DP & HP & HD & M \end{bmatrix}$$

第 3 步：将各个偏好信息进行规范化。

（1）对于专家 e^1 的序关系值 $O^1 = (5, 3, 2, 4, 1)$，按式（9.2）转换为效用值（1，3，4，2，5），再按式（9.3）直接转换为归一化矢量：

$$w^1 = (\omega_1^1, \omega_2^1, \omega_3^1, \omega_4^1, \omega_5^1) = (0.0667, 0.2000, 0.2667, 0.1333, 0.3333)$$

（2）对于专家 e^2 的效用值 $U^2 = (35, 23, 89, 41, 76)$，按式（9.3）直接转换为归一化矢量：

$$w^2 = (\omega_1^2, \omega_2^2, \omega_3^2, \omega_4^2, \omega_5^2) = (0.1326, 0.0871, 0.3371, 0.1553, 0.2879)$$

（3）对于专家 e^3 的多选 $R^3 = (0, 0, 1, 0, 1)$，按式（9.1）直接转换为归一化矢量：

$$w^3 = (\omega_1^3, \omega_2^3, \omega_3^3, \omega_4^3, \omega_5^3) = (0.0000, 0.0000, 0.5000, 0.0000, 0.5000)$$

（4）对于专家 e^4 的互反判断矩阵，先判断其一致性。先计算互反判断矩阵的最大特征值为 $\lambda_{\max} = 7.6462$，这时 CR＞0.1，没有达到一致性要求，专家需要对自己的判断重新审查。假设专家重新给出互反判断矩阵为

$$A^4 = \begin{bmatrix} 1 & 1/5 & 1/7 & 1/3 & 1/9 \\ 5 & 1 & 1 & 2 & 1/2 \\ 7 & 1 & 1 & 3 & 1/2 \\ 3 & 1/2 & 1/3 & 1 & 1/3 \\ 9 & 2 & 2 & 3 & 1 \end{bmatrix}$$

这时的最大特征值为 $\lambda_{\max} = 5.0460$，CR＜0.1，达到了一致性要求，求该矩阵的特征矢量为

$$w^4 = (\omega_1^4, \omega_2^4, \omega_3^4, \omega_4^4, \omega_5^4) = (0.0392, 0.2128, 0.2468, 0.1078, 0.3934)$$

（5）对于专家 e^5 给出的互补判断矩阵，经检查，所有判断均满足 $p_{il}^k + p_{lj}^k = p_{ij}^k + 1/2$ ($1 \leq i \leq 5, 1 \leq j \leq 5$)，所以 P^5 满足完全一致性，可以直接转换为归一化矢量。根据式（9.13），$\omega_i^k = \frac{2}{n^2} \sum_{j=1}^n p_{ij}^k$，得归一化矢量为

$$w^5 = (\omega_1^5, \omega_2^5, \omega_3^5, \omega_4^5, \omega_5^5) = (0.20, 0.30, 0.25, 0.10, 0.15)$$

（6）对于专家 e^6 给出的语言判断矩阵，其偏好矩阵为

$$R = \begin{bmatrix} 0 & 0 & 0 & 0 & 0 \\ 1 & 0 & 1 & 1 & 0 \\ 1 & 0 & 0 & 0 & 0 \\ 1 & 0 & 1 & 0 & 1 \\ 1 & 1 & 1 & 0 & 0 \end{bmatrix}$$

其可达矩阵为

$$T = \begin{bmatrix} 0 & 0 & 0 & 0 & 0 \\ 1 & 1 & 1 & 1 & 1 \\ 1 & 0 & 0 & 0 & 0 \\ 1 & 1 & 1 & 1 & 1 \\ 1 & 1 & 1 & 1 & 1 \end{bmatrix}$$

由于对角线上出现值为 1 的元素，所以该判断矩阵没有达到满意一致性，其中方案 t_2, t_4, t_5 的判断存在问题，存在方案优劣关系的循环链，即 $t_2 \to t_4 \to t_5 \to t_2$。重新修改得到新的判断矩阵为

$$V^6 = \begin{bmatrix} M & HD & LD & DD & LD \\ HP & M & HP & HP & DD \\ LP & HD & M & DD & HD \\ DP & HD & DP & M & HD \\ LP & DP & HP & HP & M \end{bmatrix}$$

这时可达矩阵为

$$T = \begin{bmatrix} 0 & 0 & 0 & 0 & 0 \\ 1 & 0 & 1 & 1 & 0 \\ 1 & 0 & 0 & 0 & 0 \\ 1 & 0 & 1 & 0 & 0 \\ 1 & 1 & 1 & 1 & 0 \end{bmatrix}$$

对角线上没有 0 元素，达到了满意一致性。由式（9.16）求出

$$Q^6 = \begin{bmatrix} 1 & 4^{-3/4} & 4^{-1/4} & 4^{-1} & 4^{-1/4} \\ 4^{3/4} & 1 & 4^{3/4} & 4^{3/4} & 4^{-1} \\ 4^{1/4} & 4^{-3/4} & 1 & 4^{-1} & 4^{-3/4} \\ 4 & 4^{-3/4} & 4 & 1 & 4^{-3/4} \\ 4^{1/4} & 4 & 4^{3/4} & 4^{3/4} & 1 \end{bmatrix}$$

式（6.8）与式（6.9）对 Q^6 求矢量得

$$w^6 = (\omega_1^6, \omega_2^6, \omega_3^6, \omega_4^6, \omega_5^6) = (0.0927, 0.2447, 0.0927, 0.1988, 0.3710)$$

第 4 步：群体一致性分析。先计算两两偏好矢量的相似度：$S^{12} = 0.9498$，$S^{13} = 0.8581$，$S^{14} = 0.9909$，$S^{15} = 0.8671$，$S^{16} = 0.9226$，$S^{23} = 0.8914$，$S^{24} = 0.9128$，$S^{25} = 0.8319$，$S^{26} = 0.8102$，$S^{34} = 0.8646$，$S^{35} = 0.5963$，$S^{36} = 0.6503$，$S^{45} = 0.8181$，$S^{46} = 0.9317$，$S^{56} = 0.7972$。此时群体一致性指标为 GAQ = 0.8462，个体一致性指标分别为 $IAQ^1 = 0.9177$，$IAQ^2 = 0.8792$，$IAQ^3 = 0.7721$，$IAQ^4 = 0.9036$，$IAQ^5 = 0.7821$，$IAQ^6 = 0.8224$。

从以上决策结果分析可以看出群体一致性指标没有达到规定的阈值，需要重新研讨。先找出个体一致性指标最差的专家 e^3，主持人提请专家 e^3 重新给出判断。假设专家 e^3 仍采用多选方式给出判断，并给出新的偏好为 $R^3 = (0, 1, 1, 0, 1)$，其归一化矢量为 $w^3 = (0.0000, 0.3333, 0.3333, 0.0000, 0.3333)$；重新计算群体一致性和个体一致性指标，这时 $IAQ^3 = 0.8735$，比原来有了较大提升，而 GAQ = 0.8800，达到了规定的阈值。

第 5 步：集结所有专家偏好得到最终的群偏好矢量为 $w^G = (0.0885, 0.2296, 0.2544, 0.1159, 0.3115)$，方案的最终排序为 $t_5 \succ t_3 \succ t_2 \succ t_4 \succ t_1$。由此可见最佳方案是 t_5。

9.6 本章小结

本章借鉴群决策和国外共识达成相关理论和方法对决策共识达成一般过程与方法进行了研究。首先论述了决策共识达成与一般群决策的本质区别，阐明了研讨厅多偏好信息表达和群体一致性分析的必要性，分析了不同偏好信息转换为归一化矢量的关键技术，提出了决策共识达成一般过程与方法，最后用一个实例说明该方法的应用过程。主要工作有以下几方面。

（1）本章讨论了在综合集成研讨环境中可供专家选择的不同形式偏好信息表达方式，它们分别是单选/多选、序关系值、实数型效用值、互反判断矩阵、互补判断矩阵、语言判断矩阵等，给出了各种不同形式偏好信息的规范化方法。

（2）本章提出了群体一致性分析方法。该方法先将各种形式偏好信息统一转换为归一化偏好矢量，再采用 N 维空间矢量相似度的概念对专家判断一致性进行分析，提出了群体一致性和个体一致性的计算模型。

（3）本章提出了决策共识达成一般过程框架。研讨前先遴选专家，设置群体一致性阈值 η 和最大研讨轮数 MAXCYCLE 等相关参数，然后专家选择一种偏好信息表达方式给出自己的初步判断，系统将各偏好信息统一转换为归一化偏好矢量，并计算群体一致性和个体一致性指标，如果群体一致性没有达到给定的阈值，则反馈有关信息，并督促专家重新研讨给出新的偏好信息，直到达到预先规定的群体一致性指标。

本章最后用一个实例说明了本方法的应用过程。实验表明该方法是合理可行的，可用于综合集成研讨环境的决策共识达成。

参 考 文 献

[1] 王丹力，戴汝为. 群体一致性及其在研讨厅中的应用. 系统工程与电子技术，2001, 23（17）：33-37.
[2] 王丹力，戴汝为. 专家群体思维收敛的研究. 管理科学学报，2002, 5（2）：1-5.
[3] 刘春梅，戴汝为. 综合集成研讨厅专家群体评估结果的可视化. 模式识别与人工智能，2005, 18（1）：6-11.
[4] Chiclana F, Herrera-Viedma E, Herrera F, et al. Induced ordered weighted geometric operators and their use in the aggregation of multiplicative preference relations. International Journal of Intelligent Systems, 2004, 19(3): 233-255.
[5] Delgado M, Herrera F, Herrera-Viedma E. Combining numerical and linguistic information in group decision making. Information Sciences, 1998, 107 (1-4): 177-194.
[6] Herrera-Viedma E, Herrera F, Chiclana F. A consensus model for multiperson decision making with different preference structures. IEEE Transactions on Systems, Man, and Cybernetics, Part A: Systems and Humans, 2002, 32 (3): 394-402.
[7] 樊治平，姜艳萍，肖四汉. 基于 OWA 算子的不同形式偏好信息的群决策方法. 控制与决策，2001, 16(b11)：749-752.
[8] 吴江. 群决策中 4 种偏好信息的转换方法研究. 武汉理工大学学报，2004, 26（3）：64-67.

[9] 徐泽水. 多属性决策中四类偏好信息的一种集成途径. 系统工程理论与实践, 2002, 22 (1): 117-120.

[10] 樊治平, 姜艳萍. 基于 OWG 算子的不同形式偏好信息的群决策方法. 管理科学学报, 2003, 6 (1): 32-36.

[11] 王欣荣, 樊治平. 一种具有不同形式偏好信息的群决策方法. 东北大学学报, 2003, 24 (2): 178-181.

[12] 李荣钧. 模糊多准则决策理论与应用. 北京: 科学出版社, 2002.

[13] Yager R R. On ordered weighted averaging aggregation operators in multicriteria decision making. IEEE Transactions on Systems, Man, and Cybernetics, 1988, 18: 183-190.

[14] Yager R R. Applications and extensions of OWA aggregations. International Journal of Man-Machine Studies, 1992, 37: 103-132.

[15] 周宏安, 曹吉利, 李哲. 基于 OWA 算子的不同形式偏好信息的群决策方法. 陕西工学院学报, 2005, 21(2): 79-82.

[16] 徐泽水. 一种基于互反判断矩阵的多属性决策信息集成方法. 系统工程理论方法应用, 2002, 20(2): 93-96.

[17] 张恒龙, 陈宪. 社会选择理论研究综述. 浙江大学学报, 2006, 36 (2): 80-87.

[18] Herrera-Viedma E, Alonso S, Chiclana F, et al. A consensus model for group decision making with incomplete fuzzy preference relations. IEEE Transactions on Systems Fuzzy Systems, 2007, 15 (5): 863-877.

[19] Herrera F, Herrera-Viedma E, Verdegay J L. A model of consensus in group decision making under linguistic assessments. Fuzzy Sets Systems, 1996, 78 (1): 73-87.

[20] Kacprzyk J, Fedrizzi M. A'soft'measure of consensus in the setting of partial (fuzzy) preferences. European Journal of Operational Research, 1988, 34 (3): 316-325.

[21] Kuncheva L I. Five measures of consensus in group decision making using fuzzy sets. Proceedings of IFSA, Berlin, 1991: 141-144.

[22] Bryson N. Group decision-making and the analytic hierarchy process: Exploring the consensus-relevant information content. Computers & Operations Research, 1996, 23 (1): 27-35.

[23] Bryson N, Mobolurin A. Supporting team decision-making with consensus relevant information. Proceedings of the IEEE 1997 National Aerospace and Electronics Conference, Dayton, 1997: 57-63.

[24] Ngwenyama O K, Bryson N, Mobolurin A. Supporting facilitation in group support systems: Techniques for analyzing consensus relevant data. Decision Support System, 1996, 16 (2): 155-168.

[25] Herrera-Viedma E, Martínez L, Mata F, et al. A consensus support system model for group decision-making problems with multigranular linguistic preference relations. IEEE Transactions on Fuzzy Systems, 2005, 13(5): 644-658.

[26] 肖四汉. 具有不同形式偏好信息的群决策理论与方法研究. 沈阳: 东北大学, 2001.

[27] Saaty T L. The Analytic Hierarchy Process. New York: McGraw-Hill, 1980.

[28] 肖四汉, 樊治平, 王梦光. 群决策中两类偏好信息——AHP 判断矩阵和模糊偏好关系矩阵的一致化方法. 系统工程学报, 2002, 17 (1): 82-86.

[29] 姚敏, 黄燕君. 模糊决策方法研究. 系统工程理论与实践, 1999, 19 (11): 61-64.

[30] 陈侠, 樊治平, 陈岩. 基于语言判断矩阵的专家群体判断一致性分析. 控制与决策, 2006, 21(8): 879-884.

[31] 樊治平, 肖四汉. 基于自然语言符号表示的比较矩阵的一致性及排序方法. 系统工程理论与实践, 2002, 22 (5): 87-91.

[32] 樊治平, 姜艳萍. 语言判断矩阵满意一致性的判定方法. 控制与决策, 2004, 19 (8): 903-906.

[33] Gass S I. Tournaments, transitivity and pairwise comparison matrices. Journal of the Operational Research Society, 1998, 49 (6): 616-624.

[34] Cook W, Seiford L. Priority ranking and consensus formation. Management Science, 1978, 24 (16): 1721-1732.

[35] Cook W, Kress M. Ordinal ranking with intensity of preference. Management Science, 1985, 31 (12): 1642-1647.

[36] Hamer L, Hemeryck Y, Herweyer G. Similarity measure in scientometric research: The Jaccard index versus salton cosine formula. Information Processing and Management, 1989, 25 (3): 315-318.

[37] Styan G P H. Appied Matrix Algebra in the Statistic Science. Amsterdam: Elsevier, 1983.

第10章　基于保护少数人意见的群体一致性分析

10.1　概　　述

决策研讨是一种收敛性群思维，其最终目的是探寻群体一致性意见[1,2]。影响群思维收敛速度的主要因素有群体一致性分析和决策研讨过程控制。群体一致性分析的目的是判断群体意见是否达成一致，即判断群思维是否收敛。如果群体意见已经达成一致，则研讨结束；如果群体意见没有达成一致，则需要重新研讨。群体一致性分析的内容包括群体意见的平均相似度，即群体一致性，以及每个个体意见与群体综合意见的差异，即个体一致性[3-5]。所谓决策研讨过程控制，是指群体意见一致性没有达到预定要求时，协调员（主持人）或系统如何引导专家群体进行下一轮研讨。一般的做法是将引起群体意见不一致的原因反馈给专家群体，引导专家群体重新研讨，直到达成一致性意见。显然，在这个过程中协调员（主持人）所给出的反馈信息将对下一轮群体意见的形成产生重大影响。通常情况下协调员（主持人）所反馈的信息是多数人的意见，即群体综合意见或个体一致性较高的专家的意见[4-6]，诱导其他专家参考多数人意见再研讨，这种方法没有保护或尊重少数人意见。

在基于综合集成法的复杂问题求解与决策中，少数人意见是十分重要的，必须采用一些技术保护或尊重少数人意见[7]。本章提出一种可以保护少数人意见的群体意见一致性分析及决策研讨过程控制方法。该方法先根据专家偏好矢量相似度对专家意见进行聚类分析，得到意见相似的子群体簇，如果某专家的意见与群体意见分歧很大，他可能自成一个子群体簇，从而使少数人的意见得以凸显。协调员（主持人）或系统将少数人意见提取出来并提请其他专家关注，引导专家群体参考少数人意见重新研讨并给出新的偏好信息，重复这一过程直到群体考虑少数人意见或摈弃少数人意见，使专家意见得到统一。

10.2　少数人成员特性及少数人意见的重要性

在群体决策中，人们一般使用少数服从多数原则确定最终决策方案，因为它在统一群体行动纲领、调整利益关系方面具有强制作用，可以保证组织的权威性。但是如果决策的目标是在共同利益和责任驱动下探寻复杂问题求解与决策的方案,如研讨企业发展战略问题,使用简单多数原则不一定合适,因为有时真理可能掌握在少数人手里。因此,在实行少数服从多数的同时,必须适当保护少数人意见。保护少数人意见并不是一定要采用少数人意见,而是提请其他专家关注少数人意见,并参考少数人意见反思自己的思想。

少数人成员一般有以下几种类型:①企业高层领导,他们了解企业全局情况,考虑问题周到全面,其意见通常会有独到之处;②领域专家,他们的意见一般都经过深思熟虑,或经过科学论证;③年轻成员,他们具有初生牛犊不怕虎的勇气,受其他人思想影响较小;④具有特立独行个性的成员,他们敢于发表自己的意见,一般不具有从众心理。对不同类型的少数人的意见应采用不同处理方式,对第一类和第二类的少数人意见要高度重视,而对第三类第四类少数人意见则要慎重考虑。这个工作由协调员(主持人)把握。

在决策研讨过程中保护少数人意见,就是要根据少数人成员的特性有选择地把少数人意见单独提取出来,引导群体成员关注少数人意见,并进行新一轮研讨。具体工作有以下三个方面:①从群体偏好信息中提取少数人意见;②将少数人意见反馈给其他专家,并引导专家参考少数人意见重新研讨;③如果经过重新研讨后少数人意见仍得不到大家认可,则将少数人的意见反映到上级。当然少数人意见可能是错误的,群体有权利将其剔除。

10.3 专家意见聚类分析

保护少数人意见首先必须发现少数人成员及其意见。本章采用的方法是对专家偏好矢量进行聚类分析,即根据偏好矢量的相似性对专家群体进行聚类,得出若干子群体,同一子群体内专家之间的意见很接近,而不同子群体之间专家意见存在较大不一致性,如果某个子群体包含的专家数目很小,则该子群体的意见就为少数人意见。特别地,当子群体只包含一个专家时,该专家的意见为个别人意见。可见通过聚类可以发现少数人意见。

10.3.1 问题描述

一个决策共识达成问题可以描述为:有限专家群体 $E=\{e_1,e_2,\cdots,e_m\}(m\geqslant 2)$,对有限方案集 $T=\{t_1,t_2,\cdots,t_n\}(n\geqslant 2)$ 做出判断。设专家的信任值为 $A=\{\alpha_1,\alpha_2,\cdots,\alpha_m\}$ $(m\geqslant 2)$,其中 $\alpha_k(1\leqslant k\leqslant m)$ 表示第 k 个专家的信任值,$\sum_{k=1}^{m}\alpha_k=1$。设专家群体 E 中的第 k 个成员对方案集 T 中的第 i 个备选方案给出的判断值为 w_i^k,$w_i^k\geqslant 0$,$1\leqslant k\leqslant m$,$1\leqslant i\leqslant n$,则称 $W^k=(w_1^k,w_2^k,\cdots,w_n^k)$,$1\leqslant k\leqslant m$ 为第 k 个专家的偏好矢

量，它表示在该专家看来，各个备选方案的相对重要程度。专家可以用不同的方式表达自己的偏好，如单选/多选、简单排序、效用值、互反判断矩阵、互补判断矩阵、语言判断矩阵等。为了便于统一处理，按照第 9 章的方法将不同形式偏好信息转换为同一种偏好矢量，并对该偏好矢量进行规范处理，得到决策矩阵：

$$W_{m\times n} = \begin{bmatrix} w_1^1 & \cdots & w_n^1 \\ \vdots & & \vdots \\ w_1^m & \cdots & w_n^m \end{bmatrix}$$

式中，w_i^k 是第 k 个专家对第 i 个方案的评价值，$\sum_{i=1}^{n} w_i^k = 1$。

定义 10.1 群体偏好矢量（group preference vector，GPV） 在考虑专家权重的前提下，对各个专家偏好矢量进行集结得到的矢量称为群体偏好矢量，记为 $W^g = \sum_{k=1}^{m} \alpha_k W^k$。

为了保证群体偏好矢量的一致性，在集结各专家偏好矢量之前需要对群体一致性进行分析。

定义 10.2 专家聚类（expert clustering，EC） 引入一个偏好矢量相似度阈值 $\delta(0 \leq \delta \leq 1)$，根据专家偏好矢量对专家群体进行聚类得到子群体簇 $C = \{C_1, C_2, \cdots, C_p\}$，$1 \leq p \leq m$，$|C| \leq m$（$|C|$ 为子群体个数），称 C 为专家群体 E 的基于 δ 一个划分。

偏好矢量的相似度计算仍用第 9 章的方法。

10.3.2 现有聚类算法

在决策共识达成中，专家用偏好矢量表达自己的意见，因而专家意见分析实际上是对偏好矢量进行分析。目前对 N 维空间偏好矢量进行聚类的方法很多，但这些方法不一定都适合专家意见聚类分析。这些算法可以分为以下几类。

（1）预先给定簇个数的聚类算法，如 K-平均、K-中心点等。在群体研讨中，由于专家意见的不可预知性，指定聚类的簇数没有实际意义。另外，这类算法不能很好地处理孤立点，在群体一致性分析中，孤立点代表了少数人意见。因此这类算法在专家意见聚类分析中不太适用。

（2）模糊聚类算法：这种方法是先计算专家意见两两之间的相似度，建立模糊相似矩阵 R，再根据相似度阈值 δ，求出矩阵 R 的 δ 截矩阵，$R(\delta) = S^{ij}(\delta)(1 \leq i \leq n, 1 \leq j \leq n)$，其中，当 $S^{ij} \geq \delta$ 时，$S^{ij}(\delta) = 1$，当 $S^{ij} < \delta$ 时，$S^{ij}(\delta) = 0$。S^{ij} 为专家 e_i 与专家 e_j 的偏好矢量的相似度。然后对 R 求传递闭包，得到 R 的模糊等价关系。由此等价关系可以确定有限集的一个划分，该划分称为有限集上的模糊等价聚类。在群体一致性分析中，此划分就是相似度阈值为 δ 时的专家意见的聚类。

（3）最近邻算法：将传统的最近邻聚类算法用于专家意见聚类的基本思想是先把专家群体 E 的头一个元素 e_1 放到 C_1 族，E 中减去 e_1；以后循环取 E 头一个元素 e_i，依次考察已存在的簇，找出一个与 e_i 最相似的元素 e_j，设 $e_j \in C_r$，如果 $S^{ij} \geq \delta$，则把 e_i 放到 C_r 中，E 中减去 e_i，否则创建一个新的簇，并将 e_i 放入这个簇中，E 中减去 e_i，直到 E 为空。算法的伪码如算法 10.1 所示。

算法 10.1[7]

INPUTS：

　　$E = \{e_1, e_2, \cdots, e_m\}$（$m \geq 2$）；//专家群体集合

　　δ；//偏好相似度阈值

OUTPUTS：

　　$C = \{C_1, C_2, \cdots, C_p\}$；//专家聚类子群体簇，$1 \leq p \leq m$

BEGIN

　　$C_1 = \{e_1\}$；

　　$C = \{C_1\}$；

　　$k = 1$；

　　for $i = 2$ to m do

　　　　在已有的子群体中查找专家 $e_j \in C_r$，使 S^{ij} 为最大；

　　　　if $S^{ij} \geq \delta$ then

　　　　　　$C_r = C_r \cup e_i$；

　　　　else

　　　　　　$k = k + 1$；

　　　　　　$C_k = \{e_i\}$；

　　　　endif

　　endfor

END

这个算法只能保证新加入成员与簇中某个成员最邻近。

模糊聚类与最近邻聚类算法都能在不指定簇数目的前提下，根据偏好矢量相似度阈值将专家意见聚类成若干个子群体，它们的优点是能保证两个不同的簇之间存在较大的不相似性。它的不足是簇内成员存在链式效应（chain effect），即传递性。在最近邻算法聚类过程中，一个成员是否归并到一个簇中，只需要这个成员与簇内某一成员最近邻，且达到相似度阈值，从而使聚类结果存在链式结构。这种结构在专家意见一致性分析中是不合理的。例如，假设有四个专家对天气情况进行预测，提出了四种意见，即晴、多云、阴、雨，他们之间的相似性如表 10.1 所示。

表 10.1 专家意见相似性的一个例子

天气＼相似度＼天气	晴	多云	阴	雨
晴	1			
多云	0.8	1		
阴	0.6	0.8	1	
雨	0.4	0.6	0.8	1

如果设定相似度阈值为 0.8，按模糊聚类与最近邻聚类算法，则四种意见将聚类为一个簇，这显然是不合理的。合理的聚类结果应该是{{晴,多云},{阴,雨}}，或{{晴},{多云,阴},{雨}}。实验表明模糊聚类比最近邻聚类的链式效应更强。

文献[8]提出了一种启发式聚类算法，其基本思想是对一个已形成的聚簇，如果一个未决策矢量与被选入该聚簇所有矢量的线性组合间的相关度大于或等于阈值，则将这个矢量分配给该聚簇。否则，该矢量将不分配给此聚簇，而把它分配给一个临时集合。当群体所有的偏好矢量都被分配到相应的聚簇中时，算法停止。这个算法存在的问题是不能保证同一子群体内，任意两个专家的偏好矢量的相似度大于相似度阈值，其聚类效果也不理想。

10.3.3 启发式聚类算法

在文献[8]的基础上，本章提出了一种启发式聚类算法。该算法描述如算法 10.2 所示。

算法 10.2[9]

INPUTS：

　　$E = \{e_1, e_2, \cdots, e_m\}(m \geq 2)$； //专家群体集合

　　δ； //偏好相似度阈值

OUTPUTS：

　　$C = \{C_1, C_2, \cdots, C_p\}$； //专家聚类子群体簇，$1 \leq p \leq m$

BEGIN

　　$k = 1$；

　　$C_k = \{e_1\}$； //将 e_1 放入第一个簇中

　　FOR $i = 2$ to m//依次考察剩下专家

　　　　FOR $r = 1$ to k//计算专家 e_1 与已有的每一个簇的专家的平均相似度

　　　　　　$S^r = 0$；

　　　　　　FOR $j = 1$ to $|C_r|$//依次取簇 C_r 中的成员 e_1

　　　　IF($S^{ij} \geqslant \delta$)$S^r = S^r + S^{ij}$
　　　　ELSE
　　　　　　$S^r = 0$；//只要有一个相似度小于阈值，则置 $S^r=0$
　　　　　　break；
　　　　ENDIF
　　　　$S^r = S^r/|C_r|$；//求相似度平均值
　　ENDFOR
ENDFOR
$S^t = \max(S^r)$；//取平均相似度最大的簇 C_t;
IF($S^t != 0$)
　　$C_t = C_t \cup e_i$；//将 e_1 并入簇 C_t 中
ELSE
　　$k = k + 1$；
　　$C_k = \{e_i\}$；//生成一个新簇 C_k 并将 e_i 并入其中
ENDIF
ENDFOR
END

这个算法的基本思想是先把 E 的头一个元素 e_1 放到 C_1 簇中，E 中减去 e_1；以后循环取 E 的头一个元素 e_i，依次考察已存在的簇，如果存在一个簇 C_t，C_t 中的每一个元素与 e_i 的相似度都大于等于 δ，且平均相似度最大，则把 e_i 放到 C_t 中，E 中减去 e_i，否则将 e_i 放入一个新的簇中，E 中减去 e_i，直到 E 为空。该算法需要对专家集扫描两趟，因而算法的时间复杂度为 $O(m^2)$。本算法是对文献[8]算法的改进，它具有以下特点。

性质 10.1　同一子群体内部，两两偏好矢量的相似度都大于相似度阈值。

性质 10.2　任一专家属于且仅属于一个子群体，即对于子群体簇 C，有 $\sum_{r=1}^{p}|C_r|=m$ ($|C_r|$ 为子群体 C_r 中的专家个数)。

性质 10.3　子群体的个数不大于专家的个数，即 $|C| \leqslant m$。

性质 10.4　子群体的个数与 δ 直接相关，δ 取值越高，则聚类后得到的子群体个数越多。若 $\delta=1$，聚类后的子群体个数为 1，则群体意见完全一致。

10.4　基于聚类的专家意见一致性分析

10.4.1　群体一致性分析指标

除了 9.3 节提出的群体一致性个体一致性，本节根据群体聚类结果，对群体一致性和个体一致性做进一步的分析,并提出以下指标。

定义 10.3 群体参考一致性(group referenced agreement quotient,GRAQ)是指在给定偏好矢量相似度阈值 δ 时对专家群体进行聚类,子群体的个数的倒数:GRAQ$=1/|C|$,即基于 δ 划分,子群体个数越多,则群体一致性越差。

定义 10.4 个体参考一致性(individual referenced agreement quotient,IRAQ)是指在给定偏好矢量相似度阈值 δ 时对专家群体进行聚类,专家 e_i 所在子群体 C_r 的专家个数与专家总数 m 的比值:IRAQ$_i=|C_r|/m$,$e_i \in C_r$,即 e_i 所在子群体的专家的个数越少,则该专家的个体一致性越差。特别地,当 IRAQ$_i=1/m$ 时,该专家自成一簇,该专家个体一致性最差。

定义 10.5 子群体一致性(subgroup agreement quotient,SGAQ)是指在给定偏好矢量相似度阈值 δ 时对专家群体进行聚类,子群体 C_r 中两两偏好矢量相似度的算术平均值:SGAQ$_r = \left(\sum_{e_i \in c_r, \& e_j \in c_r, (i \neq j)} S^{ij} \right) / C_k^2$,其中 $C_k^2 = k(k-1)/2, k = |C_r|$。若 C_r 中只有一个专家,则 SGAQ$_r = 1$。SGAQ$_r$ 越小,表明 C_r 的子群体一致性越差。

定义 10.6 个体次一致性(individual weak agreement quotient,IWAQ)是指某一专家 e_i 在其所在的子群体中的个体一致性,即 e_i 的偏好矢量与其所在的子群体的其他专家的偏好矢量的相似度的算术平均值:IWAQ$_i = \left(\sum_{e_j \in c_r, (j \neq i)} S^{ij} \right) / (k-1), k=|C_r|$。IWAQ$_i$ 越小,表示专家 e_i 的意见与子群体中心偏好矢量相差越大。

GAQ 和 IAQ 与文献[6]、[10]的定义是一致的,在专家意见提交后即可确定,但它没有考虑专家意见聚类情况。GRAQ、IRAQ、SGAQ 和 IWAQ 是参考群体聚类结果的群体一致性分析指标,其值与所用的聚类算法和相似度阈值有关。GAQ 与 GRAQ 有一定的相关性,GAQ 越差,则 GRAQ 越差。GAQ 和 GRAQ 都可以作为判断群体一致性的标准,可以设置 GAQ 或 GRAQ 阈值 η 作为重新研讨的条件。IAQ 与 IRAQ 也有一定的相关性,IAQ 越差,则 IRAQ 越差。IAQ 与 IRAQ 都可以作为判断个体一致性的标准。IAQ 的主要用处是识别个体意见与群体意见的差异,但它还不能确定少数人意见。少数人意见是指少数人成员的群体意见,只有经过专家聚类分析后才能确定少数人意见。可以设置 IRAQ 阈值 ρ 作为是否提取少数人意见的条件。

定义 10.7 少数人意见(minority opinion,MO)是指在给定偏好矢量相似度阈值 δ 时对专家群体进行聚类,若存在专家 e_i 的 IRAQ$_i < \rho$(ρ 为预先设定的个体参考一致性阈值),则 e_i 所在的子群体的中心偏好矢量称为少数人意见。当 IRAQ$_i = 1/m$ 时,专家 e_i 的偏好矢量称为个别人意见。

可见,影响少数人意见识别的主要因子是 IRAQ。识别出少数人意见后,就可以将 IRAQ 和少数人意见反馈给专家,提请专家关注,并开启新一轮研讨。SGAQ 和 IWAQ 主要用于分析子群体的一致性,以及专家在子群体中所处的位置,这两个指标也可以反馈给专家,供专家参考。

10.4.2 基于聚类分析的研讨反馈机制

以前的决策共识形成过程是,专家群体 E 中的每个成员针对备选方案集 T 给出自己的个人偏好,系统对群体一致性进行分析,如果满足一致性要求,则集结个体偏好形成群体决策共识 $W^g = \sum_{i=1}^{m} \alpha_i W^i$,否则主持人根据群体一致性分析结果,引导专家群体再进行研讨并给出新的个人偏好信息,如此反复直到达成群体一致性意见。专家意见的集结采用简单算术平均法,屏蔽了少数人的意见。

考虑了保护少数人意见的决策共识达成过程如下。

步骤 1:协调员(主持人)确定决策研讨主题;遴选专家,并设置专家信任值;给出备选方案集,并设置准则及准则的权重;设置专家偏好矢量相似度阈值 δ、群体参考一致性阈值 η、个体参考一致性阈值 ρ;设置研讨最大轮数 MAXCYCLE,当前研讨轮数 CYCLE = 0。

步骤 2:每个专家独立思考,提交自己的个人偏好矢量。专家可以使用不同的偏好信息表达方式:单选/多选、简单排序、效用值、互反判断矩阵、互补判断矩阵、语言判断矩阵等。

步骤 3:专家偏好规范化处理,即不管专家使用什么偏好表示方式,最后都统一表示为偏好矢量 $W^k = (w_1^k, w_2^k, \cdots, w_n^k)$,$W^k$ 是第 k 个专家给出的排序矢量,其中 $\sum_{i=1}^{n} w_i^k = 1, w_i^k \geq 0$。

步骤 4:对专家群体进行聚类分析得到子群体簇 C,并计算 GRAQ、IRAQ、SGAQ 和 IWAQ,以及子群体簇中心偏好矢量。

步骤 5:判断:如果 GRAQ 达到预先设定的阈值 η,或用完所有的研讨轮数,即 CYCLE>MAXCYCLE,则转到步骤 9;否则转到步骤 6。

步骤 6:判断:如果存在专家 e_i,$IRAQ_i<\rho$,则转到步骤 7;否则转到步骤 8。

步骤 7:反馈 e_i 所在子群体的中心偏好矢量,即反馈少数人意见。

步骤 8:反馈所有专家偏好信息、聚类分析指标 GRAQ、IRAQ、SGAQ 和 IWAQ,并将研讨轮数增 1,即 CYCLE = CYCLE + 1;转到步骤 2。

步骤 9:集结各偏好矢量,得出群体偏好矢量。

考虑了基于保护少数人意见的决策共识达成过程如图 10.1 所示。

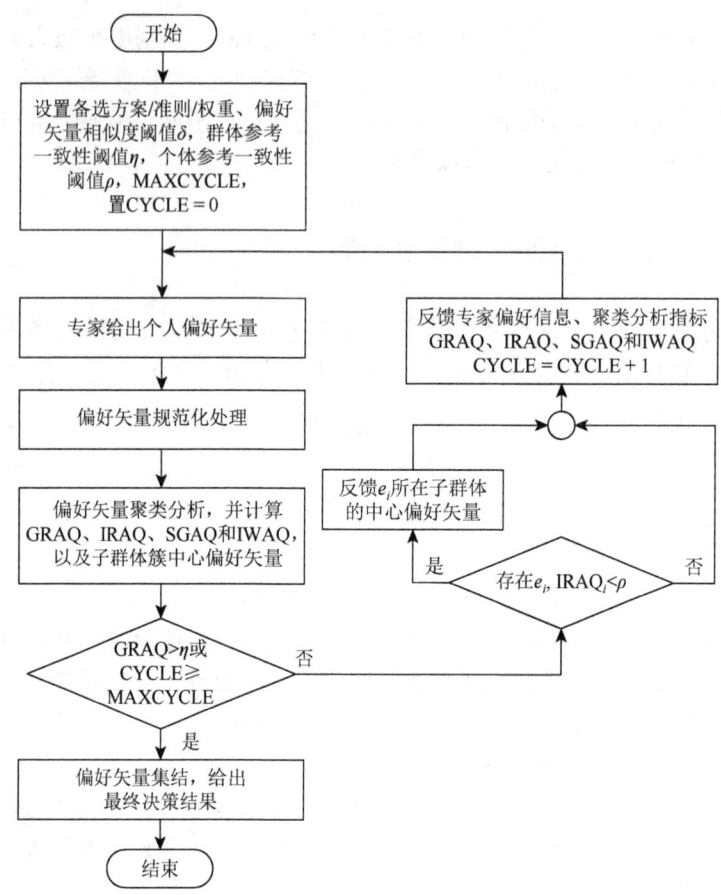

图 10.1 基于保护少数人意见的决策共识达成过程

10.5 基于平行坐标法的聚类结果可视化

偏好信息可视化是指在二维或三维的可视空间中展现多维偏好矢量，反映出它们在多维空间中的特性，从而帮助专家群体和主持人发现不同偏好矢量之间的关系。多维数据可视化技术包含以下几个基本概念：①多维数据空间（data space）是由 n 维属性（如 n 个决策备选项）和 m 个元素（如 m 个专家）所构成的 n 维空间。②映射空间（map space）也称作投影空间，是将多维数据按一定的函数或规则转换后得到的低维可视空间。③多维数据可视化（multi-dimensional data visualization）是指将数据集中的数据以图形图像形式展现给用户。当多维数据集只有两维时可以很方便地在笛卡儿坐标中用散点图表达其分布情况；对于三维情况，可以在三维空间表达出各点的分布。但是，超过三维时用图像表示其空间分布就有很大困难。目前数据可视化已经提出了许多方法,这些方法根据其可视化原理不同可以分为基于图标的技术、基于像素的技术、基于图形的技术、基于层次的技术和基于几何的技术等。平行坐标法是基于几何的可视化技术的典型代表[10]。

10.5.1 平行坐标法

平行坐标(parallel coordinates)是以一组平行等距的水平或垂直坐标轴为基本坐标轴 $t_1, t_2, \cdots, t_n$,其中 t_k($k \geq 1$)表示第 k 个坐标,n 维矢量的每一维对应一个坐标。利用平行坐标法可以将笛卡儿坐标中的点,映射为平行坐标中的折线,反之亦然[11]。当维数增加时,在传统欧几里得坐标系中难于表达的信息,能在平行坐标中得到十分直观的展示。利用平行坐标对数据进行可视化分析的方法有维突显、维抽象、维放大、交换坐标轴、上卷下钻等[12]。采取这些方法的主要目的是使数据显示效果更加明显,使用户能够较容易地对视图进行分析,并获得有用的信息。平行坐标法的不足是,维数增加时垂直轴靠近,数据量较大时图形存在重叠现象,导致层次不清,使用户难于识别。

10.5.2 专家聚类可视化

利用平行坐标法可以将专家意见显示在二维平面上,达到可视化分析群体一致性的目的。专家 e_i 的意见可以看作一个 n 维矢量 $W^i = \{w_1^i, w_2^i, \cdots, w_n^i\}$,$1 \leq i \leq m$,它在 n 维笛卡儿坐标系中可以表示为一个点,而在平行坐标系中表示为一条从轴 $t_1 \sim t_n$ 的折线,折线的顶点在坐标轴 t_k 上的取值为专家对备选方案 t_k 的评价值。

考虑到聚类分析,同一子群体内的专家意见的折线比较接近,不同子群体内的专家意见的折线相距较远。可以用不同的颜色或线型表示不同的子群体,这样折线的分离及聚类将是十分明显的。聚类分析除了把数据分为群组,还可以求取聚类中的数据的平均值,可以用一条粗折线表示子群体中心偏好矢量。如图 10.2 所示。

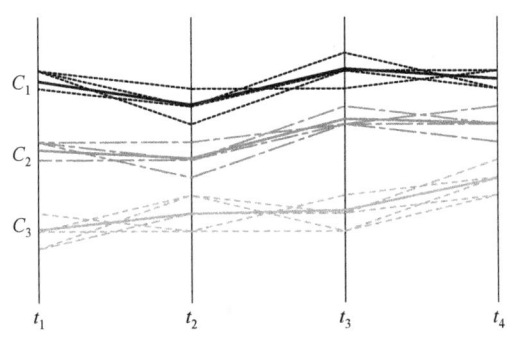

图 10.2 平行坐标法

10.6 算例分析

10.6.1 决策共识达成实验

下面用一个案例来说明本方法的应用过程。设有 8 个来自不同领域的专家群体 $E = \{e_1, e_2, e_3, e_4, e_5, e_6, e_7, e_8\}$ 针对某一复杂问题进行决策研讨，共提出 5 个备选方案 $T = \{t_1, t_2, t_3, t_4, t_5\}$。假设专家都使用效用值表达自己的决策意见，专家的初步意见如表 10.2 所示。

表 10.2 专家初步偏好（用效用值表示）

专家＼效用值＼方案	方案1	方案2	方案3	方案4	方案5
专家 1	60	15	26	2	6
专家 2	7	1	88	25	34
专家 3	40	15	28	13	47
专家 4	75	35	49	6	20
专家 5	32	8	99	43	55
专家 6	45	14	34	25	85
专家 7	25	4	83	50	58
专家 8	37	18	38	7	19

对专家偏好信息进行规范化处理，得到专家决策矩阵为

$$W^{(1)} = \begin{bmatrix} 0.5505 & 0.1376 & 0.2385 & 0.0183 & 0.0550 \\ 0.0452 & 0.0065 & 0.5677 & 0.1613 & 0.2194 \\ 0.2797 & 0.1049 & 0.1958 & 0.0909 & 0.3287 \\ 0.4054 & 0.1892 & 0.2649 & 0.0324 & 0.1081 \\ 0.1350 & 0.0338 & 0.4177 & 0.1814 & 0.2321 \\ 0.2217 & 0.0690 & 0.1675 & 0.1232 & 0.4187 \\ 0.1136 & 0.0182 & 0.3773 & 0.2273 & 0.2636 \\ 0.3109 & 0.1513 & 0.3193 & 0.0588 & 0.1597 \end{bmatrix}$$

设置偏好矢量相似度阈值为 0.95，群体参考一致性 GRAQ 的阈值 $\eta = 1/3$，个体参考一致性 IRAQ 阈值 $\rho = 2/8$。对专家群体进行聚类分析，8 个专家被分为 5 个子群体：$C = \{\{e_1, e_4\}, \{e_2, e_5\}, \{e_3, e_6\}, \{e_7\}, \{e_8\}\}$。用平行坐标法对专家意见进

行可视化显示如图 10.3（a）所示。这时群体参考一致性 GRAQ = 1/5，没有达到阈值 $\eta = 1/3$，所以要重新研讨。专家 e_1、e_4、e_3 和 e_6 修改了自己的偏好，得到新的专家决策矩阵：

$$W^{(2)} = \begin{bmatrix} 0.4040 & 0.1515 & 0.3636 & 0.0202 & 0.0606 \\ 0.0452 & 0.0065 & 0.5677 & 0.1613 & 0.2194 \\ 0.3268 & 0.1634 & 0.3791 & 0.0196 & 0.1111 \\ 0.3514 & 0.1892 & 0.3189 & 0.0324 & 0.1081 \\ 0.1350 & 0.0338 & 0.4177 & 0.1814 & 0.2321 \\ 0.3179 & 0.1387 & 0.3121 & 0.0867 & 0.1445 \\ 0.1136 & 0.0182 & 0.3773 & 0.2273 & 0.2636 \\ 0.3109 & 0.1513 & 0.3193 & 0.0588 & 0.1597 \end{bmatrix}$$

再对专家进行聚类分析，专家被分为 3 个子群体：$C = \{\{e_1, e_3, e_4, e_6, e_8\}, \{e_2, e_5\}, \{e_7\}\}$，用平行坐标法对专家意见进行可视化显示如图 10.3（b）所示。这时群体参考一致性为 1/3，达到了群体参考一致性的要求。再做个体参考一致性分析，发现 e_7 的 $RIAQ_7 = 1/8 < \rho = 2/8$，$e_7$ 为少数人意见，主持人将其意见提交群体重新研讨。假设群体认可 e_7 的意见，其他专家参考 e_7 的意见重新修改自己的意见，这时专家评价矩阵为

$$W^{(3)} = \begin{bmatrix} 0.1094 & 0.0417 & 0.3542 & 0.2344 & 0.2604 \\ 0.1318 & 0.0818 & 0.4000 & 0.1591 & 0.2273 \\ 0.1263 & 0.0404 & 0.3030 & 0.2273 & 0.3030 \\ 0.0987 & 0.0644 & 0.4077 & 0.1931 & 0.2361 \\ 0.1350 & 0.0338 & 0.4177 & 0.1814 & 0.2321 \\ 0.1004 & 0.0568 & 0.4367 & 0.1878 & 0.2183 \\ 0.1136 & 0.0182 & 0.3773 & 0.2273 & 0.2636 \\ 0.1350 & 0.0400 & 0.3500 & 0.2250 & 0.2500 \end{bmatrix}$$

再对专家进行聚类分析，得到的子群体只有一个：$C = \{e_1, e_2, e_3, e_4, e_5, e_6, e_7, e_8\}$，对子群体 $\{e_1, e_2, e_3, e_4, e_5, e_6, e_7, e_8\}$ 取加权平均。假设所有专家的权重相同，这时得出最终的研讨结果为：$W^g = (0.1188, 0.0471, 0.3808, 0.2044, 0.2489)$。根据这个结果可以看出，最佳方案是 t_3，各备选方案的重要性排序为 t_3, t_5, t_4, t_1, t_2。

如果其他专家不接受 e_7 的意见，而 e_7 也不修改自己的意见，则将 e_7 意见向上级反映，或剔除 e_3 的意见，对 $\{e_1, e_2, e_5\}$ 和 $\{e_4, e_6, e_7, e_8\}$ 两个子群体意见取加权平均，得到最终研讨果为 $W^g = (0.2702, 0.1192, 0.3826, 0.0801, 0.1479)$。这时各备选方案的重要性排序为 t_3, t_1, t_5, t_2, t_4。

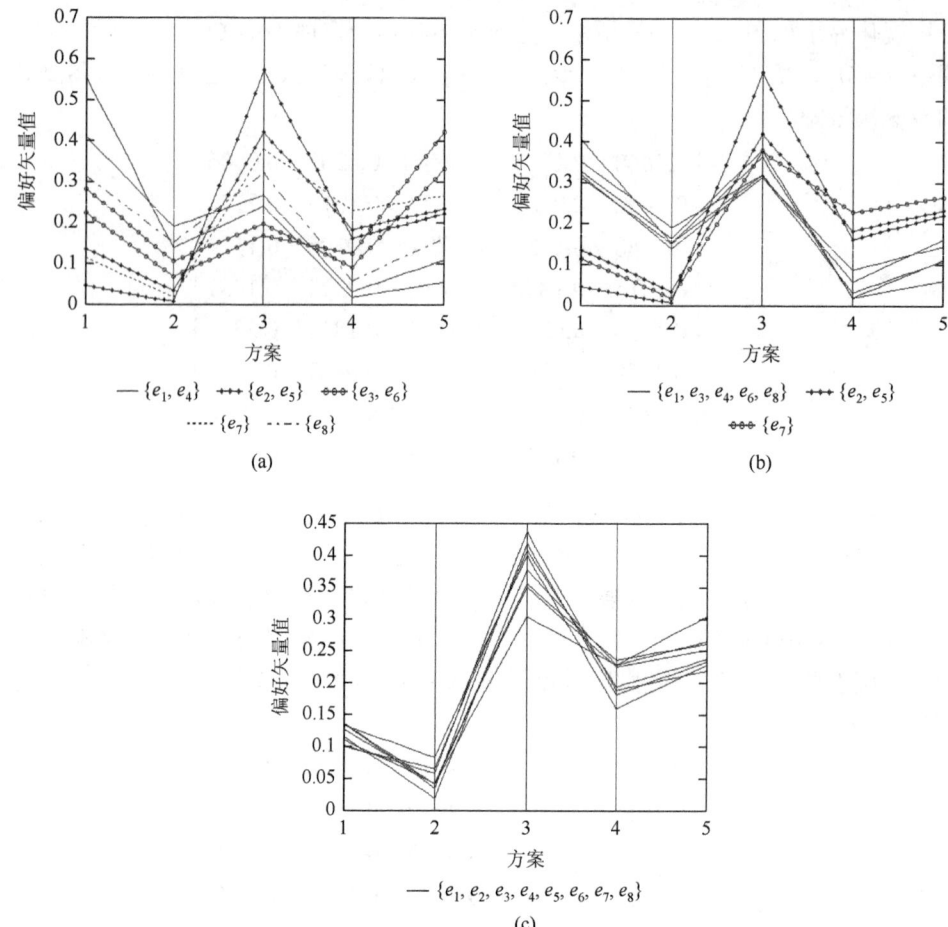

图 10.3 保护少数人意见的共识达成过程实验分析

10.6.2 聚类效果分析

聚类结果不仅与专家给出的偏好矢量有关，还与选取的偏好矢量相似度阈值有关。好的聚类算法能保证在给定相似度阈值前提下，使同一子群体内专家意见很接近，而不同子群体之间专家意见存在较大差异。下面的实验结果表明，本书提出的启发式聚类算法比文献[8]的算法好。

仍用表 10.2 给出的专家初步偏好矢量为例进行分析，指定偏好矢量相似度阈值为 0.45，用本书提出的启发式聚类算法对专家群体进行聚类分析，8 个专家聚类到同一个子群体中 $C = \{e_1, e_2, e_3, e_4, e_5, e_6, e_7, e_8\}$，用平行坐标法对专家意见进行可视化显示如图 10.4（a）所示。由于偏好相似度阈值取值太低，所以专家意见的聚集情况没有显现出来。

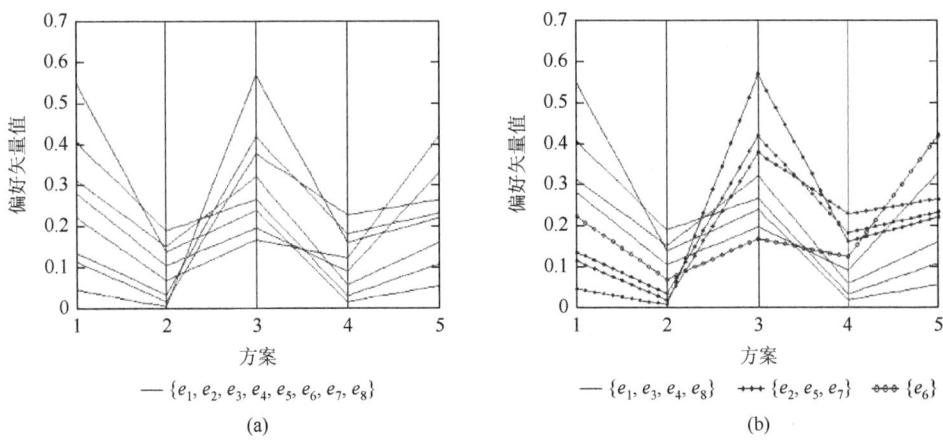

图 10.4 平行坐标法专家聚类分析可视化

重新指定偏好相似度阈值为 0.75，再对专家群体进行聚类分析，得到 3 个子群体：$C = \{\{e_1, e_3, e_4, e_8\}, \{e_2, e_5, e_7\}, \{e_6\}\}$，用平行坐标法对专家意见进行可视化显示如图 10.4（b）所示，这时可以看出意见的分歧。

在相似度阈值低于 0.45 时，所有专家聚集在同一个子群体中，群体参考一致性为 1，个体次一致性与个体强一致性是相同的。当相似度阈值提高到 0.75 时，专家被分为 3 个子群体，群体参考一致性为 1/3，3 个子群体中的成员的个体参考一致性分别为 1/2、3/8、1/8，其中 e_6 单独成为一个子群体，其意见的奇异性被显现出来。另外，个体在子群体中的一致性（个体次一致性）普遍提高，且高于相似度阈值。在给定相似度阈值下对群体进行聚类分析，可以为下一次研讨提供更多有效信息。本实验的有关一致性分析部分指标值见表 10.3。

表 10.3 实验中的有关一致性分析部分指标值

相似度阈值	子群体	群体一致性	群体参考一致性	子群体一致性	个体次一致性
0.45	$C_1 = \{e_1, e_2, e_3, e_4, e_5, e_6, e_7, e_8\}$	GAQ = 0.7843	GRAQ = 1	$SGAQ_1 = 0.7843$	$IWAQ_1 = 0.6896, IWAQ_2 = 0.7222$ $IWAQ_3 = 0.8323, IWAQ_4 = 0.7818$ $IWAQ_5 = 0.8228, IWAQ_6 = 0.7678$ $IWAQ_7 = 0.8003, IWAQ_8 = 0.8572$
0.90	$C_1 = \{e_1, e_3, e_4, e_8\}$ $C_2 = \{e_2, e_5, e_7\}$ $C_3 = \{e_6\}$	GAQ = 0.7843	GRAQ = 1/3	$SGAQ_1 = 0.8937$ $SGAQ_2 = 0.9678$ $SGAQ_3 = 1.0000$	$IWAQ_1 = 0.8792, IWAQ_2 = 0.9565$ $IWAQ_3 = 0.8411, IWAQ_4 = 0.9304$ $IWAQ_5 = 0.9790, IWAQ_6 = 1.0000$ $IWAQ_7 = 0.9678, IWAQ_8 = 0.9240$

本书算法能保证个体在子群体中的一致性（个体次一致性）都大于相似度阈值，文献[8]算法则不能做到这一点，如用文献[8]算法对本例数据进行聚类，在相似度阈值为 0.75 时，专家 e_7 在子群体中的一致性为 0.7333，低于相似度阈

值，聚类结果存在不合理性。另外，本书算法得到的子群体一致性普遍高于文献[8]算法，聚类效果较好。图 10.5 是用两个算法对本例数据进行聚类时最差子群体一致性的比较，表 10.4 是用两个算法对本例数据进行聚类达到子群体个数所需要的相似度阈值比较。从图 10.5 中和表 10.4 中可以看出，本书算法好于文献[8]算法。

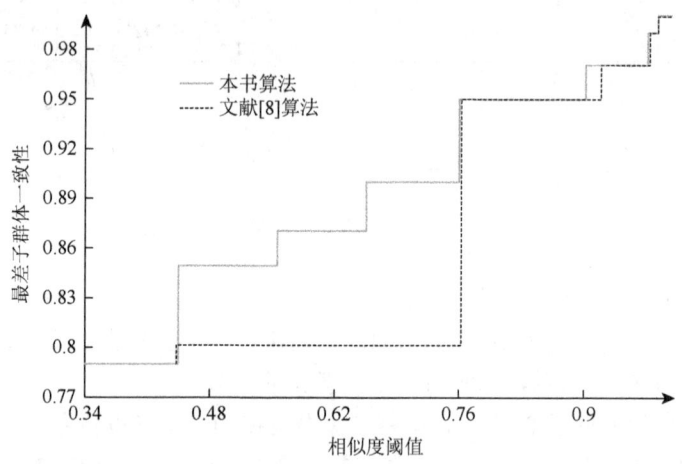

图 10.5　相似度阈值变化时最差子群体一致性变化情况

表 10.4　达到子群体个数所需要的相似度阈值比较

子群体个数	2	3	4	5	6	7	8
本书算法	0.452	0.660	0.900	0.950	0.971	0.974	0.991
文献[8]算法	0.452	0.760	0.940	0.968	0.971	0.974	0.991

10.7　本章小结

在基于综合集成法的复杂问题求解与决策中，少数人意见是十分重要的，综合集成研讨环境应该提供保护或尊重少数人意见的机制。本章首先分析了少数人成员特性和少数人意见的重要性，然后提出了一种可以保护少数人成员意见的研讨过程控制方法，最后用一个高层管理团队决策的实际案例验证了该方法的可行性和有效性。

保护少数人意见的关键是少数人意见识别与提取，以及少数人意见反馈与利用。在少数人意见识别与提取方面，本章提出了一种启发式聚类算法，该算法在给定偏好矢量相似度阈值的前提下，对专家群体进行聚类得到若干子群体，同一子群体内专家意见接近，而不同子群体间专家意见存在较大差异。子群体的个数与 δ 直接相关，δ 取值越高，则聚类后得到的子群体个数越多；若 $\delta=1$，且聚类后的子群体个数为 1，则认为群体意见完全一致。如果某个子群体的专家个数很少，则该子群体的意见可能为少数人意见。聚类结果可用于群体一致性分析，本章提出了基于聚类分析的群体一致性指标：群体参考一致性（GRAQ）、个体参考一致性（IRAQ）、子群体一致性（SGAQ）和个体次一致性（IWAQ），其中 GRAQ 可用于判断群体思维是否收敛，而 IRAQ 可用于识别少数人意见。在少数人意见反馈与利用方面，本章提出了一种可以保护少数人意见的研讨过程控制方法，该方法首先对专家意见进行聚类分析，得到子群体簇，然后计算基于聚类的群体一致性指标，如果 GRAQ 没有达到预先设定的阈值，就检查是否存在少数人意见，即考察每个专家的 $IRAQ_i$ 是否达到指定的阈值，如果 $IRAQ_i$ 没有达到指定阈值，就把该专家所在子群体的中心偏好矢量（即少数人意见）反馈给其他专家，引导其他专家关注少数人意见，达到保护或尊重少数人意见的目的。

参 考 文 献

[1] Degroot M H. Reaching a consensus. Journal of the American Statistical Association, 1974, 69 (345): 1118-1121.

[2] Priem R L, Harrison D A, Muir N K. Structured conflict and consensus outcomes in group decision making. Journal of Management, 1995, 21 (4): 691-710.

[3] Bryson N. Group decision-making and the analytic hierarchy process: Exploring the consensus-relevant information content. Computers & Operations Research, 1996, 23 (1): 27-35.

[4] Ngwenyama O K, Bryson N, Mobolurin A. Supporting facilitation in group support systems: Techniques for analyzing consensus relevant data. Decision Support System, 1996, 16 (2): 155-168.

[5] Herrera-Viedma E, Herrera F, Chiclana F. A consensus model for multiperson decision making with different preference structures. IEEE Transactions on Systems, Man, and Cybernetics, Part A: Systems and Humans, 2002, 32 (3): 394-402.

[6] 王丹力, 戴汝为. 群体一致性及其在研讨厅中的应用. 系统工程与电子技术, 2001, 23 (17): 33-37.

[7] 熊才权, 李德华, 金良海. 基于保护少数人意见的群体一致性分析. 系统工程理论与实践, 2008, 28 (10): 102-107.

[8] 徐选华, 陈晓红. 基于矢量空间的群体聚类方法研究. 系统工程与电子技术, 2005, 27 (6): 1032-1037.

[9] 熊才权, 李德华, 张玉. 研讨厅专家意见聚类分析及其可视化. 模式识别与人工智能, 2009, 22 (2): 282-287.

[10] 王丹力, 戴汝为. 专家群体思维收敛的研究. 管理科学学报, 2002, 5 (2): 1-5.

[11] Inselberg A, Dimsdale B. Parallel coordinates: A tool for visualizing multi-dimensional geometry. Proceedings of the lst IEEE Conference on Visualization, San Francisco, 1990: 361-370.

[12] Chen J X, Wang S. Data visualization: Parallel coordinates and dimension reduction. Computing in Science & Engineering, 2001, 3 (5): 110-113.

第 11 章 综合集成研讨环境实现技术

11.1 概　　述

　　传统的研讨方式有面对面对话、集中开会、信函、电报等,其中面对面对话和集中开会属于同步研讨,交互性好,但要求研讨成员同时同地,受到时空限制;信函、电报属于异步研讨,它们虽然不受时空限制,但交互性差。随着计算机网络技术的快速发展[1, 2],人类的交流讨论方式发生了巨大改变。大量基于网络的研讨平台[3]和虚拟社区[4]出现在人们眼前,例如,Twitter[3, 5]是一个社交网络及微博客服务平台,用户可以将自己的想法以短信息的形式发送到平台,也可以跟帖,它对所有人开放,每天能收到成千上万的意见和创意。DebateGraph[6]是一种开放研讨平台,它支持人们参与讨论,并对发言之间的关系进行可视化展示;Collaboratorium[7, 8]是一种大规模群体研讨支持系统,它支持群体对气候变化、疾病传播、国际安全等复杂问题进行讨论;另外还有国际商业机器公司(International Business Machines Corporation)的 Innovation Jam[9]、戴尔公司的 Ideastorm Website[10]等,它们都用来收集员工的创新思想或用户对产品和服务的意见等[8, 11, 12]。国内有新浪微博、腾讯微博,以及后来出现的知乎等,它们为国内网民提供了一个讨论和交流的平台。但这些平台大多没有意见综合、共识达成等功能。

　　综合集成研讨环境是计算机支持的虚拟研讨平台,它不仅能让用户输入发言信息,还能实现从定性到定量的综合集成功能,满足复杂问题求解和决策。目前国内已完成的综合集成研讨环境有胡晓峰等[13-16]开发的 SDS2000 原型系统,韩祥兰等[17]开发的面向武器装备论证的综合集成研讨厅原型系统,操龙兵等[18]开发的支持宏观经济决策的综合集成研讨厅系统等。另外与综合集成研讨环境相关的系统还有张朋柱等[19]设计的电子公共大脑、唐锡晋等[20]开发的群体研讨环境等。这些系统的共同特点是都是以钱学森的综合集成法为理论基础,功能和技术实现上各有特色,如 SDS2000 原型系统采用他们提出的 XOD(X on demand)体系,实现了综合集成环境系统对研究过程中各种要素的综合和集成,基本能够满足军事战略研究的教学和训练;武器装备论证系统建立在他们提出的综合集成型决策支持理论基础上,对会议管理和研讨流程控制等功能进行了设计与实现;电子公共大脑建立在他们提出的研讨信息组织理论基础上,系统的会议管理和专家发言信息管理的功能较为强大;群体研讨环境重在支持群体产生创意,是一个典型的发散型群思考工具。这些系统都以综合集成法为理论基础,实现了综合集成研讨环境的主要功能。

本章以我们提出的综合集成研讨过程框架和研讨模型为理论基础,对综合集成研讨环境的需求分析、体系结构设计和系统实现等问题进行研究,为综合集成研讨环境的设计与实现提供一个完整的解决方案。

11.2 系统功能分析

11.2.1 研讨工作流

一个完整的研讨过程是:研讨课题下达→课题分解→创建研讨室→群体研讨→生成研讨报告→上报研讨结果。对于一个复杂的课题任务,往往需要进行课题分解,从而生成一棵课题树,不同的课题需要不同专业领域的人员参与研讨。然后,针对各子课题创建研讨室,包括确定研讨流程(选择研讨模式,并对研讨模式进行组合)、遴选研讨参与人并进行席位设置、上传课题相关资料等。一个子课题可以创建多个研讨室,但一个研讨室只能针对一个子课题。经过各研讨室的研讨得到各子课题的研讨结果,最后汇总各研讨室的研讨结果形成最终的研讨结果。生成研讨报告的作用是整理研讨室基本信息和研讨参与人的研讨信息,生成一个可存档的文本文件。生成研讨报告可采用自动生成与人机结合的协同编辑两种方式。研讨流程如图11.1所示。研讨可分为在线异步研讨和现场会议同步研讨两种方式,其中现场会议同步研讨可设定研讨协助员控制会议进程,并辅助记录发言文本和音视频信息。

11.2.2 系统功能结构

综合集成研讨环境的主要用户有系统管理员、研讨室管理员和一般用户。一般用户分研讨协调人(主持人)、研讨参与人(专家)、研讨协助员、研讨观察员等四类。一般用户只有被研讨管理员授权才能进入相应的研讨室。系统管理员是系统的超级用户,其任务是对系统基础信息进行管理,如用户管理、资料管理、领域管理等,能对这些信息进行增、删、改、查等操作,同时还能对研讨室进行删除和查询操作。研讨室管理员的主要作用是生成研讨室,并对研讨室进行控制和管理。研讨协调人(主持人)的任务是在研讨环境中控制研讨进程,如果生成研讨室时没有设置主持人角色,则控制研讨进程的任务由研讨室管理员承担。研讨参与人(专家)的任务是参与研讨,在协商研讨中发言,在决策研讨中发表偏好信息,在表决研讨中投票等。研讨协助员的任务是协助研讨参与人录入发言文

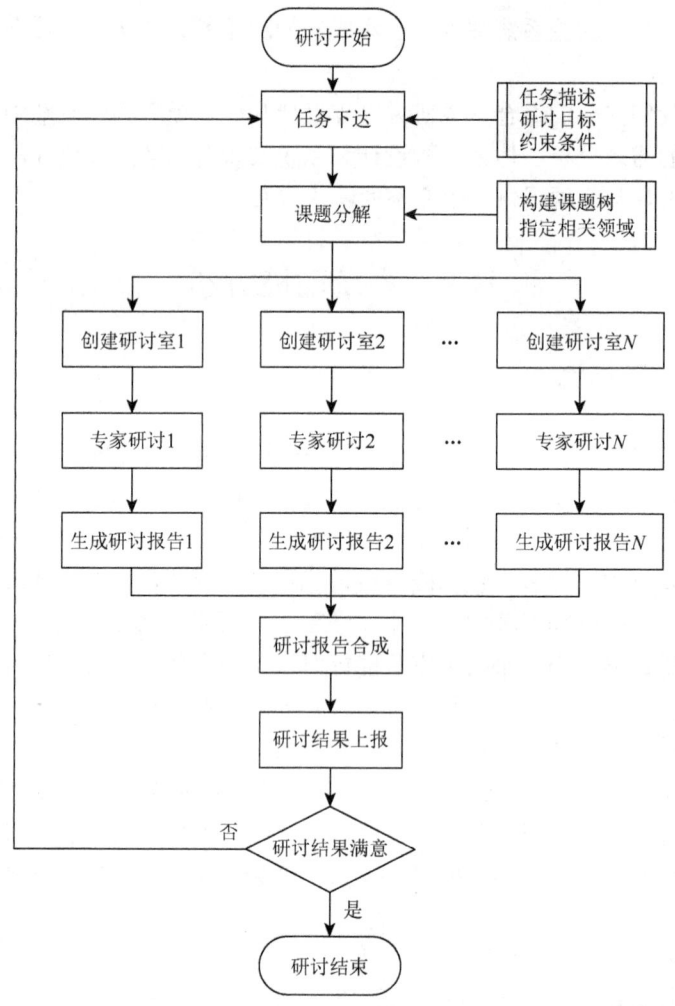

图 11.1 研讨流程

本、代表研讨参与人在决策研讨中打分或在表决研讨中投票。研讨观察员的任务是观摩研讨，对研讨进行评价，但研讨观察员不能参与研讨，其评价意见不影响研讨结果。各类用户的功能分析如下。

1）系统管理员

系统管理员具有最高权限，主要操作任务有用户管理、资料管理、领域管理和研讨室管理等。

（1）用户管理：对用户信息进行增、删、改、查等操作。用户的类别主要有系统管理员、研讨室管理员和一般用户。一般用户只有被邀请到研讨室时，才能登录系统并对研讨室进行操作和查询。

(2)资料管理：对资料信息进行上传、下载、查看等操作。

(3)领域管理：对领域信息进行增、删、改、查等操作。

(4)研讨室管理：对研讨室进行查询和删除。研讨室由研讨室管理员创建，系统管理员不能生成研讨室，或对研讨室进行修改。

2）研讨室管理员

(1)创建研讨室：设定研讨主题、研讨所属领域、研讨室简介、专家研讨行为规范、研讨约束条件等基本信息；遴选研讨参与人，根据需要指定主持人，并向研讨参与人发送研讨通知；设定研讨起止时间；上传研讨资料；设置研讨流程（可以从研讨过程模板库选取研讨流程，也可以手动编辑研讨流程）。

(2)修改研讨室：研讨室状态有三种，一是已生成但未开始，二是正在进行中，三是已结束。对于未开始的研讨室可以修改它的所有信息；对于正在进行的研讨室，可以暂停、重启研讨室。在研讨进行过程中，可根据需要禁止某些专家发言。研讨开始后，研讨室管理员不可以修改研讨室基本信息和专家意见信息。

(3)启停研讨室：研讨室终止时间到达后研讨室自动关闭。在研讨过程中研讨室管理员可以强制关闭研讨室。研讨室关闭后所有人不能再登录该研讨室。研讨室管理员也可以重启已关闭的研讨室。

(4)在现场会议研讨中进行发言记录和音视频录制。

(5)查询研讨室：根据主题、研讨室名称或起止时间等关键字来查询研讨室。

3）研讨协调人（主持人）

(1)控制研讨进程：切换研讨阶段，控制不同研讨阶段的开启、结束、暂停和重启；引导研讨参与人的研讨行为，如给研讨参与人发放通知或提示信息、高亮显示某发言节点、禁止对某发言节点的回复、禁止某专家的发言等。

(2)研讨参数设置：设置各研讨阶段的自动开始时间和结束时间，决策研讨的备选方案、准则及其权重，表决研讨的备选方案及投票规则等。

(3)研讨总结：开启协同编辑，生成会议纪要和研讨总结报告。

(4)研讨室查询：查询研讨室各类研讨信息，查看专家发言信息、决策及投票信息，查看研讨信息实时智能分析处理结果。

4）研讨参与人（专家）

(1)在协商研讨（劝说研讨）中针对主题进行发言。

(2)在决策研讨中提交偏好信息。

(3)在表决研讨中投票。

(4)参与会议纪要和研讨总结报告的协同编辑。

(5)研讨室查询：查询本次研讨中的各类信息（包括研讨室基本信息、研讨室资料、专家发言信息、决策研讨结果、表决研讨结果、研讨总结报告等）。

研讨结束之后研讨参与人（专家）和主持人不能再对研讨室进行操作，只能对自己所参加的研讨室进行查询。

5) 研讨协助员

在现场会议研讨会中协助研讨参与人（包括专家和主持人）录入研讨信息（包括协商研讨中的发言信息、决策研讨中的偏好信息和表决研讨中的投票信息），录制音视频资料，参与协同编辑。研讨协助员需要与相应的研讨参与人（专家）进行关联。一个研讨协助员可以协作多个研讨参与人（专家），一个研讨参与人（专家）也可以被多个研讨协助员协助。研讨结束后，研讨协助员不能再对录入的信息进行修改。

6) 研讨观察员

研讨观察员以旁观者身份进入研讨环境，可以查看研讨室各类信息，并对研讨参与人进行评价或打分，但不能参与研讨。研讨结束后，观察员不能再对自己的评价信息进行修改。

11.2.3 系统体系结构设计

综合集成研讨厅由综合集成研讨环境、多元信息支撑系统和模型工具支撑系统等三部分组成。综合集成研讨环境的作用是提供人机交互、研讨过程控制和意见综合等功能。多元信息支撑环境的作用是存储领域知识和情报资料信息，以及地理信息等，同时提供多元信息查询接口、互联网搜索和智能推送引擎，能满足信息检索、知识查询、情报推送等功能。模型工具支撑环境提供专业领域模型工具、联机分析处理工具和群体决策支持工具（如 AHP、ANP、模糊决策、TOPSIS 法、马尔可夫、决策树等），它们可以被研讨参与人调用，给研讨参与人提供帮助。系统体系结构如图 11.2 所示[21]。

系统采用 B/S 结构，支持研讨参与人同步或异步研讨，能自动生成反映专家群体智慧的提案共识和决策共识，以及相关会议文件（含多媒体格式）。

1) 表示层

以浏览器作为用户统一操作界面。主要页面有开放门户页面、统一登录页面，以及用户登录成功后的操作页面。

2) 应用逻辑层

主要是综合集成研讨环境，包括协商研讨环境、决策研讨环境、劝说研讨环境、表决研讨环境。支持研讨环境的逻辑功能有以下几方面。

(1) 基本信息管理：包括用户管理、资料管理、领域管理等。用户类型包括系统管理员、研讨室管理员和一般用户，用户管理主要有用户信息增、删、改、查等操作，以及对用户权限进行管理。资料包括研讨室管理员生成研讨室时上传的支撑资料和研讨参与人在研讨时上传的佐证资料，资料管理主要有上传、下载、

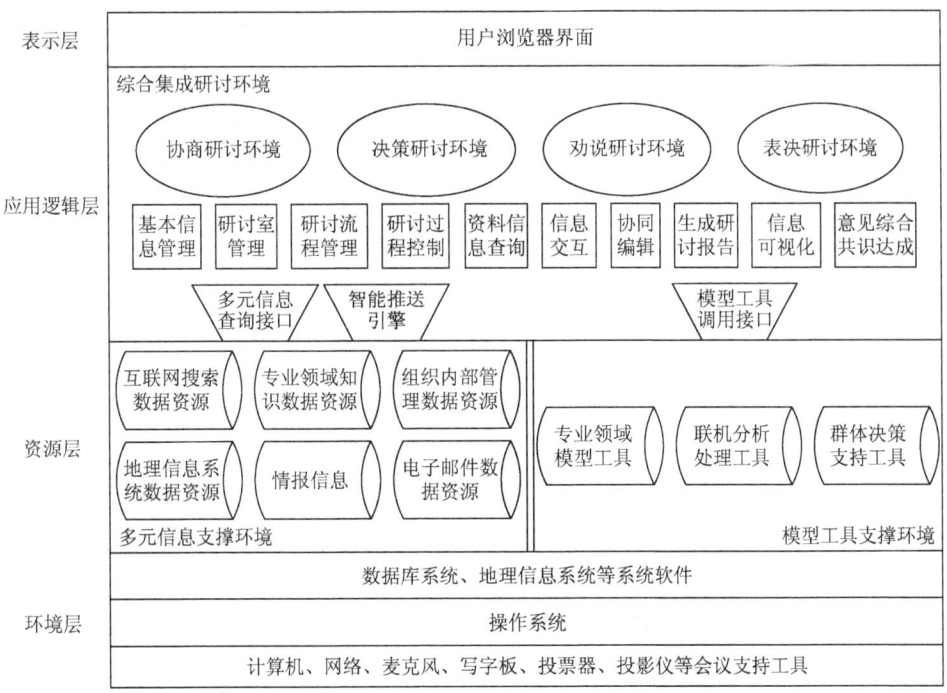

图 11.2 系统体系结构

预览资料等操作。领域是研讨主题对应的学科领域，每个研讨室都要对应一个或多个领域，它是遴选研讨参与人和推送资料信息的依据之一，领域管理的任务是维护领域树。

（2）研讨室管理：主要功能是生成研讨室、修改与查询研讨室。生成研讨室的功能包括遴选研讨参与人、设置研讨参与人席位、向研讨参与人发放通知、设置研讨流程等。

（3）研讨流程管理：主要功能是生成研讨流程模板，修改研讨流程模板，对研讨流程进行编辑。

（4）研讨过程控制：主要功能是设置研讨环节起止时间、自动或研讨协调员手动切换研讨环节、发布研讨过程控制信息、规范研讨参与人行为（禁止或凸显某人发言）、发起协同编辑、开启或禁止资料信息推送、同步异步研讨控制等。其中同步异步研讨控制用于引导研讨参与人既聚集于当前同步研讨界面，又能进行异步独立思考，包括信息查询、实验仿真、推演论证等。

（5）资料信息查询：用于各类用户主动查询权限内的各类资料信息，包括互联网信息、研讨系统资料信息、未结束研讨室的研讨信息和已结束研讨室的研讨结果报告等。在研讨环境中研讨参与人可在异步页面中使用该功能，帮助其进行异步思维。

（6）信息交互：用于研讨参与人发表研讨信息，包括在协商研讨（劝说研讨）环境中发表意见，在决策研讨环境中发表偏好信息，在表决研讨环境中投票，这些信息决定最终的研讨结果。系统同时提供即时通信工具，用于信息通播、私聊或群聊，这些信息可以与研讨主题无关，不影响意见综合和共识达成。

（7）协同编辑：由研讨协调人发起，研讨参与人共同编辑研讨文本，用于研讨报告和会议纪要编写。

（8）生成研讨报告：采用自动半自动方式生成研讨报告。系统提供研讨报告模板，系统可以自动读取研讨室基本信息和研讨参与人研讨信息，形成研讨总结报告，研讨参与人可以利用协同编辑工具对自动生成的研讨报告进行编辑。

（9）研讨信息可视化：对研讨信息分析结果进行可视化展示，包括思维导图、共识值与关注值柱状图和饼图、共识达成趋势图、发言文本聚类图、发言文本词频统计图、偏好值和票数统计图等。

（10）意见综合与共识达成：采用辩论模型、群决策模型和投票模型对研讨参与人的发言信息、决策偏好信息和投票表决信息进行分析处理，系统提供相应的模型与算法。

应用逻辑层还提供互联网搜索及资料信息智能推送引擎和模型工具调用接口，帮助研讨参与人进行异步思考。智能推送可根据用户行为特点，结合当前研讨内容，向研讨参与人推送其所需要的信息资料，模型工具供研讨参与人分析验证时调用。

3）资源层

资源层存储群体研讨所需要的各种数据资源和工具，包括多元信息支撑环境和模型工具支撑环境。

（1）多元信息支撑环境提供互联网搜索数据、专业领域知识、组织内部管理数据、地理信息、情报信息和电子邮件等，这些信息通过信息查询工具及资料信息智能推送引擎供用户使用。

（2）模型工具支撑环境提供专业领域模型、联机分析处理、群体决策支持等工具，这些工具通过研讨环境中的模型工具调用接口供用户使用，可用于建模、仿真和计算。

4）环境层

包括硬件环境和软件环境。硬件环境包括计算机及网络设备，以及用于现场会议研讨的摄像机、麦克风、写字板、投票器、投影仪等设备，软件环境包括操作系统、数据库管理系统、地理信息系统等软件。

11.3 研讨过程控制

研讨过程控制技术是综合集成研讨环境设计与实现中的一个重要内容。现有研究大多关注研讨环境体系结构设计[22]、界面设计及可视化[23]、研讨环境中协调员的作用[24]、促进专家思维收敛[25]等方面。由于综合集成研讨过程的复杂性，涉及专家与专家之间，专家与主持人之间，人与机器之间的交互，同时还涉及多元信息资源的调用，如果不设计一种合理的研讨过程控制方法来控制研讨过程，则不仅可能造成研讨效率低下，还可能造成研讨过程混乱。研讨过程控制功能是整个研讨系统中不可或缺的一环，正是因为研讨过程控制功能的加入才使得整个研讨过程变得有序化。在研讨流程控制研究方面，胡晓惠提出了一种用工作流集成的思路来研究人机结合过程控制问题[26]，采用研讨工作流、研讨子任务和研讨对象的 3 层架构来实现多项研讨任务工作流的集成。沈小平等以综合集成法为指导，提出了层次化的研讨流程管理框架，利用该框架实现了人-机-网络一体化的综合集成管理[27]。但是文献[26]和文献[27]对同步/异步思维控制没有提出有效办法。基于以上分析，本节提出一种基于 WebSocket 的研讨过程控制方法，该方法包含资料信息通播、同步/异步页面控制、研讨环节切换和研讨信息即时交互等，利用该方法可以有效地控制研讨进程，从而提高研讨效率。

11.3.1 研讨过程控制中的问题

研讨过程是指研讨环节划分和研讨环节之间的时间序关系，上一环节的输出往往是下一环节的输入。由于问题求解的复杂性，这些环节之间可能还存在迭代和反馈关系。研讨过程控制保证研讨按事先预定的研讨环节及其时间序关系有序进行，使研讨参与人同步于当前研讨环节，并有效地存储和管理研讨信息，达到规范研讨行为和提高研讨效率的目的。研讨过程控制需要解决以下几个问题。

1）研讨任务认知

在研讨过程中，研讨参与人必须对研讨任务有明确的了解。研讨任务认知是指研讨参与人要知晓当前研讨主题、研讨目标、研讨环节、需要采取的研讨行为等信息，这些信息对引导研讨参与人关注于研讨任务本身具有重要影响。单纯的静态信息悬挂或研讨任务可视化展示并不能吸引研讨参与人的注意力。解决这一问题的方法是使用资料信息通播技术，该技术可以有效地吸引研讨参与人对当前任务的关注，提高研讨参与人对研讨任务的认知程度。

2）研讨过程跟踪（同步/异步控制）

在研讨过程进行中，要保证研讨参与人既关注于当前研讨环节的动向，包括主持人通播信息和其他专家的研讨信息，明确自己的研讨任务（如方案提交、方案评价、协同编辑等），还要保证研讨参与人有自己的异步思考空间，包括信息查询、个性化信息智能推送、模型工具调用等。解决这一问题的方法是将研讨界面划分为同步页面和异步页面。同步界面又称共享界面，系统保证同步界面不可以被隐藏，使研讨参与人同步于当前研讨环节。异步界面又称为私有界面，在这个界面中研讨参与人可以查询资料信息和研讨信息，调用模型工具进行仿真实验和推演，异步页面不可以覆盖同步页面。

3）研讨环节切换

根据第 2 章分析，复杂问题求解过程往往被划分为若干研讨环节，不同研讨环节采用不同的研讨模式。研讨环节切换是指当一个研讨环节的研讨任务完成后，系统切换到新的研讨环节，所有研讨参与人同步于新的研讨环节。可见，研讨环节切换实际上是同步页面更换。当然，异步页面的工具栏也可能被更换，使它满足新的研讨任务的异步思考需求。研讨环节切换可以通过设置每个环节的开始时间和结束时间，由系统自动切换，也可以由研讨协调员手动切换。

4）研讨信息交互

在研讨过程进行中，研讨参与人需要及时接受主持人的通播信息和其他研讨参与人的研讨信息，同时还要使自己的研讨信息快速传送给其他研讨参与人和主持人。因此，研讨信息交互是研讨过程控制中一个重要内容。解决这一问题的方法是采用即时通信技术，实现群体内集体讨论和个人之间点对点的通信。

11.3.2 WebSocket 技术

WebSocket 是一种基于 TCP 的持久化的协议。在 WebSocket 技术出现之前，跨页面之间的通信一般借助于基于 HTTP 协议的两种解决模式：轮询和长连接。轮询是指客户端在特定的时间向服务端发送请求，当服务端有信息时再返回给客户端。这种模式的缺点很明显，客户端需要不断地向服务端发送请求，客户端和服务端必须保持长时间连接的状态，十分消耗带宽资源。长连接是在轮询的基础上进行一定的改进和提高，当客户端与服务端建立连接之后，如果服务端没有新信息就会一直保持连接状态，一旦服务端有信息才会返回给客户端，此时客户端和服务端断开连接。长连接虽然减少了客户端与服务端的连接，但是如果数据更新比较频繁，其效率并不会有所提高。

WebSocket 技术就是为了解决持久性连接和资源浪费等问题而开发的一种协

议。当客户端与服务端经过一次握手之后就可以和服务端建立 TCP 通信，不同于 HTTP 协议的无状态特点，基于 WebSocket 的客户端和服务端的连接，会一直持续到客户端或者服务端主动断开连接之后才会中断这次连接。传统的轮询和长连接技术中信息的主动方都是客户端，当客户端向服务端请求时，服务端才会发送信息给客户端。采用 WebSocket 技术之后服务端将成为数据推送的主动方，当服务端有新数据之后服务端可以主动地推送信息给客户端，这很好地解决了占用大量带宽资源的问题。

注解的开发模式是目前 Web 开发的主流模式。本书采用注解开发模式，利用 @ServerEndpoint 修饰该 WebSocket 的 Java 类。在定义该 Java 类时还需要定义以下四个类，具体如表 11.1 所示。

表 11.1 WebSocket 服务端的内部类

类名	作用
@OnOpen	客户端与服务端连接时调用该方法
@OnClose	客户端与服务端断开时调用该方法
@OnMessage	当服务端收到客户端发送的请求时调用该方法
@OnError	当服务端与客户端连接出错时调用该方法

11.3.3 基于 WebSocket 的研讨过程控制

基于 WebSocket 的研讨过程控制方法由资料信息通播、同步/异步页面控制、研讨环节切换和研讨信息交互四个模块完成。

1）资料信息通播

在研讨过程中，需要向研讨参与人同步发送通播信息（包括视频、音频、文字、图片等），借助通播信息可以引导研讨参与人快速了解研讨背景，聚焦于当前研讨任务。资料信息通播的核心思想是利用 WebSocket 的实时性使研讨参与人的客户端强制同步跳转到通播信息页面，保证研讨参与人及时了解当前研讨状况。采用 WebSocket 技术进行资料信息通播的步骤如下。

（1）上传通播信息至研讨系统中。

（2）使用 WebSocket 的 Send( )方法把通播信息发送到服务端中，服务端调用 onMessage( )方法把信息返回给页面上的 receiveMessage( )方法。

（3）研讨参与人页面使用 receiveMessage( )方法接收服务端传来的通播信息，再通过访问数据库实现研讨参与人同步观看通播信息。

2）同步/异步页面控制

在研讨系统中，不同角色拥有不同的操作权限，其对应的页面也不同，因此，在研讨过程控制中需要根据不同的角色来控制页面跳转到与之对应的异步页面上。同时，在研讨过程中要保证研讨参与人同步于当前研讨环节，这就需要一个共有的同步研讨页面。采用 WebSocket 技术可以轻松地实现同步/异步页面控制，具体步骤如下。

（1）主持人根据研讨进程单击研讨开始或者结束按钮触发 WebSocket 方法。

（2）WebSocket 内置方法 websocket.send( )方法把信息传递给服务端，服务端接收到该信息后，根据信息的 type 把其传递给页面的 WSonMessage( )方法，该方法根据传递过来的数据以及用户角色跳转到相应页面。

3）研讨环节切换

为了有效地控制研讨过程，需要划分研讨环节，每个环节完成一个特定的任务。研讨环节有三种状态："未开始""进行中"和"结束"。"未开始"指该研讨环节还没有开始，但是可以随时单击"开始"启动该环节。"进行中"指该环节研讨正在进行。"结束"指该环节研讨已经完成。采用 WebSocket 技术进行研讨环节切换的步骤如下。

（1）利用 WebSocket 的 Send( )方法把控制跳转的信息发送给服务端。

（2）服务端接收到前端传递过来的参数，调用 OnOpen( )方法与客户端建立握手，同时利用 OnMessage( )方法把环节跳转信息传递给需要跳转的客户端。

（3）客户端中 WebSocket 的 websocket.onmessge( )方法接收到跳转的信息，同时调用 Action 的跳转方法，使得需要跳转的客户端跳转到相应的页面。

4）研讨信息交互

在研讨系统中，研讨参与人需要快速及时地交流信息或者分享研讨资料。以往的研讨系统通常采用轮询技术，需要客户端不断地向服务器发送请求，不能保证信息传递的及时性。采用 WebSocket 技术，客户端与服务端的通信只需要采用一次握手，就可以在客户端和服务端之间形成一个快速的通信通道。该方法所占用的带宽极少，大大地减轻了服务端的压力。采用 WebSocket 技术进行即时通信的步骤如下。

（1）每个客户端在初始化界面时，通过创建对应服务器 URL 地址的 WebSocket 对象，与 WebSocket 服务器建立连接。若客户端与 WebSocket 服务器成功建立连接，则调用 OnOpen( )回调函数，将该次会话 Session 保存在服务端的会话列表 List ＜Session＞中。

（2）当某个客户端需要发送消息给其他客户端时，调用其 WebSocket 对象的 Send( )方法，将消息封装成固定格式的 JSON 数据发送给 WebSocket 服务器。

（3）当 WebSocket 服务器收到客户端发送过来的消息时触发 OnMessage( )方

法，解析收到的 JSON 数据，将 JSON 数据中的信息发送给对应的目标会话 Session。若是群发消息，则 WebSocket 服务器会将消息发送给全部会话 Session。

（4）当目标客户端收到 WebSocket 服务器发送过来的消息时，触发 OnMessge( ) 事件，解析消息内容并更新前端数据。

11.4 研讨信息可视化

11.4.1 研讨信息可视化的必要性

研讨是思维碰撞的过程，前阶段产生的研讨信息将对后阶段的研讨产生影响。在研讨过程中，每个研讨参与人既要大胆说出自己的观点，又要认真聆听他人的意见。人类思想分潜意识和显意识两类，显意识固化于人的思维上层，容易"脱口而出"；潜意识则是深藏于大脑之中，自己有时毫无知觉。聆听是激活潜意识的重要手段，它使深藏于大脑深处的思想浮现出来，并转化为显意识。聆听也能引发反思，使研讨参与人修正自己的显意识。如果修正后的显意识与已有观点一致，则会推进群体思维收敛，如果修正后的显意识与现有观点不一致，则会引发新的发散思维。可见聆听在群体研讨中占有十分重要的地位，研讨支持系统必须为研讨参与人提供一个聆听环境。实现聆听的方法就是对研讨信息进行实时处理，并将处理结果以一定方式即时反馈并展示给研讨参与人，帮助研讨参与人即时准确把握现有观点，启动下一步的思考。实现聆听环境的关键是研讨信息展现。研讨信息可以以音视频的形式展现，也可以以文本、表格和图形的形式展现，其中可视化图形方式可以有效地吸引研讨参与人的注意力，是常用的信息展现方法。

研讨信息可视化就是将研讨参与人的发言文本信息、偏好信息和投票信息转换成图形方式，提高研讨参与人对研讨信息及其处理结果的认识度。研讨信息可视化包括以下几个方面的内容：

（1）以树或图的形式展示发言节点之间的关系，包括发言节点之间的攻击或支持关系，以及攻击或支持的强度。

（2）以散点图的方式展现的发言文本或偏好矢量聚类分析结果。

（3）以柱状图或饼图等形式展现方案共识值、关注值，以及各类统计数据。

11.4.2 D3 技术

D3.js 是一个 Web 数据可视化的 JS 库，它的全称是数据驱动文档（data-driven-documents），这里的数据来源于用户提供的数据，文档就是 Web 浏览器中可以展示的文档，如 HTML、SVG 等。D3 是联系数据和文档的驱动程序，其执行过程如下。

(1) 加载：将原始数据加载到相关浏览器的工作空间中。
(2) 绑定：把数据绑定到文档中的指定的元素，并根据需要创建新的元素。
(3) 变换：识别元素的作用范围，并设置相应的属性，控制元素的改变动作。
(4) 过渡：控制元素动作过程中的变化幅度，使得变化过程变得可控。

在这四个步骤中，变换这一步是最重要也是最核心的内容，通过这一步，可以实现数据和图元的映射关系，将抽象的数据变成直观的图形。D3 核心功能是处理矢量图形，如 SVG 图。因为矢量图形是由数据方程定义的，无论是图形放大还是缩小，都会重新确定点的相对坐标位置和线的位置，不会造成失真。D3 是基于 Javascript 语言开发的，其代码在客户端（也就是用户浏览器）上执行，数据必须发送到客户端才能进行 D3 可视化转化。D3 充分结合 HTML、SVG 和 CSS 的优点，其提供的全局对象 D3 能生成 SVG 元素并且操作 SVG 图形。所以 D3 是兼顾 Web 技术和矢量图的合适开发工具。

D3 提供了很多类型丰富的布局（Layout）函数，这个布局函数并不是传统意义上的视觉效果上的布局结构，而是一种数据格式的映射及数据格式转换函数，将提供的原始数据通过某一种布局方法重新映射成新的数据格式以适合特定类型的图表。常用的布局有饼图布局（pie）、力导向布局（force）、弦图布局（chord）、树布局（tree）等。同时 D3 还提供了丰富的可视化方法的接口，如选择集（select）、过渡效果（transition）、数据操作（working with arrays）、载入外部资源（loading external resource）、比例尺（scale）等。这些设计都使得 D3 成为一个优秀的 Web 数据可视化类库。

11.4.3　基于 D3 的研讨信息可视化组件设计

1. 实现思维导图功能

对话是研讨的主要形式，对话的基本单位是发言。每个发言都有一定的指向性，这样就形成了以主题为根的对话树。基于 D3 的可视化技术可以形象地展现对话树。由于人们对树形图的视觉习惯是从上到下的层次结构，如家谱、部门结构图等，而在径向布局算法[28]中，树的根节点位于圆心，虽然有较好的空间利用率，但是层次感没有正交布局[29]算法清晰。因此，选择节点链接法中的正交布局算法比较合适。D3 中的 Tree 布局采用的就是节点链接布局，它运用 Reingold-Tiford 二叉树经典算法[29]，能自动调节树节点间距，从而保持树的整洁性、对称性和一致性。一个基本的树图包含控制结构、节点标记、节点连线等三个要素。控制结构由布局函数实现，主要作用是控制节点链接的行为；节点标记就是定义节点的大小、形状、颜色等信息；节点连线就是绘制两个节点之间的连接线，并赋予形状、颜色、动作等相关属性。为了清楚地展示用户所关注的内容，节点子树可以展开和折叠。单击当前节点就隐藏该节点的子树，再单击时，又会重新地显示出来。思维导图实现步骤如下：

（1）首先后台将发言节点的信息以节点父子关系为依据，创建相应的 json 数据，并传送给前台。

（2）调用 append(svg)方法创建 svg 画布，并确定首节点的位置，设置相应的 width、height 属性。

（3）根据 json 数据采用 nodes( )方法，生成 nodes 集合。

（4）采用 links( )方法，获取 node 集合的关系集合。

（5）为关系集合设置贝赛尔曲线连接。

（6）为争议节点添加圆形标记，若支持为绿色，若反对为红色，方案节点为空心。

图 11.3 是系统采用 D3 可视化组件依据案例内容生成的一个研讨树。其根节点为研讨的主题，根节点的直接孩子节点是备选方案节点，第三层至叶子节点为专家发表的争议节点，争议节点之间的响应关系用贝塞尔曲线连接，浅灰色的节点表示对父节点的支持响应，深灰色节点表示对父节点的反对响应。可视化对话树能够直观地表示发言节点之间的关系，方便研讨参与人更加快速地了解整个研讨态势。

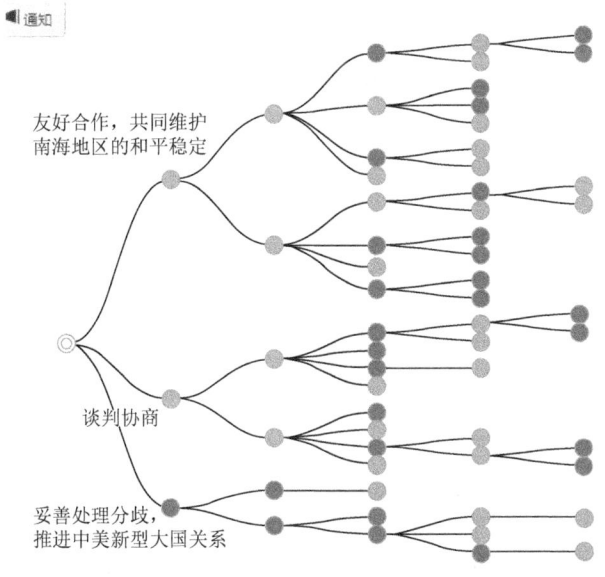

图 11.3　基于 D3 的对话树

2. 实现柱状图数据展示功能

柱状图能够直观地显示统计数据之间的差异，快速地得出最优选项。因此，对于研讨中产生的决策偏好信息、投票统计等数据，研讨系统在经过后台计算之后均以柱状图的形式展现给用户。投票统计功能实现步骤如下。

（1）首先后台以数组的形式将投票的统计数据与备选方案名称以相同的顺序分别保存在两个数组中传入前台。

（2）调用 append(svg)方法创建 svg 画布。

（3）采用 d3.svg.axis( )方法创建 x 轴与 y 轴，并调用 ordinal( )函数将 x 轴的坐标映射为备选方案名称。

（4）调用 append(rect)方法创建直方块并采用比例尺方法 scale.ordinal( )将相应的数据设置方块的高。

（5）将 x 轴与 y 轴添加到画布中。

其效果图如图 11.4 所示。

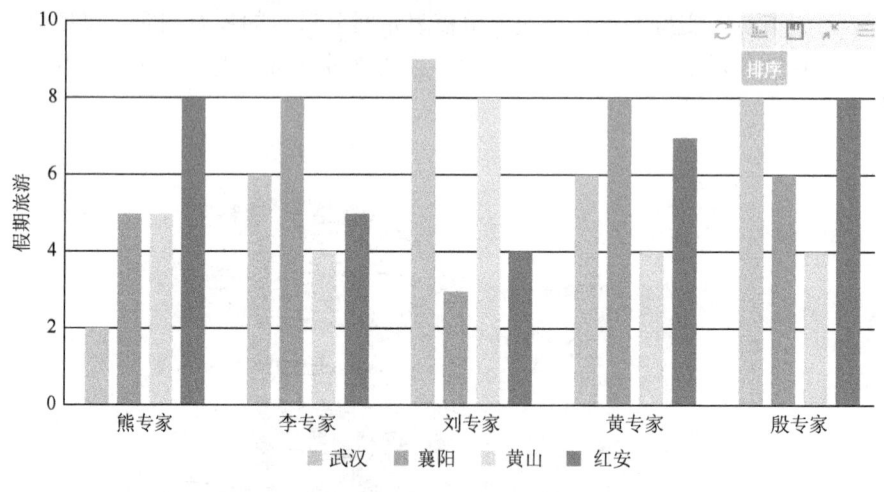

图 11.4 基于 D3 的柱状图

3. 实现聚类散点图

为反映研讨的实际情况，研讨系统提供了专家聚类算法，通过设定阈值将专家聚类为若干簇，每一个簇中的专家观点在某一程度上是一致的。为了直观地显示聚类情况，研讨系统以聚类散点图的形式将聚类的结果展示给用户。其实现步骤如下。

（1）在后台对专家意见进行聚类，将聚类结果以 json 格式传至前台。

(2）调用 append(svg)方法创建 svg 画布。

(3）调用 data(json)方法绑定数据。

(4）调用 append(circle)方法创建聚类圆，一个类别一个圆，通过 attr( )方法调整圆的坐标与样式。

(5）调用 svg.data(json).append(text)为每个聚类圆添加文字信息，描述该类中有哪几位专家。

基于 D3 的聚类散点图如图 11.5 所示。

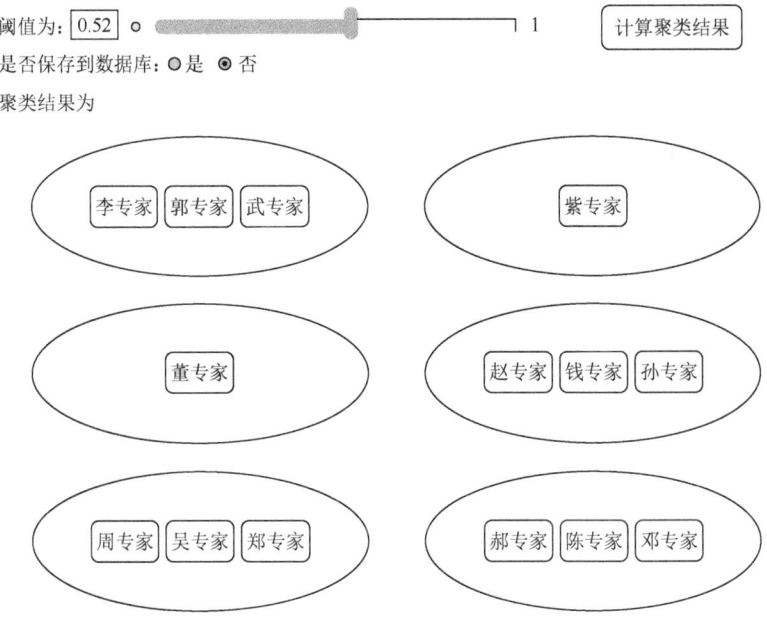

图 11.5 基于 D3 的聚类散点图

11.5 在线协同编辑

协同编辑技术是指多人在不同客户端对同一篇文章进行在线协同编辑，目的是提高多人协作编辑的效率。综合集成研讨环境是一种计算机协同工作系统，协同编辑是群体协同工作的一个重要内容。例如，在研讨结束时需要专家对会议纪要进行协同编辑，又如在生成研讨报告时，需要专家对研讨报告进行协同编辑。在没有协同编辑功能前，自由协商研讨模式中会议纪要通常由其中的一个或少数几个专家轮流进行编辑，这种编辑方法效率低下，且不能反映全部专家的意见。协同编辑技术允许所有专家都有权限参与实时在线编辑，既能收集全部专家的意见，又能提高协同编辑的效率。

本节介绍综合集成研讨环境中基于 WebSocket 的协同编辑方法，该方法通过采用加锁、排队等技术实现协同编辑中的同步控制，保证用户操作意图的一致性。当用户要对某一段落进行编辑时，先对其进行加锁，如有其他用户请求对该段落进行编辑就进行排队，在排队中同时允许用户编辑文章其他段落，大大提高了协同工作的效率。

11.5.1 协同编辑涉及的主要问题

1）实时通信

在协同编辑过程中，参与编辑的专家需要进行实时通信以交流自己的想法，在协同编辑过程中专家可以充分地交流编辑想法，使得每一位专家在编辑过程中都能表达自己的观点。

2）操作意图一致性

协同编辑研究重心逐渐由编辑结果一致性逐渐转为操作意图的一致性。现有的操作意图一致性算法，如操作转换（operational transformation，OT）算法[30]、地址空间转换（address space transformation，AST）算法[31]、交换复制数据类型（commutative replicated data type，CRDT）算法[32]等各具优点，但都存在局限性。在 OT 算法中，本地操作可以立刻执行，而远程操作需要结合本地历史操作进行并发操作转换后才能执行，然而设计一个有效的并发操作转换函数面临很大挑战，因而这种算法在实际应用中存在一定的局限性。AST 算法通过文档的地址空间，回溯到操作产生时的状态，以此来获取操作的执行位置。为了保证回溯的正确性，必须保存上一次以来的求解路径，而数据量过大时，数据库就可能存在超负的现象。CRDT 算法虽不需要保存操作历史，且并发操作之间不需要进行操作转换，但当操作主体很多时，操作主体标识可能不唯一，从而出现编辑冲突。编辑锁是解决编辑冲突最简单的方法，但传统的协同编辑方法是对整篇文章进行加锁，粒度过大，没能实现多人协作。

11.5.2 协同编辑实现方法

1）WebSocket 实现实时通信

WebSocket 中有客户端及服务端，WebSocket 建立通信连接前先建立客户端及服务端的一条通道 session，这条通道 session 仅当程序运行结束后才会被销毁，连接过程中 session 通道一直存在并负责传递客户端及服务端之间的信息。WebSocket 实时通信机制如图 11.6 所示。用户每次发送的消息将会通过 session 通道传至服务器，服务器接收消息后将会广播该条消息，将这条消息通过连接用户的 session 通道广播至每个用户端，以此实现所有用户的实时通信。

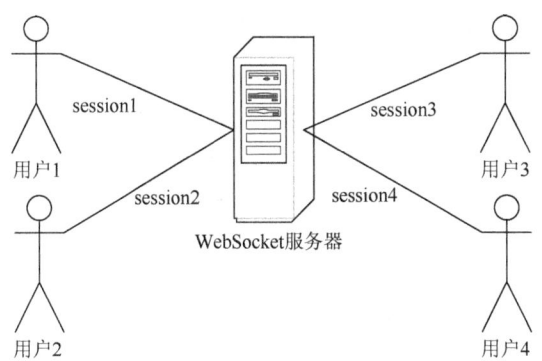

图 11.6　WebSocket 实时通信机制

2）分段加锁处理

协同编辑的最小单元是文章段落。首先上传文章，并对文章进行分段处理，同一时刻只允许一个用户对其进行编辑。针对每个自然段建立一个队列，用户单击文章中的某个自然段，就将其加入到该自然段对应的用户队列，将对该自然段请求编辑的用户入队列，系统仅允许每一个队列的第一个用户对本段进行编辑，其他用户只能等待。用户在等待过程中，可以对其他段落排队编辑。

加锁处理顺序图如图 11.7 所示，分为对前端界面和后台同步控制两个部分，用户单击确认编辑某个自然段则将数据库里该段落的标记置为可编辑状态，同时前端界面利用 WebSocket 将该段落号广播，所有用户界面接收该编号后将相应的段落颜色改变为已有人编辑状态的颜色。

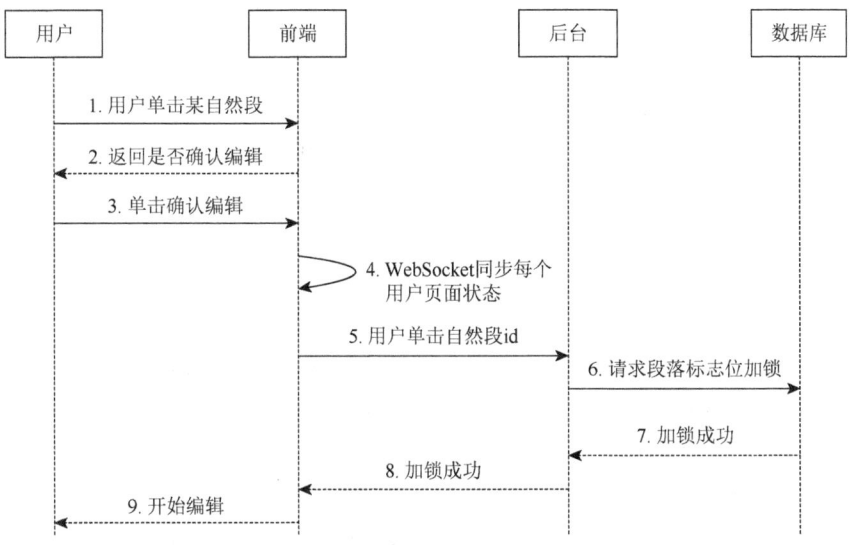

图 11.7　加锁处理顺序图

3）用户排队等待机制

可采用用户排队等待机制解决冲突。针对每个段落建立一个用户队列，当有多个用户对同一段落请求编辑时，就将其插入到队列中，如图 11.8 所示。该图表明，有 4 个用户对 3 个自然段请求编辑，其中 4 个用户对第 1 个自然段都提出编辑请求，用户 2 对第 2 个自然段提出编辑请求，用户 3 对第 3 个自然段提出编辑请求。每一个队列的第 1 个用户是正在编辑该自然段的用户。如果一个用户处于等状态，他可以申请编辑其他自然段，如用户 2 在请求编辑第 1 个自然段时处于等待状态，这时他有权申请编辑第 2 个自然段。

图 11.8 用户排队等待机制

当队列 1 的用户 1 编辑完成后，本应由用户 2 来编辑第 1 段，但由于用户 2 正在编辑第 2 段，系统找到队列 1 里目前没有编辑任务的用户 4，将用户 4 和用户 2 交换位置。当一个队列中所有用户都处于编辑状态时，等待一定时间后将这个队列的队头元素移至队尾，再等待下一个用户，例如，用户 1 完成编辑后，用户 2、3、4 都正在编辑其他段落，那么系统等待一定时间后，若用户 2 仍处于编辑状态，就将用户 2 排至队尾，再等待用户 3 一定时间，依次类推。

11.6 资料信息智能推送

资料信息智能推送是综合集成研讨环境的一个辅助功能，它能根据用户历史行为特征和当前研讨状况向研讨参与人推送信息资料，提高研讨参与人查询信息资料的效率。智能推送引擎是连接多元信息支撑环境与综合集成研讨环境的接口，它的功能分为三个部分：一是通过数据挖掘的方法获取用户行为特征和当前研讨状况等推荐数据，二是利用推荐数据，选择合适的推荐算法预测研讨参与人可能需要的资料，三是采用合适方式将贴合兴趣的资料主动推送给研讨参与人，并以直观方式展示资料，提醒研讨参与人查看资料。

11.6.1 获取推荐数据

推荐数据来源于资料信息、用户偏好信息。资料信息的特征会依据资料类型的不同而有所区别。文本信息的特征一般有标题、作者、关键字、发布时间等表示，图片、音视频信息的特征有名称、格式（类型）、大小和其他标签信息等。资料信息的特征也可以通过神经网络学习自动地获取。

用户偏好信息分为基本信息、行为信息等两部分。其中基本信息包括性别、年龄、职务、研究领域等。用户初次注册时，就会填写基本信息，这些记录是用户的初始偏好；行为信息包括专家历次研讨中发表的意见信息，以及在研讨过程查询信息资料的动作，如预览、下载、转发等。在研讨系统中，用户对某一话题阐述观点时，会查阅大量资料，这时会对资料产生很多行为，例如，预览时长、是否下载等，这些行为均会反映用户对资料的喜好程度。此外，用户可以添加喜好标签来表现自己的喜好方向，通过用户的喜好标签可以将资料评分矩阵中具有相同标签的资料评分设置为喜欢。通过捕捉这些行为，将其转换为对资料的评分，作为对用户进行个性化推荐的基础。

智能推荐原理图如图 11.9 所示。

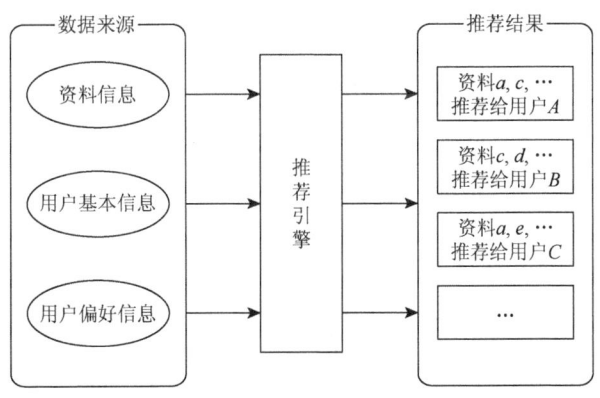

图 11.9 智能推荐原理图

11.6.2 推荐算法

1）协同过滤推荐算法

协同过滤（collaborative filtering，CF）的基本思想是利用其他用户过去的行为或意见预测目标用户最可能喜欢的资料信息。该方法不需要资料信息本身的特征，只需要比较用户对资料的评分信息。设有用户集合 $U = \{u_1, \cdots, u_n\}$ 和资料集合 $I = \{i_1, \cdots, i_m\}$，用户对资料的评分矩阵为 $R_{n \times m}$，其元素 $r_{ij}(i \in \{1, \cdots, n\}, j \in \{1, \cdots, m\})$ 表示用户 u_i 对资料 i_j 的评分。设目标用户为 u_t，用户 $u_a \in U$ 与 u_t 的相似度为

$$\text{sim}(u_a, u_t) = \frac{\sum_{k \in s}(r_{a,k} - \overline{r_a}) \times (r_{t,k} - \overline{r_t})}{\sqrt{\sum_{k \in s}(r_{a,k} - \overline{r_a})^2} \times \sqrt{\sum_{k \in s}(r_{t,k} - \overline{r_t})^2}} \quad (11.1)$$

式中，s 表示 u_a 与 u_t 共同评分的资料集合；$\overline{r_a}$ 和 $\overline{r_t}$ 分别代表 u_a 与 u_t 对集合 s 中资料的平均评分。

取 $\text{sim}(u_a, u_t)$ 值最大的前 k 个用户构成 u_t 的最近邻集合 $NN(u_t)$，目标用户 u_t 对资料 i_k 的预测评分为

$$P(u_t, i_k) = \overline{r_t} + \frac{\sum_{u_a \in NN(u_t)} \text{sim}(u_a, u_t) \times (r_{a,k} - \overline{r_a})}{\sum_{u_a \in NN(u_t)} \text{sim}(u_a, u_t)} \quad (11.2)$$

最后，将根据式（11.2）计算得到的预测评分最高的资料集推荐给目标用户。

2）基于内容推荐算法

基于内容的推荐算法着眼于资料信息本身的特征。先找出用户已浏览过的资料，然后计算其他未被浏览的资料与用户已浏览过的资料的相似度，将与已浏览过的资料相似度大的资料作为待推荐资料加入到推荐列表中，最终向用户展示推荐列表。本节采用朴素贝叶斯算法实现基于内容的推荐。

设资料特征向量为 $X = \{w_1, w_2, \cdots, w_n\}$，$C = \{c_1, c_2, \cdots, c_m\}$ 为资料类别，给定一个待分组资料 X，朴素贝叶斯算法将预测 X 属于各个类别的概率，然后将 X 分配给概率最高的那个类别。

首先计算 $P(c_i | X)(c_i \in C)$，取最大值 $P(c_k | X)$，将 X 分配到 c_k 中。$P(c_i | X)$ 公式为

$$P(c_i | X) = \frac{P(X | c_i) P(c_i)}{P(X)} \quad (11.3)$$

式中，$P(X | c_i) = P(w_1 | c_i) P(w_2 | c_i) \cdots P(w_m | c_i) = \prod_{i=1}^{m} P(w_i | c_i)$；$X$ 为样本向量；c_i 为第 i 个类别；w 为 X 中属性特征。

3）混合推荐算法

混合推荐是将协同过滤和基于内容的推送算法结合起来，可以弥补单一算法的缺陷。协同过滤可以有效地解决基于内容推荐中推荐内容单一的问题，而基于内容的推荐可以有效地解决协同过滤算法中系统冷启动问题。采用流水线式混合，使两种方法顺序作用，上一种方法的输出作为下一个方法的输入，如图 11.10 所示。

第 11 章　综合集成研讨环境实现技术

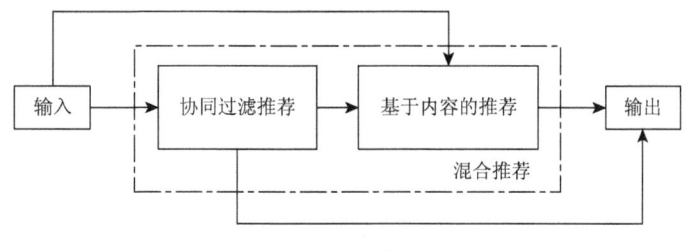

图 11.10　混合推荐算法

11.7　研讨环境设计

综合集成研讨环境采用当前流行的 JaveEE 开发技术，使系统具有跨平台和可移植性特点，适用于各种信息平台。后台数据库采用 MySQL，后台服务器采用 Tomcat。系统具有基本信息管理、自由协商研讨、劝说研讨、决策研讨、表决研讨，以及智能推送、协同编辑、即时通信、研讨信息可视化、研讨报告生成等功能。

11.7.1　协商研讨环境

协商研讨环境主要用于提案共识达成，即形成问题求解的备选方案。协商研讨的方案则是由研讨参与人在研讨环境现场通过互相激活，互相启发，逐步提出来的，一个研讨参与人提出一个方案后，其他研讨参与人可以对该方案进行讨论，支持这个方案，或反对这个方案，并且给出支持或反对的强度，以及支持或反对的理由。协商研讨环境如图 11.11 所示。

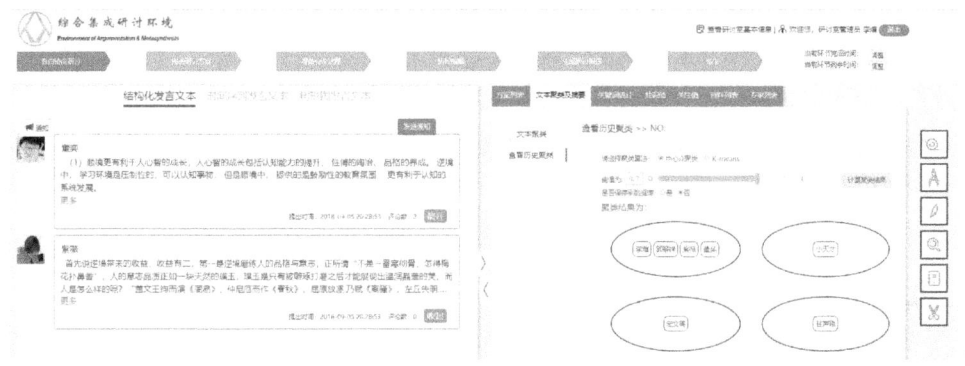

图 11.11　协商研讨环境

该界面共有以下四个区域。
（1）研讨过程控制域：它是研讨协调员（主持人）的操作环境，显示预先设置的研讨过程环节，研讨协调员单击过程控制按钮可以启动或停止相应的研讨环节。协商研讨的环节有自由协商研讨、完善研讨方案、准备会议纪要、协同编辑、生成研讨报告、结束研讨。

（2）同步页面操作环境：它是研讨参与人的操作环境，该页面显示在研讨环境的左侧，使研讨参与人能同步于当前研讨环节。同步页面提供三种发言环境，一是结构化发言文本环境，以树形缩进方式展示文本之间的回复关系，研讨参与人可以展开或收起发言节点，能针对方案或发言进行讨论；二是时间序列发言文本环境，以时间顺序显示发言信息，研讨参与人双击某发言即可以对该发言进行回复，回复后的文本置于时间序列文本的后面；三是图形化发言文本环境，以 D3 技术可视化展示发言树，研讨参与人可以针对树形图中的节点进行回复，其操作简便直观。

（3）异步页面操作环境：它是所有用户，包括研讨协调员、研讨参与人、观察员等的个性化查询操作环境。查询信息主要有方案列表、发言文本聚类和多文本摘要、发言关键词统计、方案共识值、方案关注值、资料列表和专家列表，并提供多元信息支撑环境查询接口和资料信息智能推送引擎。

（4）工具浮动栏：它以条状形式显示在屏幕右侧，并随屏幕滚动，给所有用户提供建模、仿真和计算工具。这是模型工具支撑环境的用户接口。

11.7.2 决策研讨环境

决策研讨的目标是对备选方案进行排序。首先研讨协调员要进行决策研讨设置，包括添加备选方案和方案评价准则，并设置准则权重。研讨参与人进入决策研讨环境，选择自己喜欢的偏好表达方式给各方案的各准则进行打分或评价，给出偏好信息。系统提供的偏好表达方式有简单排序、效用函数、语言判断矩阵、互反判断矩阵、互补判断矩阵等。系统对各研讨参与人偏好信息进行集结，并进行群体一致性分析。当群体一致性值没有达到所设定的阈值时，系统向专家反馈研讨结果，并提请专家重新提交偏好信息。决策研讨环境也分为研讨过程控制、同步页面（研讨参与人给出偏好信息的页面）、异步页面（资料信息查询和决策信息分析处理结果显示）、智能推送引擎和模型工具调用接口。决策研讨环境如图 11.12 所示。

11.7.3 表决研讨环境

表决研讨就是传统的投票表决。投票表决是当今社会最常用的表达民意的方式，常用于确定某个职位的人选，或制定决策。投票表决是一种简化的群决策。与决策研讨不同的是，投票表决重在表达研讨参与人最终的决策，而不必显示做出决策的计算过程。投票用于社会选择时，涉及人员多，且人员结构复杂，因此

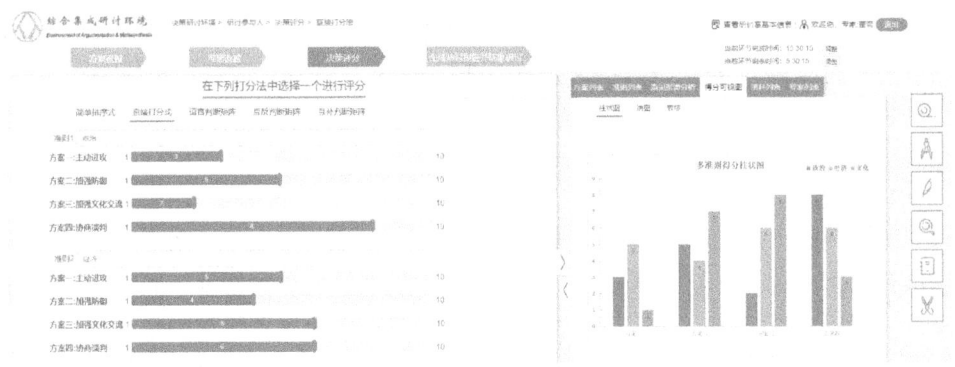

图 11.12 决策研讨环境

投票操作应该尽量简捷。投票表决包括投票和计票两个阶段,在投票开始前要先做投票设置。

投票设置包括备选方案添加和投票规则设置两个部分。备选方案添加是指添加备选方案,并对备选方案进行备注说明。投票规则设置包括:投票类型选择、最大与最小可投票数、票数统计原则等。投票类型不同,其对应的投票规则也就不同。本系统将投票类型分为三类,即单选项非排序式投票、多选项非排序式投票和排序式投票。

1) 单选项非排序式投票

针对每个方案只有一个投票选项,投票表示支持,不投票表示不支持,不对方案的重要性进行排序。在进行投票规则设置时,先要规定最大可投方案数 n ($1 \leq n \leq N$,N 是方案总数) 和最大选取方案数 m ($1 \leq m \leq N$,N 是方案总数),一般情况 $m=n$。当 $n=1$ 时,称为单选式投票,常用于选举产生领导人;当 $n>1$ 时,称为复选式投票,常用于选举产生议员或组员。其次要设置方案选取的原则,一般有简单多数原则和过半数原则两种。简单多数原则是指按得票数从高向低选取 n 个方案作为当选方案;过半数原则是指得票最多且票数过半的前 n 个方案当选。投票结束后,主持人要对投票结果进行确认。

在简单多数原则中,如果出现得票数相同的情况,就要进行重新投票。得票数相同是指依票数大小从高到低排序,排第 n 位的方案与排第 $n+1$ 或以后的方案的得票数相同。在进行重新投票前,主持人先要进行重新投票设置。可以结合实际采用不同的重新投票设置方法,例如,将与第 n 个方案得票相同的方案作为备选方案,从这些方案中选取 x 个方案,$x=n-y$,其中 y 为得票数比第 n 个方案的得票数多的方案个数。

在过半数原则中,如果排在前 n 位的方案中有 k 个方案 ($k \leq n$) 得票数没有过半,则得票数已过半的方案直接当选,而得票数没有过半的 k 个方案也要进行重新投票。重新投票的方法有两种,一是提取式再投票,即选取得票数未过半的票数最多的前 2k 个方案作为备选方案重新投票,从这些备选方案中选取 k 个方案;二是舍去式再投票,即去掉得票最少的若干备选方案再重新投票。重新投票可能要进行多轮才能产生最终的结果。

2) 多选项非排序式投票

多选项非排序式投票是指投票选项有多个,如职工年终考核的投票,其投票选项有优秀、合格、基本合格、不合格等,又如法令通过的投票,其投票选项有支持、弃权、反对等;投票人针对每个备选方案在多个投票选项中任选一项进行投票,且不针对每个选项对方案进行排序。在进行投票设置时,一要规定每个选项最多能投几个方案,如在年终考核中,如果规定优秀的名额为 3 个,则优秀选项最多只能投 3 个候选人;二要设置方案当选的准则,主要准则有某选项简单多数原则;某选项过半数原则;某选项过半数原则且另一选项一票否决原则等。

3) 排序式投票

排序式投票是指投票人对 N 个方案进行排序,可以从好到差的顺序进行排序,也可以从差到好的顺序进行排序。得分规则是如果有 N 个方案,则满分为 N,排名第 1 的得满分,排名第二的得 $N–1$ 分,以此递减。也可以排名第 1 的得 1 分,排名第二的得 2 分,以此递增。方案选取原则是按分值大小选取。

表决研讨环境也分为研讨过程控制、同步页面(研讨参与人的投票操作页面)、异步页面(资料信息查询和决策信息分析处理结果显示)、智能推送引擎和模型工具调用接口。表决研讨环境中投票界面如图 11.13 所示。

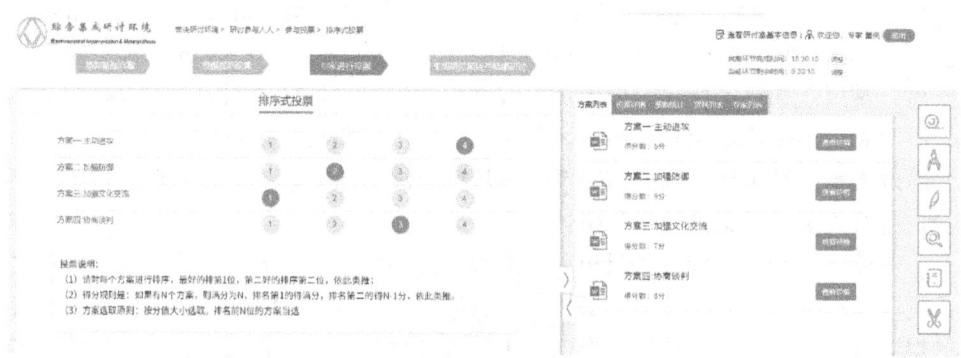

图 11.13　表决研讨环境中投票界面

11.8　本章小结

本章根据前面提出的综合集成过程框架及研讨模型与算法对综合集成研讨

环境进行分析与设计。首先对系统需求进行了分析，确定系统的主要用户有系统管理员、研讨室管理员、研讨参与人（含专家和主持人）和观察员，分析了不同用户的主要功能。然后提出了系统软件体系结构，将系统分为表示层、应用逻辑层、资源层和环境层四个逻辑层次。最后介绍了研讨过程控制、研讨信息可视化、协同编辑和资料信息智能推送等关键技术，以及协商研讨环境、决策研讨环境和表决研讨环境的界面设计。研讨过程控制采用 WebSocket 技术，主要任务是保证研讨参与人同步于当前研讨任务，同时也可异步进行个性化信息查询，或调用模型工具进行仿真、实验和计算。研讨信息可视化采用 D3 技术，用树形图展现发言节点之间的关系、用柱状图和饼图展现统计数据、用散点图展现聚类结果。协同编辑技术采用段落加锁和用户排队机制，实现多用户同时在线协同编辑同一文档，可用于会议纪要和研讨总结报告的生成。智能推送技术将协同过滤和基于内容的推送算法结合起来，可以根据用户行为特征和当前研讨任务，实时、个性化向用户推送信息资料。研讨环境界面分为研讨过程控制工具条、同步页面（共享页面）、异步页面（私有页面）、智能推送引擎、模型与工具栏等五个部分，功能区域划分合理，能简化用户操作，保证研讨有序进行。

参 考 文 献

[1] Sidhu J, Singh S. A novel cloud auditor based trust management framework for cloud computing. International Journal of Grid and Utility Computing, 2016, 7 (3): 219-235.

[2] Shen J, Shen J, Chen X, et al. An efficient public auditing protocol with novel dynamic structure for cloud data. IEEE Transactions on Information Forensics & Security, 2016, 12 (10): 2402-2415.

[3] Alsinet T, Argelich J, Béjar R, et al. Weighted argumentation for analysis of discussions in Twitter. International Journal of Approximate Reasoning, 2017, 85: 21-35.

[4] Ma T, Wang Y, Tang M, et al. LED: A fast overlapping communities detection algorithm based on structural clustering. Neurocomputing, 2016, 207: 488-500.

[5] Carvalho J P, Rosa H, Brogueira G, et al. MISNIS: An intelligent platform for Twitter topic mining. Expert Systems with Applications, 2017, 89: 374-388.

[6] Scheuer O, Loll F, Pinkwart N, et al. Computer-supported argumentation: A review of the state of the art. Computer Supported Learning, 2010, 5 (1): 43-102.

[7] Xu C, Li Y, Zhang W, et al. Towards greater perceived fairness: Crowdsourcing moderation work to online deliberation participants. Proceedings of the CHI 2016-Workshop, New York, 2016: 53-58.

[8] Klein M. Enabling large-scale deliberation using attention-mediation metrics. Computer Supported Cooperative Work (CSCW), 2012, 21 (4): 449-473.

[9] Bjelland O M, Wood R C. An inside view of IBM's 'Innovation Jam'. Sloan Management Review, 2008, 50 (1): 32-40.

[10] di Gangi P M, Wasko M. Steal my idea! Organizational adoption of user innovations from a user innovation community: A case study of Dell IdeaStorm. Decision Support Systems, 2009, 48 (1): 303-312.

[11] Introne J, Iandoli L. Improving decision-making performance through argumentation: An argument-based decision support system to compute with evidence. Decision Support Systems, 2014, 64 (8): 79-89.

[12] Janjua N K, Hussain F K. Web@IDSS-Argumentation-enabled web-based IDSS for reasoning over incomplete and conflicting information. Knowledge-Based Systems, 2012, 32 (8): 9-27.

[13] 胡晓峰, 司光亚. SDS2000: 一个定性定量结合的战略决策综合集成研讨与模拟环境. 系统仿真学报, 2000, 12 (6): 595-599.

[14] 司光亚. 战略决策综合集成研讨与模拟环境研究与实现. 系统工程理论方法应用, 2000, 18 (5): 79-80.

[15] 司光亚, 胡晓峰. 一个面向战略决策的综合集成研讨环境. 通信学报, 1999, 20 (9): 10-15.

[16] 司光亚, 胡晓峰. 战略模拟、决策支持系统与战略决策综合集成研讨环境. 军事运筹与系统工程, 1999, (1): 2-7.

[17] 韩祥兰, 吴慧中, 陈圣磊, 等. 武器装备论证综合集成研讨厅系统. 南京理工大学学报, 2005, 29(4): 446-450.

[18] 操龙兵, 戴汝为. 综合集成研讨厅的软件体系结构. 软件学报, 2002, 13 (8): 1430-1435.

[19] 张朋柱, 张兴学. 群体决策研讨意见分布可视化研究——电子公共大脑视听室（ECBAR）的设计与实现. 管理科学学报, 2005, 8 (4): 15-27.

[20] 唐锡晋, 刘怡君. 从群体支持系统到创造力支持系统. 系统工程理论与实践, 2006, 26 (5): 63-71.

[21] 熊才权, 李德华. 综合集成研讨厅共识达成模型及其实现. 计算机集成制造系统, 2008, 14(10): 1913-1918.

[22] 韩祥兰, 吴慧中, 窦万春, 等. 面向复杂问题求解的综合集成型决策支持系统. 计算机集成制造系统, 2005, 11 (1): 109-115.

[23] 李欣苗, 李靖, 张朋柱. 开放式团队创新研讨主题识别方法及其可视化. 系统管理学报, 2015, 24 (1): 1-7, 21.

[24] Scheuer O, Loll F, Pinkwart N, et al. Computer-supported argumentation: A review of the state of the art. International Journal of Computer-Supported Collaborative Learning, 2010, 5 (1): 43-102.

[25] 王丹力, 戴汝为. 群体一致性及其在研讨厅中的应用. 系统工程与电子技术, 2001, 23 (17): 33-37.

[26] 胡晓惠. 一种人机结合的研讨工作流集成方法. 计算机研究与发展, 2004, 41 (1): 227-232.

[27] 沈小平, 马士华. 基于人-机-网络一体化的综合集成管理支持系统研究. 系统工程理论与实践, 2006, 26(8): 86-90.

[28] Johnson B, Shneiderman B. Tree-maps: A space-filling approach to the visualization of hierarchical information structures. Proceedings of the 2nd Conference on Visualization, San Diego, 1991: 284-291.

[29] Reingold E M, Tilford J S. Tidier drawings of trees. IEEE Transactions on Software Engineering, 1981, 7 (2): 223-228.

[30] Sun C, Ellis C. Operational transformation in real-time group editors: Issues, algorithms, and achievements. Proceedings of the 1998 ACM Conference on Computer Supported Cooperative Work, Seattle, 1998: 59-68.

[31] Gu N, Yang J, Zhang Q. Consistency maintenance based on the mark retrace technique in groupware systems. 2005 International ACM SIGGROUP Conference on Supporting Group Work, Sanibel, 2005: 264-273.

[32] 何发智, 吕晓, 蔡维纬, 等. 支持操作意图一致性的实时协同编辑算法综述. 计算机学报, 2018, 41 (4): 1-28.